우리 과학의 수수께끼 2

우리 과학의 수수께끼 2

초판 1쇄 발행 2007년 12월 14일
초판 4쇄 발행 2011년 6월 28일

엮은이 신동원 외
펴낸이 이기섭
편집주간 김수영
기획편집 박상준 김윤정 임윤희 정회엽
마케팅 조재성 성기준 정윤성 한성진
관리 김미란 장혜정

펴낸곳 한겨레출판(주) www.hanibook.co.kr
등록 2006년 1월 4일 제313-2006-00003호
주소 121-750 서울시 마포구 공덕동 116-25 한겨레신문사 4층
전화 02)6383-1602~1603 **팩스** 02)6383-1610
대표메일 book@hanibook.co.kr

ISBN 978-89-8431-250-0 03400

카 이 스 트 학 생 들 과 함 께 풀 어 보 는

우리 과학의 수수께끼 2

신동원 엮음

한겨레출판

《우리과학의 수수께끼》1권을 출간하고 여러 곳에서 분에 넘치는 호평을 받았습니다. 그 중 다음 세 가지는 각별한 의미가 있습니다. 우선 책이 나오자마자 '책따세(책으로 따뜻한 세상 만드는 교사들)'의 2006년도 중·고등학교 여름방학 추천도서로 선정되었습니다. 책따세는 일선 교사와 학생들이 책을 선정하는 것으로 알고 있기에 더욱 뿌듯했습니다. 후배들에게 한국과학사를 알리고, 생각하는 법을 일러주고자 한 우리의 노력이 제대로 인정받았다는 느낌을 받았습니다.

또 책을 받아보신 한국과학사 연구의 최고 권위자 전상운 선생님께서 두 장의 엽서를 보내주셨습니다. 엽서 앞면에는 이 책에도 실린 옛 별자리 그림인 천상열차분야지도가 예쁘게 그려져 있었습니다. "정말 훌륭한 작업을 잘 해냈습니다. 할아버지 교수로 축하의 박수를 보냅니다. 책, 오래 간직할게요. 우리 전통과학의 올바른 이해와 정당한 평가에 좋은 자료가 될 것입니다." 학생들한테 보낸 엽서에는 이런 내용이 적혀 있었습니다. 다른 한 엽서에는 "인사가 늦었지만, 축하합니다. 지금 내가 쓰고 있는 원고에 인용했어요." 내게 보낸 엽서에 담긴 일부 내용입니다. 우리 책이 단순히 기존 연구를 쉽게 재정리한 것이 아님을 인정받았다는 점에서 너무 기뻤습니다.

마지막으로 우리 책은 일본에서 나오는 〈조선신보〉에도 소개되었습니다. 서평을 쓴 조선대학의 임정혁 교수는 "학생들의 눈높이로 스스로 한국과학사를 풀

어간 점"을 높이 평가했습니다. 이 신문이 북한과도 관련이 깊다는 사실을 염두에 둘 때, 북쪽의 대학생들도 비슷한 작업을 해서 우리 과학사 연구를 풍부하게 해주었으면 하는 즐거운 상상을 해보았습니다.

2권은 2006년도 1학기 카이스트에서 한국과학기술사 수업을 들었던 학생 전원인 37명의 작업을 모았습니다. 고려활자, 측우기, 《칠정산내외편》, 천상열차분야지도, 풍수지리, 거북선, 최한기의 기학과 과학, 《자산어보》 등 새롭게 여덟 주제를 다뤘습니다. 이 가운데 고려활자, 측우기, 거북선은 매우 익숙한 주제이며 나머지 다섯 가지는 다소 익숙하지 않은 주제일 듯합니다. 칠정산은 세종 때 편찬된 당시 세계 최고 수준의 달력제작법이고, 천상열차분야지도는 옛 별자리 그림이며, 풍수지리는 조상들의 지리에 대한 학문입니다. 최한기는 19세기 중후반 서양과학을 공부하여 동서양의 학문을 '기'의 개념으로 아우르는 독창적인 사상체계를 확립한 인물이며, 《자산어보》는 19세기 초반 흑산도의 어류를 중심으로 한 조선의 대표적인 어류박물학 책입니다. 이제 2권을 펴냄으로써 1권에서 가장 아쉬웠던 주제의 부족 문제를 해결하게 되었습니다. 1권과 2권을 합친 16가지 토픽은 대체로 시대별로나 분야별로 한국과학사 전반을 망라하는 것이라 자부합니다.

2권의 집필 방식은 1권과 동일합니다. 학생들이 '왜'라고 묻고 의문점을 해결해나가는 방식입니다. 학생들은 자료를 찾고, 서로 토론하고, 현장을 답사하고, 전문가 의견을 구하여 우리과학사 안에 담긴 수수께끼를 풀어냈습니다. 또 각 주제의 전반부에 나의 의견을 넣어 글 전반의 요지를 제시했으며, 말미에 관련 사료를 두어 독자 스스로 각 주제의 내용을 음미토록 했습니다.

연구란 미지의 세계를 향한 항해입니다. 교사가 주는 정보를 단순하게 암기하는 것과는 완전히 다른 차원의 일입니다. 그 정보는 연구에 활용될 수는 있겠지만, 암기 자체가 최종 목표는 아닙니다. "왜 그런가?"를 묻고, "이전 사람들은 이 문제에 대해 어떻게 생각했는가?"를 찾아 배우고, "아니야, 나는 달리 생각해" 하며 자신의 생각을 품어야 합니다. 더 나아가 자신의 생각을 입증할 증거를 확보하여 논리를 세워야 합니다. 인류가 이만큼 발전해온 비밀은 바로 여기에 있습니다. 우리 학생들은 이런 자세로 한국과학사의 여덟 주제를 공부했고, 그 결과물로 이 책을 내놓게 되었습니다. 후학들이 우리 책에서 단지 한국과학사에 관한 지식을 캐내는 데 그치지 않고, 이런 방법까지 잘 터득했으면 좋겠습니다.

1권에서 마주쳤던 학생들의 문제점이 2권에서도 여전히 드러났습니다. 인터넷 검색을 통한 짜깁기의 양상을 완전히 탈피하지 못했고, 논리의 비약도 적지 않게 나타났으며, 글쓰기도 많은 부분에서 서툴었습니다. 전체 책을 엮는 편자로서 나는 학생들의 생각과 글쓰기를 기본으로 하면서도 이런 부분을 해소하는 데 힘을 기울였습니다. 다른 이의 생각을 무분별하게 그냥 옮긴 것은 일일이 출전을 찾아 근거를 달았고, 너무 장황한 부분은 요령 있게 줄였습니다. 비약이 심한 부분은 메웠으며, 논의가 부족한 부분은 보완했습니다. 이런 과정을 통해 내용의 신뢰성을 확보하려고 했습니다. 그러다 보니 어떤 부분에서는 글의 '학생다움'이 다소 엷어지기도 했는데, 특히 거북선 부분이 그렇습니다. 학생들의 제출물이 성실하게 다듬어져 있었음에도 불구하고, 자신들만의 견해 제시가 부족하다는 출판사 편집진의 지적이 있어 전면 손질했습니다. 반대로 내 손을 거의 안 탄 원고도 있는데, 대표적인 부분이 천상열차분야지도입니다. 원고 집필을 주도한 고창민, 정아람 학생은 이 책의 공동저자라 해도 지나치지 않습니다. 물론 모든 학생이 열심히 했습니다. 그들은 열띤 연구와 토론을 통해 훌륭한 결과물을 제출했습니다. 어느 하나 빠짐없이 소중한 내용입니다. 참여 학생 모두에게 고마움을 표합니다.

책의 편집 과정에서 나는 뜻밖의 수확을 얻기도 했습니다. '자산어보'와 '현산어보'의 명칭을 둘러싼 논쟁, 철갑 거북선 논쟁에 관해 다소 전문적인 연구를 수행해 학술잡지인 〈역사비평〉에 발표했습니다. 학생들이 이 연구의 단초를 제공한 셈이니, 선생이 학생들에게 일방적으로 주기만 하는 것이 아니라 받기도 하는 배움의 존재라는 옛말이 맞는 셈입니다. 그 내용의 대략은 이 책에도 실려 있습니다.

끝으로, 늘 작업을 격려해주신 이광형 카이스트 교무처장님과 노영해 문화과학대학학장님께 감사를 표합니다. 또한 마지막 단계에서 교정을 봐준 카이스트의 조영욱 학생(대학원)과 전준 학생, 아우 신동수에게도 고마움을 표합니다. 1권에서와 마찬가지로 멋진 책을 만들어준 한겨레출판 편집진과 책의 출간을 열심히 격려해준 이기섭 사장께도 감사드립니다.

1권과 마찬가지로 2권에서도 큰 과오가 없었으면 좋겠습니다. 잘못된 부분에 대해서는 강호제현의 질책을 달게 받겠습니다.

2007년 11월 26일 카이스트 연구실에서

신동원

7

금속활자는 고려에서 처음 만들었을까?

우리 민족에게 책을 찍는다는 행위는
단순히 책이라는 상품을 만들어내는 것
이상의 의미가 있었다.
출판은 학문을 널리 전하는
성스러운 활동이기도 했다.
금속활자는 유럽과 중국 동방에 위치한
조그만 나라인 한민족의 문명화에 대한
열망을 읽어내는 핵심 키워드다.

한국은 세계 인쇄사에 중요한 업적을 남겼다. 활자 인쇄의 양 축이라 할 수 있는 목판 인쇄와 금속활자 인쇄 두 방면에서 현재까지 확인된 것으로 가장 오래된 유물을 보유하고 있다. 인쇄술은 지식의 확장과 문명 형성에 결정적 역할을 한다는 점에서 한국의 인쇄술이 세계문명사적 관점에서도 높은 평가를 받는 것은 당연하다.

그렇다고 해도 인쇄의 기원이라는 측면에서 주목을 받는 것과 인쇄 혁명의 측면에서 조명을 받는 것은 차원이 다르다. 또한 그 기원이 인쇄혁명으로 이르는 길과 직접적인 관련이 없다면 중요성은 상대적으로 떨어진다. 인쇄술의 가치는 대량생산, 지식의 확장과 대중화, 그에 따른 사회 변혁의 추동력에 있다. '언제 최초로 등장했는가' 라는 질문은 반드시 이런 척도에서 재음미해야 한다. 그렇게 본다면《직지심체요절》이 먼저냐 구텐베르크가 먼저냐' 하는 것은 부차적인 질문에 불과하다. 각각의 인쇄술이 문명사에서 어떤 결과를 빚어냈는지가 중요한 것이다.

《다라니경》은 현존하는 세계 최고(最古)의 목판인쇄물이다. 1966년 불국사 석가탑 아래에서 발견된 다라니경은 대략 700년 초에서 751년 사이에 제작된 것으로 추정된다. 당시까지 가장 오래된 목판인쇄물로 인정받아왔던 일본의《다라니경》(770년 경)은 '최고(最古)' 의 자리를 한국의 다라니경에 내주어야 했다. 한국 다라니경의 정식 명칭은《무구정광대다라니경無垢淨光大陀羅泥經》이다. 통일신라 때 한·중·일 각 사찰에서는 탑에 다라니경 같이 짤막한 불경을 봉안하는 종교적 풍습이 있었다. 《무구광정다라니경》은 여러 다라니경 가운데 하나로 8세기 초 인도 출신의 학승 미타산이 번역한 것이다. 하나의 짧은 두루마리 속에 "부처님이 한 바라문 비구를 구원한 이야기와 무구정광다라니경을 외우고 불탑을 잘 섬기는 사람은 복을 받을 수 있다"는 내용을 담고 있다.

다라니경을 목판 인쇄했다는 것은 어떤 의미가 있을까? 대량으로 인쇄해서 회람하기 위한 것보다 더 절실한 뜻이 있는 듯하다. 부처님의 진리를 정확히 담아 탑에 묻는다는 종교적 염원의 발원이 그것이다. 단지 회람만이 목적이라면 수많은 독자가 없는 상태에서 이렇게 길지 않은 글을 구태여 많은 노력을 들여 판을 새길 필요가 없다. 인쇄가 필사보다 유리한 이유는 글을 쓸 때마다 달라지는 임의성을 크게 줄일 수 있기 때문이다. 필사의 경우에는 필사자에 따라 실수 여부를 계속 확인하지만, 인쇄의 경우 한 번만 완벽하게 교정하면 그 후에는 오류를 걱정하지 않아도 된다. 공덕을 얻기 위한 부처님 말씀에 오류를 낸다는 건 생각할 수도 없는 일이다. 전상운 교수는 이를 "석가탑 다라니경이 붓으로 쓰던 종래의 것보다 멋있고 세련된 두루마리 본은 아니지만 편리한 점이 무

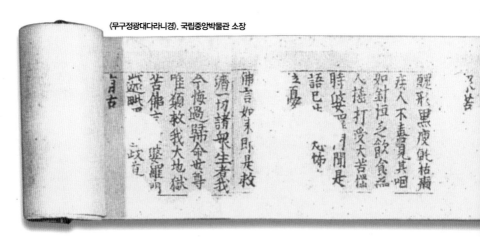

〈무구정광대다라니경〉. 국립중앙박물관 소장

척 많았다. 단번에 한 장씩 찍어내는 신속함과, 한 자도 틀리지 않고 똑같은 것을 여러 벌 만들어내는 대량 제작을 가능하게 했다"고 표현했다. 즉 한 번 매우 정성스럽게 목판을 확보한다면, 최소한 그 정도 양질의 글씨를 수십 차례, 수백 차례 복제해낼 수 있는 원본이 된다. 이는 고려 때 국난을 맞아 국력을 기울였던 팔만대장경의 판각과도 일맥 상통한다.

《직지심체요절》(1377)에 사용된 고려의 금속활자술은 이와 맥락이 사뭇 다르다. 부처 님의 말씀을 오류 없이 아름답게 담아낸다는 차원보다는 지식 보급의 원활함이라는 차원이 느껴진다. 금속활자가 나오기 전까지 고려에서는 다수의 목판활자 책이 발간되었다. 이를테면 정종 8년(1042)에 동경관인 경주에서 왕명으로 《전한서前漢書》·《후한서後漢書》·《당서唐書》를 간행하여 진상했는데, 이는 분명히 지식 보급을 목적으로 한 것이었다. 하지만 고려 때에는 불교와 유교가 함께 융성하면서 다양한 서책이 필요해졌는데, 국토가 좁고 인구가 적어 독서나 학문하는 사람이 제한적인 고려의 당시 상황에서는 목판인쇄보다는 활자 인쇄가 더 효과적이었다. 엄청난 공을 들여 파놓아도 1종 이상 더 사용하지 못하는 목판인쇄와 달리 활자 인쇄는 글자를 재조합해서 다시 쓸

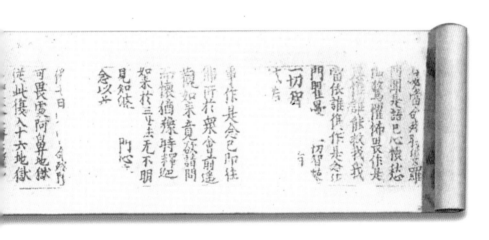

수 있기 때문이다. 중국에서는 11세기 초반부터 흙을 이용해 교니활자를 만들어 활자 인쇄를 했다. 이 방식은 고려에도 알려졌을 것으로 추정되며, 고려인들은 한걸음 더 나아가 그보다 훨씬 견고한 금속활자를 만들었다.

기록상 세계 최초의 금속활자 인쇄본은 1232년 이전에 찍은 《남명천화상송증도가南冥泉和尙頌證道歌》이지만, 현존하는 것 중에서는 1377년에 인쇄된 《백운화상초록불조직지심체요절白雲和尙抄錄佛祖直指心體要節》(백운화상이 초록한 직지의 핵심. 이하 《직지》)이 가장 오래됐다. 《직지》의 발견으로 구텐베르크의 인쇄물(1440년대 말)은 더 이상 '세계 최초의 금속활자' 인쇄라는 수사를 달 수 없게 되었다. 하지만 구텐베르크의 인쇄는 대량인쇄의 시대를 열었으며, 그중 성경 같은 인쇄물은 유럽 사회를 혁신하는 원천으로 작용했다. 반면에 고려 때나 조선시대의 금속활자 인쇄술은 그렇지 못했다. 국내의 수요에 자족하여 그 문화를 진흥시키는 데 그쳤을 뿐이다.

그렇다고 해도 13세기 이전에 독자적으로 금속활자를 창안하여 지식보급의 매체로 삼은 일은 결코 과소평가될 수 없다. 그것은 지식이 중시되는 사회적 조건과 금속을 활자로 만들어 다루는 기술력 이 두 가지가 결합되었기에 가능한 일이었다.

《직지》가 최고(最高)로 인정받기까지

프랑스에서 활동한 박병선이라는 여성 서지학자의 노력이 없었다면 《직지》의 존재는 세상에 알려지지 않았을 것이다. 인터넷에 떠도는 말처럼 병인양요(1866) 때 프랑스군이 강화도에서 약탈해갔다는 것은 사실이 아니다. 《역사비평》(2004년 봄호)에서 《직지심경》이 세계 최초의 금속활자본으로 밝혀지게 된 과정을 박병선이 생생하게 증언하고 있다.

《직지》는 금속활자본으로 밝혀지기 전에도 상당히 높은 평가를 받았다. 설사 목판본이라 해도 1377년 무렵에 찍혀 나온 인쇄본이 한국은 물론 중국과 일본에서도 흔한 것이 아니었기 때문이다. 게다가 《직지》 끝머리에 "선광 7년 7월 청주 외곽 흥덕사에서 금속활자로 널리 베풀었다"는 구절이 박혀 있는 것만으로도 '역사적 가치가 있다'고 여겨졌다. 이 책은 이미 프랑스 서지학자 모리스 쿠랑(Maurice Courant · 1865~1935)의 《한국서지목록》(1894~1896)에도 올라 있었고, 1900년에 파리 만국박람회에도 출품된 바 있다. 콜랭 드 플랑시(Victor Collin de Plancy)은 동아시아 서지학에 일가견이 있는 인물로 프랑스 공사로 조선에 왔다가 프랑스로 돌아갈 때 두 권으로 된 《직지》 가운데 하권만 수집해 갔다.

프랑스 국립도서관의 사서로 근무하던 박병선은 1972년 유네스코가 파리에서 주최한 '세계도서의 해' 전시회에 무엇을 전시할까 고민하다가 《직지》를 생각해냈다. 책 말미의 글만으로도 금속활자로 찍힌 것이 분명해 보였지만, 그 사실을 입증하는 과정은 지난했다. 우선 '주조'라는 것이 금속으로 찍은 것인지 아니면 다른 재료로 찍은 것인지 알아내야 했다. 박병선은 감자, 나무, 진흙 등으로 활자를 찍어보고, 프랑스에서 인쇄소를 찾아가 옛 금속활자를 얻어 찍어보기도 하면서 《직지》가 금속활자로 찍힌 심증을 굳혔다. 어떻게 금속활자임을 확신하게 됐을까? 글자의 찍힌 모습이 똑같은 것을 알게 되었기 때문이다. 금속활자는 글자 가장자리에 티눈 같은 것이 붙어 있는데, 예컨대 사람 인(人) 자 가장자리의 조그만 흠은 이 활자를 사용한 모든 글자에 붙어 있었다. 박병선은 혹시 잉크가 잘못 묻은 것이 아닐까 의심했지만, 인쇄소 직원이 쇠붙이로 만들어서 그런 것이라고 확인해주었다. 그것으로도 여전히 성이 안 차 직접 대장간에 가서 쇠를 부어 글자를 만들고 확인해본 후에야 확신을 갖게 되었다. 그렇게 해서 《직지》가 금속활자본임이 입증됐고, 그 결과 유네스코로부터 구텐베르크의 42행으로 이루어진 성경의 금속활자본보다 70여 년 앞선 세계 최고의 금속활자본으로 공인받게 되었다.

고 려 인 들 이 금 속 활 자 를 개 발 한 이 유 는 ?

우리나라에서 인쇄술이 정확히 언제부터 시작되었는지는 알 수 없지만, 그 시작은 목판인쇄에서 비롯한다. 무구정광대다라니경을 살펴보면 적어도 이를 발간한 8세기 중엽에는 목판인쇄술이 상당한 수준에 도달해 있었음을 확인할 수 있다. 또한 최치원의 4산비명 중 하나로 경주 외동면에 있었던 초월산 대숭복사에 남긴 비명을 보면 당의 사신에게 시집을 인쇄해주었다는 기록이 있어 신라시대에 이미 목판인쇄술이 널리 퍼졌음을 알 수 있다. 이것으로 한 가지 분명해지는 것은 금속활자가 나오기 훨씬 전부터 대단히 높은 수준의 인쇄술이 이미 존재했다는 사실이다.

그렇다면 대체 무엇 때문에 금속활자를 만들게 되었을까? 우리는 그 실마리를 목판본 《직지》에서 발견했다. 《직지》가 모두 금속활자본으로 간행되었다고 생각하기 쉽지만, 실제 기록을 찾아보면 목판본이 존재했음을 알 수 있다. 그것

백운화상과《직지》

백운화상은 본명이 경한(景閑)이며 고려후기를 대표하는 선사로 나옹·보우 등과 함께 임제 선(臨濟禪)의 법맥을 이었다. 저서로는 법문집인 ≪백운화상어록 白雲和尙語錄≫과 프랑스 파리에서 발견된 세계 최고(最古)의 금속활자본 ≪백운화상불조직지심체요절白雲和尙佛祖直指心體要節≫ 2권이 있다. 이중 후자의 책은 '불조직지심체요절' 또는 '불조직지심체'라고도 부르며, 역대 여러 부처와 고승들의 법어, 대화, 편지 등에서 중요한 내용을 뽑아서 편찬한 것이다. 중심 주제인 '직지심체'는 사람이 마음을 바르게 가졌을 때 그 심성이 곧 부처님의 마음임을 깨닫게 된다는 뜻이다. 이 책은 현재 프랑스 국립도서관에 보관되어 있다. 《직지》는 조선시대 말기인 고종 때 우리나라에 프랑스 대리공사로 서울에 와서 근무한 적이 있는 콜랭 드 플랑시가 수집해간 장서에 들어 있었던 것이 그 후 골동품 수집가였던 앙리 베베르에게 넘어갔고, 그가 1850년에 사망하자 유언에 따라 현재까지 프랑스 파리 국립도서관에 보관되고 있다.

도 금속활자본을 원본으로 하여 다시 찍은 것이다. 즉 고려 우왕 4년(1378) 6월 백운화상의 제자인 법린 등이 여주 취암사에서 이 책의 목판본을 찍었는데, 그 한 해 전에 출간된 금속활자본을 기본으로 한 것이었다.

왜 금속활자로 먼저 간행하고 목판본은 나중에 간행했을까? 목판인쇄 방식이 고려의 당시 상황에 적합하지 않았다면 왜 굳이 금속활자로 인쇄된 책을 목판본으로 다시 인쇄한 것일까? 목판본이 금속활자본보다 더 글자체가 아름답고 완성도가 높다는 사실에 주목할 필요가 있다. 금속활자본 《직지》는 처음 흥덕사라는 청주의 지방 사찰에서 학승의 교재로 쓰기 위해 임시방편용으로 찍었던 것이다. 훗날 위대한 금속활자 인쇄술의 장대한 역정이 펼쳐지겠지만, 초창기 금속활

복원된 흥덕사.

자술은 이처럼 미미했다.

따라서 《직지》를 가지고 고려시대의 일반적인 금속활자를 말해서는 안 된다. 대규모 자원을 가지고 벌인 사업이 아닌데다, 목판에 비해 금속활자는 간행 기술이 정립되어 널리 사용되지 않던 시기였으므로 인쇄 상황도 좋지 않았을 것으로 추정된다. 또한 당시 조판은 밀랍을 이용해 활자를 틀에 고정하여 찍는 방식이었기 때문에 여러 판을 인쇄하기에는 무리가 있었다. 한 판을 찍고 나서 다시 흐트러진 활자를 보정한 후 찍어야 했을 정도로 효율성이 낮았다. 그렇기 때문에 1판으로 찍어낼 수 있는 부수에도 제약이 있었다. 그런 점에서 목판본은 금속활자본보다 훨씬 효율적이었다. 또한 목판본과 금속활자본 《직지》를 비교해보면, 금속활자본은 탈자와 뒤집어진 글자가 많이 눈에 띈다. 다시 말해서 《직지》는 최고(最古)일지 모르지만, 미학적으로 최고(最高)는 아니었다.

오늘날의 기술적인 측면에서 본다면 금속활자 인쇄술이 목판인쇄술보다 더 우수하다. 하지만 금속활자가 나오던 초창기에는 실제로 찍힌 책의 완성도나 아름다움의 측면에서는 목판본이 더 앞서 있었다. 초창기 활자인쇄술에서 금속활자본은 활자 한 벌을 가지고 다수의 책을 수요에 맞춰 빨리 펴낼 수 있다는 점에서 가변적이고 신속했다

만약 이런 수요가 없었다면 고려에서도 목판본보다 글씨 모양도 밉고 삐뚤삐뚤한 금속활자본 책을 구태여 만들 필요가 없었을 것이다. 금속활자를 만들어야

했던 고려의 특수 상황은 무엇이었을까? 현재 교과서의 일반적 정설은 금속활자 인쇄술이 탄생하던 무렵 고려의 책자 유통에 비상이 걸렸다는 점을 들고 있다. 1126년과 1170년 두 차례에 걸쳐 궁궐에 화재가 났는데, 이때 책 수만 권이 불타서 책이 귀해졌다는 기록을 그 근거로 든다. 게다가 중국에서는 송이 거란과 여진과의 전쟁 때문에 문화가 쇠퇴하고 있었으며, 전쟁 통에 고려에서는 책을 수입하기가 어려워졌다고 한다.

이 주장은 좀 더 꼼꼼히 살펴볼 여지가 있다. 궁중의 책은 보급용이라기보다는 장서용이다. 따라서 금속활자본이라도 책을 찍어내서 채워야 한다면, 그것은 철저히 장서용 책을 다시 갖추는 것을 뜻한다. 송과의 문화 두절은 정말 심각한 결과를 낳았다. 금에 내쫓긴 송은 1127년 강남지역으로 천도했으며, 13세기 이후에는 몽고의 침입에 시달렸다. 몽고가 득세하면서 강화 천도(1232) 이후 고려는 그동안 서적문화의 큰 젖줄이었던 송과의 교역이 완전히 끊겨버렸다. 수입품에는 귀중한 책 이외에 다수의 수요를 충족시키는 실용서들도 포함되어 있었기 때문에, 송과의 서적교류 중단은 고려의 문화 활동에 큰 타격을 주었다. 비슷한 사

조판작업(왼쪽)과 밀랍제조하는 모습. 직지박물관 제공

례로 약재 수입을 들 수 있는데, 이때 약재 교류가 중단되자 국산약인 향약에 관한 최초의 문헌인 《향약구급방》이 등장했다.

결국 고려는 갑자기 수많은 서적을 자체적으로 인쇄해야 하는 처지에 놓이게 되었다. 어떻게 할 것인가? 팔만대장경 파듯 할 것인가? 그것은 국난극복을 위한 발원으로서 온 국력을 기울인 대사업이었다. 수업에 필요한 교재와 일상적으로 읽는 불경과 유교경전, 문학작품들을 어떻게 구할 것인가? 이런 책들을 다 목판으로 파야 할까?

당시 고려의 목판인쇄술은 그런 일을 하기에는 그다지 효율적이지 못했다. 목판인쇄용 나무를 준비하는 데만 무려 1~2년이 소요되었다. 목판을 하나 만들기 위해서는 먼저 적당한 나무를 찾아야 한다. 조직이 균일하고 조밀하며 적당히 단단한 것이 글자를 새기기에 좋다. 나무를 찾은 다음에는 5~6척 정도 적당한 크기로 자른 다음 뒤틀림을 방지하기 위해 건조를 하는데, 일반적으로는 습하지

목판본 〈삼국사기〉. 성암고서박물관 소장

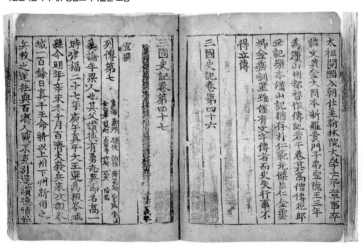

않고 바람이 적은 음지에서 1~2년 정도 위치를 바꾸어가며 말려야 한다. 나무는 2.5~3.5센티미터 정도로 켜는 것이 적당하지만, 너비로 켤 때는 만들고자 하는 목판의 크기에 맞춰야 한다. 이런 과정을 거치기 때문에 목판용 나무를 마련하는 데 제법 오랜 시간이 걸리는 것이다. 게다가 이렇게 목재를 준비한 후에도 불과 습기에 약하다는 약점을 보완하기 위해 여러 후가공이 필요하며, 글씨를 새기고 교정하는 데도 오랜 시간을 필요로 했다. 완성한 다음에도 보존에 신경 써야 했다. 이렇듯 목판은 상당량의 시간, 노동력, 재료 등을 필요로 하는 기술이었다.

이런 문제 때문에 목판인쇄는 고려의 서적시장 규모만을 놓고 본다면 최상의 기술은 아니었다. 부처님의 모든 목소리를 진실 되게 담아낸다는 국난극복의 종교적 의지가 있었기에 국가 차원에서 팔만대장경을 목판으로 새길 수 있었다. 또 소수의 왕족과 귀족들을 위해 열람용이나 장서용 책자 혹은 일부 소수의 경전처럼 과거 지망생이라면 누구나 읽어야 할 정도의 수요가 있는 책이라면 목판으로 찍을 수도 있었다. 중국에서 수입해올 수 없었던 책들, 곧 국내인이 쓴 책은 달리 구할 수 없기 때문에 목판으로라도 찍어야 했다. 이런 경우를 제외하고는 수요가 적은 수많은 종류의 책을 모두 목판으로 찍는 것은 경제적으로 너무 비효율적이었다. 갑자기 중국 목판본 책을 구하기 어렵게 된 상황에서 고려인들은 그 많은 책을 어떻게 확보했을까? 금속활자는 이런 배경에서 탄생한 하나의 타개책이었다.

인쇄술 발전의 징검다리

왜 목활자가 아니라 금속활자였을까? 사실 위의 내용만 놓고 본다면, 금속활자보다 더 쉬운 방식이 있었다. 활자의 재질을 금속으로 파지 않고 나무로 파는 것으로 금속활자와 마찬가지로 여러 종류의 책을 소량으로 찍어내는 데 적합하다. 제조하기도 훨씬 쉽다. 1298년 중국 원나라의 왕정(王禎)은 목활자를 이용하여 크게 재미를 본 적이 있다. 그는 중국 정덕현의 지방자료인 《정덕현지旌德縣志》를 목활자로 찍었는데, 6만여 자로 이루어진 이 책 100부를 출간하는 데 채 한 달이 걸리지 않았다고 한다. 우리나라에서도 임란 직후 소실된 수많은 책자를 복구하기 위해 목활자를 써서 급하게 책을 찍어냈다. 《동의보감》 초간본(1613)도 목활자본이다. 이처럼 목활자는 금속활자보다 쉽게 만들 수 있어서 급하게 책을 찍어내는 데 가장 효율적인 방법이었다.

그럼에도 금속활자를 만들어냈다는 것은 위에서 말한 것 이외의 이유가 있었음을 상정해볼 수 있다. 즉 단지 현상 미봉이 아니라 장기적인 수요를 염두에 뒀다는 것이다. 목활자에 비해 금속활자는 초기 비용이 많이 들고, 금속을 다루는 데서 오는 기술적인 난점을 해결해야 했다. 다만 그런 문제만 해결된다면 금속으로 만든 활자는 나무로 만든 활자보다 훨씬 자주, 또 오랜 기간 유용하게 쓸 수 있다. 그런 이유로 우리는 금속활자가 등장한 배경으로 갑자기 직접 많은 책을 찍어내야 했던 외적인 상황뿐 아니라 수요의 증가라는 요인에도 주목한다. 금속활자 책자가 나오던 시기에 고려 사회의 불교, 유교를 공부하는 지식계층이 지방에서도 계속 양적으로 성장하고 있었으며 이들의 문화적 욕구를 만족시키기 위한 책자의 보급이 중요한 시대적 사명으로 떠올랐다. 금속활자는 이러한 수요에 가장 적합한 기술이었다.

위에서 언급한 원의 왕정은 주변에서 주석으로 활자를 만들기도 한다고 전하면서 결정적인 단점으로 "금속에 먹을 제대로 먹일 수 없다"는 점을 들었다. 그가 금속 대신 먹이 잘 먹는 단단한 나무를 선택한 이유는 바로 여기에 있었다. 고려인들에게도 이 문제를 해결하는 것이 급선무였다. 이외에 금속을 깎아내는 문

조선시대의 청동활자 거푸집틀. 청주고
인쇄박물관 소장

제도 해결해야 했다.

당시 고려에는 청동이 풍부한 편이었고, 신라 때 범종 제작 기술에서 엿볼 수 있듯 높은 수준의 금속공예기술 전통을 가지고 있었다. 문제는 청동을 부어 활자로 만들어내는 데 꼭 필요한 기술을 개발하는 일이었다. 우선 밀랍주조법을 고안해냈다. 이는 밀랍에 글자를 새기고 녹인 후 거기에 쇳물을 넣어 활자를 만드는 방법이었다. 하지만 이 방법은 소량인쇄에나 적합했다. 고려인들은 여러 시행착오 끝에 드디어 해감모래 거푸집에 청동을 부어 금속활자를 만들어내는 방법을 개발해냈다. 이는 밀랍주조법보다 훨씬 안정된 방법이었고 대량생산에도 적합했다. 이 기술의 구체적 내용은 성현의 《용재총화》(1439~1504)에 남아 전한다. 이와 함께 고려인은 금속에 칠해 인쇄를 할 수 있는 유성 잉크도 개발해냈다. 우리나라는 삼국시대 이후로 기름의 그을음으로 만든 유연묵(油烟墨), 소나무 그을음과 사슴의 아교로 만든 송연묵(松烟墨) 등의 제법이 발달했으며, 먹이 좋아서 중국과 일본에까지 널리 수출했다. 이런 전통의 연장선상에서 금속에 잘 묻고 종이에도 번지지 않는 유성 먹을 개발해낸 것이다.

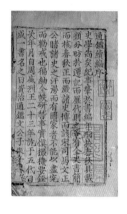

《송조표전총류》 금속활자본(계미자), 서울대학교 규장각 소장

그렇지만 이런 금속활자 기술이 초창기에는 완성도가 높지 않았다. 활자의 주조술과 조판술도 미숙했다. 그래서 활자의 크기와 모양, 자획의 굵기도 일정하지 않았으며, 부분적으로 획이 나타나지 않는 등 인쇄 상태가 고르지 못했다. 먹도 골고루 안 먹어 진한 부분과 흐릿한 부분이 섞여 있었다. 조판에서도 크기와 두께가 일정하지 않은 활자를 네 주변과 각 경계를 나타내는 세로 선까지 고착된 인판(印版) 틀에 무리하게 배열했기 때문에 옆줄이 맞지 않고 위아래 글자끼리 획이 맞물리는 경우도 있었다.

덧붙이면 고려의 불완전한 금속활자는 금속활자 인쇄술의 배양토가 되었으며 이를 이어받은 조선조에서 화려한 결실을 맺을 수 있었다. 조선 건국(1392) 직후 태종은 주자소를 만들고 본격적으로 활자를 양산해 책을 찍기 시작했다. 그해가 계미년이었기 때문에 당시 만든 활자를 계미자라고 한다. 고려에서 조선으로 왕조가 바뀌기는 했지만, 《직지》가 나온 지 불과 16년밖에 흐르지 않았을 때였다. 계미자로 찍은 책이 여럿 남아 있기 때문에 《직지》가 아니었다 해도 역시 구텐베르크의 제작 시점(1440년대 말)보다는 빠르다. 세종은 갑인년인 1434년에 계미자를

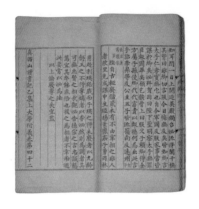

갑인자로 된 〈진서산독서기을집상대학연의〉 금속활자본(왼쪽)과 경자자로 된 〈감속편〉. 성암고서박물관 소장

능가하는 갑인자를 제작했는데, 그 아름다움이 미학적으로 극치에 이르렀다는 평가를 받는다. 그동안의 놀라운 기술적 진보가 이런 변화를 이끌어낸 것이다.

구텐베르크 활자와 고려 금속활자의 차이점

유네스코는 고려의 인쇄술이 구텐베르크 활자보다 무려 70년 이상 앞선 것으로 평가했다. 금속활자 인쇄술은 지식 확산을 이끈 인류 최대의 발명품인 만큼 그것을 창안한 사회의 문화적 역량을 평가하는 주요 잣대가 된다. 하지만 '최초'를 떠나 기술적, 문화적 측면에서 양자 사이에 엄청난 차이가 있었음을 정확히 인식할 필요가 있다. 특히 인류 역사에 대한 영향력 면에서는 서로 비교 대상이 될 수 없을 정도다.

구텐베르크 활자와 금속활자의 가장 큰 차이점은 프레스기의 사용 유무이다. 우리가 직지박물관에서 체험했던 것을 떠올려보면 가장 힘들고 시간이 많이 걸리는 과정이 '찍는 작업'이었다. 고려 금속활자의 인쇄 과정을 개략적으로 살펴

유네스코 세계기록유산 등재 인증서.

보면 다음과 같다. 인판 틀에 밀랍을 발라 활자를 고정하는 고착식 인출법을 사용하는 경우다.

우선 네 귀퉁이를 고정한 인판 틀에 밀랍을 조금 깔고 불에 데워 평평하게 만든 후 글자를 뽑아내는 기술자가 그 위에 활자를 식자하고 다시 불에 데워 활자를 고정시킨다. 이렇게 만들어진 인판 틀에 유연묵을 골고루 바르고 종이를 약간 물에 축여 습기가 가시면 두 사람이 종이를 판판하게 잡아당겨 활자면에 구김이 가지 않게 붙인다. 전체적인 과정을 정리하면 활자를 위로 향하게 해서 고정하고, 그 위에 먹을 바르고, 다시 그 위에 종이를 얹는다. 종이가 고정되면 말총 또는 털 뭉치 등의 인체에 밀랍이나 기름과 같이 잘 미끄러지는 물질을 묻혀 인출지 위아래로 고루 문지르거나 비벼서 민다.

이런 일련의 과정을 거쳐 인쇄물 한 장이 완성된다. 고려 금속활자 조판의 경우에는 이 과정을 순수하게 사람이 수작업으로 해냈다. 생각보다 글자가 잘 찍히지 않아서 여러 번 종이를 문질러줘야 하기 때문에 시간이 많이 걸린다. 금속활자가 당시로서는 획기적인 인쇄 속도를 보였겠지만 기계에 의존하는 방법과 비교할 때 대량 출판이라고

인쇄물 제9번 독일성서.

하기에는 미흡하기 짝이 없다.

반면에 구텐베르크의 활자는 찍는 작업을 프레스기를 이용하여 손쉽게 처리했다. 프레스기는 포도주 제작 공정에 쓰이는 것에서 모티브를 따와 만든 것으로 프레스기를 이용해 최초의 기계식 볼록판 인쇄가 가능해졌다. 프레스 기계의 응용은 활자를 종이에 찍고 문지르는 과정을 기계가 처리해 인쇄 속도가 빨라지는데 크게 공헌했다. 따라서 수제품이라 할 수 있는 고려의 금속활자보다 대량 생산의 측면에서 압도적인 우위를 차지한다.

다품종 소량생산 위주였던 고려의 활자 문화와 구텐베르크의 활자 문화는 그 성격이 전혀 달랐다. 당시 르네상스 덕분에 유럽 각 대학의 서적 수요가 폭증해 필사본으로는 도저히 그 수요를 감당할 수 없었다. 구텐베르크는 그때 요하네스 푸스트라는 변호사가 투자한 자본을 가지고 상업적인 대량 생산을 목표로 금속 활자를 개발했다.

구텐베르크 인쇄기.

구텐베르크의 금속활자로 인쇄된 42조 반박문, 독일어판 성경이 엄청난 파장을 몰고 올 수 있었던 이유는 바로 대량생산에 있었다. 물론 당시는 지식에 대한 욕구, 십자군 원정의 후유증, 교회의 타락 등에 기인한 기존 교회에 대한 불만 등으로 위의 인쇄물들이 충분히 호응을 얻을 수 있는 여건이 마련되어 있었다. 특히 독일어판 성경의 인쇄는 역사적으로 의미심장했다. 당시 서유럽의 성경은 라틴어로 되어 있었고, 그 외의 언어로 된 성경은 교회에서 허락하지 않았다. 교회가 '성경 독점해석권'을 누렸던 것이다. 즉 천국으로 가는 길은 교회만이 알고 있었고, 다른 길을 설명하는 자에겐 파문을 내릴 수 있는 권리를 교회가 가지고 있었다. 독일어판 성경은 이러한 성경 독점해석권에 정면으로 도전하는 출판물이었기에 그 파장이 엄청나게 클 수밖에 없었다.

구텐베르크 이후 그의 인쇄기술을 통해서 쏟아져 나온 지식은 양적으로나 질적으로나 엄청난 것이었다. 이전과 비교할 때 정보의 양이 폭발적으로 증가했다. 그것은 당시 유럽 사회의 종교개혁, 르네상스적인 부흥, 지리적 팽창, 과학혁명, 자본주의 발전의 젖줄 구실을 했다. 반면에 고려의 금속활자 인쇄물은 성격이 전혀 달랐다. 조선 사회의 지적 팽창에 필요한 정보를 제공했을 뿐이다. 따라서 고려의 금속활자 인쇄물에서 구텐베르크 인쇄물 같은 역사적 파장을 기대하는 것은 무리였다.

그렇다고는 해도 고려 이후 한국의 금속활자를 애써 깎아내릴 필요는 없다. 우리나라는 예전부터 책을 가까이하고 소중히 여기는 민족이었다. 우리 민족에게 책을 찍는다는 행위는 단순히 책이라는 상품을 만들어내는 것 이상의 의미가 있었다. 출판은 학문을 널리 전하는 성스러운 활동이기도 했다. 금속활자는 유럽과 중국 동방에 위치한 조그만 나라인 한민족의 문명화에 대한 열망을 읽어내는 핵심 키워드다.

체험! 금속활자 찍어보기

2006년 4월 8일. 금속활자 제작 과정을 배우기 위해 청주시 고인쇄박물관에 도착했다. 오늘 우리가 할 일은 《직지》와 금속활자를 조사하는 것 외에 실제 재

현해놓은 금속활자 직지로 책을 찍어
보는 것이다. 고인쇄박물관 1층 한 켠
에 직지인쇄체험실이 마련돼 있다.
재현된 금속활자본은 직지의 첫 장에
해당하는 내용이다. 이 직지 금속본
은 금속활자 장인 오국진 씨가 1994년
청주 고인쇄박물관에서 밀랍주조법

직접 인쇄한 《직지》.

으로 재현해낸 것이다. 당시 재현된 활자본은 주조 틀을 만들 때 석고를 사용한
불완전한 것이었다고 하는데 우리가 다녀간 지 몇 주 후 주조 틀로 이토(泥土; 곱
게 분쇄한 이암 가루)를 사용하여 완벽하게 복원해냈다는 소식이 전해져왔다.

드디어 말로만 듣던 세계 최고(最古)의 금속활자를 찍어낸 틀과 마주하는 순
간이다. 틀 안을 자세히 살펴보니 활자 구실을 하는 각각의 글자들이 빼곡히 차
있다. 원래는 밀랍으로 고정되어 있어야 하는데 관리의 편의를 위해 다른 물질로
단단히 고정시켜놓았다. 직접 밀랍을 만져보니 아닌 게 아니라 잘 부스러졌다.

직지의 인쇄 과정은 다음과 같다.

조판 틀 만들기→조판하기→활자면 수평 잡기→초벌 인출→교정 및 인출

여러 단계의 과정 가운데 우리는 초벌 인출하기에 도전했다. 우선 들고 있는
종이를 수평을 맞추어 잘 펴야 한다. 이 부분을 잘해야 전체가 고르게 잘 나온다.
구텐베르크의 프레스 방식과 달리 금속활자본에 한지를 올리고 문질러서 인쇄
하는 방식이라 누를 때의 강도나 접착하는 순간에 세심한 신경을 써야 한다. 적
어도 두 명이 함께 보조를 맞춰야 하는 작업이다. 이런 방식으로 대량 인쇄는 도

저히 무리일 것이다. 박물관 가이드의 지도에 따라 열심히 문지르니 어느 정도 찍힌 직지의 첫 장을 얻을 수 있었다. 결코 완벽하다고 말하기 힘든 결과물이다. 일단 글자의 가로줄이 서로 일치하지 않았고 각 글자가 삐뚤어져 있는 등 문제가 많았다. 그러나 지금으로부터 700년 전 우리의 선조가 이런 것을 개발했다고 생각하면 그저 입이 벌어질 뿐이다.

한국에서 금속활자를 만드는 방법은 크게 두 가지가 있었던 것으로 알려져 있다. 하나는 해감모래 거푸집을 이용한 것으로 성현이 《용재총화》에서 소개한 방법이다. 또 한 가지는 조선 후기까지 민간에서 사용했던 밀랍을 이용한 주조 방법이다. 전상운 교수는 국가에서 버젓한 책을 펴낼 때에는 해감모래 거푸집을 활용했고, 민간에서 소량의 책을 찍어낼 때에는 밀랍주조법을 사용했다고 보았다. 우리가 금속활자 체험을 위해 방문했던 직지박물관의 임인호 활자장(무형문화재 제 101호)은 당시 사용했던 조각품이나 예술품을 근거로 《직지》의 경우 밀랍주조법을 사용한 것으로 간주했다.

해감모래 거푸집을 이용한 주조법은 간단히 말해 황양목에 새긴 어미자로 찍어내 만든 활자의 거푸집에 부어 만드는 방식이다. 이에 비해 밀랍주조법은 활자 모양으로 만든 정제된 밀랍에 글자를 새기고 그것을 가는 흙으로 감싼 후 고온에서 밀랍을 녹인다. 그렇게 해서 생긴 글자 모양의 빈 공간에 쇳물을 부어 글자를 만든다. 우리는 임인호 활자장과 함께 밀랍주조법을 써서 금속활자를 만들어보았다.

먼저 밀랍을 이용해 어미자를 제작한다. 밀랍은 낮은 온도에서도 가공하기 쉽기 때문에 입체 형식으로 공간을 절약할 수 있다. 어미자는 금속으로 활자를 만들기 전에 만들려는 글자를 다른 재료에 새기는 과정을 말한다. 만들어진 활자들을 여러 개 모아서 이토로 감싼 후 고온에서 구우면 밀랍은 다 녹아버리고 거기에 빈 공간이 생긴다. 현재까지 전통적인 방법에 쓰인 것으로 알려져 있는 이 토는 화장품 파우더처럼 입자가 매우 곱다. 밀랍을 이토로 감싸서 거대한 흙 통을 만든 다음 구우면 밀랍이 녹는다. 그렇게 만들어진 틀에 금속을 녹인 쇳물을 붓고 나서 빼내면 토기에 활자가 음각으로 새겨진다.

글자가 응고할 때의 부피감소율 같은 것은 활자로 사용할 때는 적용되지 않는다. 그러므로 눈으로 읽기가 가능한 활자 크기 내에서는 얼마든지 작아도 된다. 만들어진 활자의 크기는 작지만 아주 정밀한 것을 알 수 있다. 다음으로 활자 주위를 다듬고 크기를 일정하게 맞춰서 틀에 넣으면 금속활자판이 완성된다.

금속활자 만들기—해감모래 거푸집을 이용한 주조법

해감모래 거푸집을 이용한 주조법을 성현의 《용재총화》에 입각해 복원해보았다.(사진 고인 쇄박물관 제공)

어미자. 해감모래 거푸집 주조법의 어미자는 나무로 만들어진다.

해감모래에 어미자 새기기. 항아리 같이 생긴 쇠로 만든 통을 주자 틀이라고 하는데, 바닥에 어미자를 가지런히 놓고 주자 틀을 덮은 다음 주자 틀 안에 해감모래를 넣고 단단하게 다져준다. 이렇게 하면 해감모래에 어미자가 새겨진다.

주물사 평평하게 만들기. 남은 해감모래를 덜어내어 평평하게 다진다.

주자 틀 끼우기. 주자 틀을 뒤집어놓고 아래쪽 주자 틀을 끼운다. 사진에서 어미자가 해감모래에 박혀 있는 것이 보인다.

주자 틀 채우기. 아래쪽 주자 틀에도 해감모래를 채운다.

어미자 제거와 길 내기. 아래쪽 주자 틀을 치우고 어미자를 빼낸 다음 어미자로 쇳물이 흘러 들어갈 수 있도록 길을 파낸다.

아래쪽 주자 틀 끼우기. 아래쪽 주자 틀을 다시 끼운다. 쇳물이 채워질 길이 보인다.

위아래의 주자 틀을 단단하게 조인다.

쇳물을 녹인다.

쇳물을 주자 틀에 붓는다.

주자 틀에 쇳물이 가득 채워졌다.

마무리 과정. 쇳물이 식으면 주자 틀을 분리하여 글자가 붙어 있는 나뭇가지 모양의 가지쇠를 꺼낸다. 활자를 가지쇠로부터 잘라내고 깨끗이 다듬으면 금속활자가 완성된다. 이렇게 만든 활자를 판 위에 올려놓고 찍고자 하는 내용대로 글자를 배열한다. 글자 사이의 빈틈을 나무 조각으로 메우고, 모서리를 틀로 단단히 조여서 고정시킨다. 세게 문질러도 활자가 흔들리지 않게 고정시킨 다음 먹을 바르고 종이로 찍어낸다.

어미자 만드는 방법

1. 종이에 글자를 적는다.

2. 종이를 뒤집는다.

3. 뒤집은 종이를 나무에 붙인다.

4. 칼과 망치로 글자 테두리를 따라 칼집을 낸다.

5. 이때 칼집은 다음과 같이 바깥쪽으로 낸다.

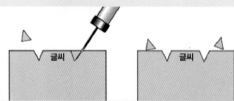

6. 반대쪽으로도 칼집을 내어 골을 판다.

7. 글씨 이외의 부분을 파낸다.

8. 어미자로 쓸 크기로 잘라 낸다.

9. 어미자가 완성되었다.

밀랍 막대기 같은 것을 넣고 녹인 다음 글자들을 대충 배열해놓고 다시 가열해주면 밀랍은 녹고 그 사이에 글자들이 정렬된다. 밀랍은 낮은 온도에서도 녹기 때문에 글자를 배열하는 데는 길어야 1분밖에 소요되지 않는다.

그런데 이 방법이 과거 직지를 만들 때와 똑같은지 어떤지는 알 수 없다. 분명 가능성은 존재하지만 기록이 없기 때문이다. 임인호 활자장은 이 방법이 과거의 것과 똑같은지 아닌지 따지는 일보다는, 이와 같은 방법을 써서 현재의 우리가 과거의 재현을 시도했다는 것이 더 중요하다고 역설했다. 이런 재현 노력이 다시 후세에 전해진다면 그 자체로 새로운 역사가 만들어진다는 점에서 가치가 있다는 것이다.

밀랍주조법은 어미자를 녹이기 때문에 활자 하나를 만들 때마다 어미자를 새로 만들어야 하는 단점이 있다. 이에 비해 주물사 주조법은 한 번 제작한 어미자를 여러 번 사용할 수 있다. 주물사 주조법은 흙으로 틀을 만들고 그 틀에 쇳물을 흘려 보내 활자를 만드는 방법이다. 쇳물은 대략 1000도까지 열을 가해 녹인 후에 상온과 거의 같은 온도를 가진 흙 틀에 흘려 보내게 된다. 쇳물로는 청동이 쓰였다. 청동은 순수한 동보다 녹는점이 낮고 강도는 높으며 용융 시 주물로 흘려 보내면 틀 형에 구석구석 잘 흘러 들어간다. 녹는점이 낮아야 비교적 낮은 온도에서 가공하기가 쉽고 강도가 높아야 변형 없이 오래 사용할 수 있다.

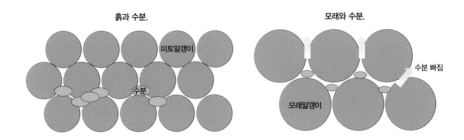
흙과 수분.　　　　　　　모래와 수분.
미토일갱이　수분　수분 빠짐　모래알갱이

그런데 문제는 주조 틀의 흙과 청동 쇳물 사이에 막대한 온도 차이가 발생한 다는 것이다. 1000도가 넘는 쇳물이 흙과 만나면 흙 사이의 수증기가 급격히 기 화하면서 폭발할 가능성이 있다. 실제로 점토로 만든 틀에 쇳물을 넣으면 틀이 폭발한다. 그렇다면 수분이 흙 사이에 존재하지 않게 충분히 잘 말려서 틀을 만 들면 되지 않을까? 그러나 완전히 수분을 제거하기란 쉽지 않은데다가 수분이 없다면 틀이 활자의 형태를 유지하기 힘들다. 따라서 수분은 존재해야 한다. 우 리 선조들은 이 문제를 어떻게 해결했을까?

결론을 말하자면 주물 틀의 비밀은 고운 모래, 즉 미사에 있었다. 모래 입자 는 알갱이의 크기가 크기 때문에 알갱이 사이의 공극이 넓다. 급격히 기화되는 수분이 이 틈 사이로 자연스럽게 빠져나가서 순간적으로 폭발현상이 일어나는 것을 방지할 수 있는 것이다. 그렇기 때문에 주물사 주조법으로 만들어진 것은 같은 글자일 경우 모양이 같다.

두 주조법의 또 다른 차이점은 밀랍주조법은 가지쇠가 입체적이고, 주물사주 조법은 가지쇠가 평면적이라는 것이다.

금속활자를 만드는 데 사용하는 금속의 주재료는 구리다. 하지만 구리는 너 무 무르기 때문에 여기에 다른 금속을 섞어서 사용하는데, 이렇게 하면 강도도 세지고 용융점이 구리보다 낮아져서 다루기가 더 쉬워진다. 주로 구리와 아연을 합금한 황동을 사용한다. 금속활자를 여러 번 녹이며 재활용하다 보면 나머지 금 속들은 소실되고 결국 순수한 구리만 남게 되어 다시 합금을 해주어야 한다.

중국의 우선권 주장에 대한 고찰

오래전부터 중국에서는 중국문명 4대 발명품의 하나로 화약, 종이, 나침반과

수과우
수학리
해의
끼
2

함께 인쇄술을 자랑스럽게 여겨왔다. 그중 너무도 당연하게 여겨지던 중국 인쇄술의 자존심이 한국의 두 유물이 발견되면서 큰 도전을 받게 되었다. 석가탑에서 발견된 《다라니경》은 현존하는 것으로서는 세계 최초의 인쇄 기록물이다. 그동안 중국에서 목판인쇄술이 개발되어 이웃 동아시아는 물론 서아시아나 유럽 사회에 전달해준 것으로 믿어왔던 중국인에게 한국의 두 유물의 등장은 곤혹스러운 존재이다. 금속활자의 경우에도 인쇄물에 관한 기록 면에서나 현존 유물의 차원에서나 한국이 중국보다 빠르다. 이처럼 인쇄술의 경우에는 목판과 금속활자 모두 한국이 최초라는 명백한 역사적 근거가 있기 때문에 한국은 세계 최초로 인쇄술을 개발한 나라라 주장할 것이며, 중국은 이에 반박을 해야만 하는 처지에 있다. 중국에서 이보다 더 빠른 유물이나 기록물이 발견되지 않는 한, 논쟁은 지속되어도 중국이 일방적인 승리를 거두기는 힘들어 보인다.

목판인쇄술의 경우 중국과학원 자연과학사연구소의 반길성(潘吉星) 교수는 그것이 중국에서 찍어 한국에 보낸 것이라는 궁색한 주장을 내놓고 있는데 모든 중국 학자가 이 설을 적극 지지하는 것은 아니다. 금속활자의 경우에는 한·중 간의 논쟁이 더욱 치열하다. 중국은 11세기 필승이 최초로 교니활자를 만들었다. 또 목활자도 처음으로 만들었다. 그런 상황에서 중국에서 최초의 금속활자를 만들었다는 주장이 나오는 것도 어찌 보면 자연스러운 일이다. 비록 현재까지 알려진 기록이 없을 뿐, 중국에서 금속활자를 처음 만들었다는 사실을 입증하는 자료가 나오는 것은 시간 문제일지 모른다. 실제로 중국에는 1154년에 숫자를 바꿔가며 지폐를 찍는 데 사용했던 동활자, 즉 금속활자가 존재한다. 이것은 '직지'보다 200여 년 앞선 것이며 금속활자 인쇄술과 종이 한 장 차이라고 주장할 수도 있다.

한국의 경우, 주장의 근거로 현존하는 자료를 많이 가지고 있어 중국보다 유

리한 편이다. 국립중앙박물관에
남아 있는 12세기 경 놋쇠로 만든
활자, 1232년 이전에 금속활자로
찍은 바 있다고 적은 《남명천화
상송증도가》의 서문, 이규보
(1168~1241)의 《동국이상국집》에
실려 있는 《상정고금예문》(1234년 경)에 관한 기록 등이 그것이다.

중국 측의 주장을 들어보자. 반길성 교수는 1997년 동서고인쇄문화 국제학술
회의에서 원대의 동활자본 '어시책'을 세계 최고(最古)의 금속활자본이라 주장했
다. 어시책은 1315~1333년에 실시된 원나라 과거에 합격한 진사들이 쓴 답안지
13편을 수록한 것으로 인쇄 시기는 1341~1345년이다. 반 교수의 주장에 의하면
이는 불조직지심체요절보다 32~36년 앞선 것이 된다. 하지만 조병순 성암고서박
물관장이 일본의 미쓰비시그룹 정가당(靜嘉堂)문고에 소장된 어시책의 원본을
확인한 결과 금속활자로 간행된 것이 아니라 1341년 6월에 중국 강서성의 유인초
(劉仁初) 등에 의해 편찬된 목판본이었다. 그것으로 이 논쟁은 일단락되었다.

1998년 반길성 교수는 또 다른 증거를 내세우면서 "금속활자는 중국의 발명
품"이라고 주장했다. 앞서 언급한 지폐를 찍는 인쇄용 동판이 그것이다. 그는 당
시 지폐가 동판에 140여 자를 새긴 뒤 일련번호, 화폐가치 등 매번 바뀌는 글자
6~8자를 활자로 심어 찍어냈는데, 여러 차례 계속해서 사용했다는 점에서 이때
사용된 문자는 활자의 범주에 드는 것으로 간주했다. 한국의 학자들은 활자의 개
념을 따져가며 이에 반박하고 나섰다. "활자는 글자 하나하나를 배열하고 다시

해체하여 재사용이 가능해야 한다. 판을 해체한 뒤 개별 활자를 보관했다가 다시 찍을 수 있어야 사자(死字)가 아닌 활자(活字)가 된다. 또 인쇄에서 가장 중요한 것은 조판 과정이다. 지폐는 종이를 밑에 놓고 찍기 때문에 조판 과정이 필요 없다. 따라서 인쇄가 아니라 인장"라는 것이다.

중국 측은 다시 또 다른 증거를 들고 나왔다. 1148년에 인쇄된 '천불동패(千佛銅牌)'가 그것이다. '천불동패'는 건강, 부귀 등을 기원하는 일종의 부적으로 그림 사이에 모두 40여 자의 문자를 담고 있다. 중국 측은 동판에 그림을 새기고 문자만 활자로 끼워 넣었다고 주장하고 있으며, 이에 대해 우리 측 학자인 한미경 씨는 활자의 개념, 활자 인쇄의 단계, 활자본의 특징, 탁본, 동패, 인쇄물의 낱장 및 한 줄 등을 연구한 결과 천불동패는 금속활자인쇄로 발전 하기 전 단계일 뿐 본격적인 금속활자 인쇄의 시초로 보기에는 많은 무리가 있다고 평가했다.

이런 전문가들의 다툼 속에서 섣불리 빈약한 근거를 들어 주장을 펼치는 것은 무의미하다. 그럼에도 세 가지 측면에서 짚고 넘어가야 할 부분이 있다.

첫째, 기술의 전파와 변용을 열린 사고로 바라보아야 한다. 기술 자체에 좋은 점이 있고, 또 수용자의 처지에서 자신에게 적절하다고 생각하면 고안해내기도 하고 빌려 쓰기도 하면서 발전하는 것이 기술이전의 일반적인 속성이다. 사실 목판처럼 일일이 모든 글자를 한 판에 새기는 것

금속활자로 인쇄한 것을 번각한 목판본 《남명천화상송증도가》. 삼성출판사박물관 소장

이 아니라 활자인쇄에서 중요한 것은 '낱개 활자를 만들어 조판한다'는 아이디어이다. 누가 이 아이디어를 최초로 떠올렸을까? 현존하는 기록으로는 11세기 중국 북송의 필승이다. 한국 학자들은 이것이 진흙이고 조판이 어렵기 때문에 널리 실용화되지 못했다는 점을 들어 애써 필승의 업적을 깎아내리는 경향이 있다. 활자화한다는 아이디어가 더 값진 것일까, 아니면 그 재질을 금속으로 바꾸고 조판을 용이하게 하기 위한 노력이 더 값진 것일까? 우위 논쟁을 제외한다면 금속으로 바꾸려는 시도는 중국에서도, 고려에서도 있었다. 즉 필승의 작업 이후 비슷한 시기에 어디서든 금속활자가 만들어질 가능성이 있었던 것이다. 이런 기술사의 전반적인 성격을 제쳐놓고 "누가 먼저다", 또 "몇 년 앞섰다"는 세부적인 것에 집착하는 순간, 양쪽 국민 모두 눈먼 민족주의의 희생양이 된다.

둘째, 당시 사람들과 현대의 관점 사이에 매우 커다란 차이가 존재한다. 원대의 왕정이 《농서》에서 잘 지적했듯이 금속 주조 활자는 단점이 이만저만 많았던 것이 아니다. 오늘날 우리와 달리 그는 "금속이냐 아니냐"로 평가하지 않았다. "얼마만큼 신속하게 먹을 골고루 묻혀 책다운 책을 찍어내느냐"가 초미의 관심사였다. 그가 《직지》를 봤다 해도 주조 활자에 대한 비난을 거두어들이지 않았을 것이다. 중국과 달리 소량의 책자를 더욱 쉽게 찍어내야 하는 처지에 있었던 고려인은 그런 비난에 아랑곳하지 않고 자신들의 처지에 가장 알맞은 방법을 찾아낸 측면이 강하다. 세계 최초의 명예를 차지하기 위한 발명 대회에 참석해서 얻어낸 영광은 결코 아니다.

셋째, 첫 창안의 관점이 아니라 그 후 쌓아올린 인쇄 전통 전반을 함께 평가해야 한다. 누가 우연히 처음 만들어냈다 해도 그냥 사라져버렸거나 미미한 내용물밖에 만들지 못했다면 첫 발견에 대한 평가는 다소 무색해질 것이다. 중국의 경우 금속활자의 전통이 있기는 했지만, 그것을 발전시키기 위해 오랫동안 꾸준히

수 과 우
수 학 리
에 의
끼
2

노력했다고 보기는 힘들다. 설사 중국에서 한국 것보다 오래된 금속활자 인쇄물이 새롭게 발견된다 해도 이런 평가가 크게 달라지지 않을 것이다. 이와 달리 고려의 전통은 조선에 이어져서 500년 이상 국가와 민간의 관심 속에 금속인쇄술이라는 꽃을 피웠다. 그렇게 탄생한 인쇄물은 주변국의 책 애호가들 사이에서 고급 서적으로 높이 평가받았다. 대신 중국은 목판인쇄술을 절정의 수준으로 발전시켰다. 특히 조선과 달리 중국은 목판인쇄술로 중국과 전 동아시아를 대상으로 대중출판의 꽃을 피웠으며 그 지역의 문화를 선도했다.

이에 공장들을 모집하고 주자본(금속활자본)을 중조(목활자본으로 다시 새겨냄을 의미)하여 오래도록 전해지게 하고자 하는 바이다.

기해년(1239) 9월 상순 중서령 진양공 최이는 삼가 기록하는 바이다.

—남명 법천선사, 《남명천화상송증도가》 권말기록

대저 제왕(帝王)의 정사에는 예(禮)를 제정하는 일보다 더 급한 것이 없다. 연혁하거나 손익하거나 그것을 한 번 제정하여 인심을 바루고 풍속을 동일하게 해야 한다. 옛것만을 따르고 어물어물 모면하여 일정한 전법(典法)을 세우지 못하고 분분히 서로 같지 않게 해서야 되겠는가? 본조(本朝; 고려)는 건국한 이래로 예제(禮制)를 손익함이 여러 대를 내려오면서 한 번 뿐이 아니었으므로 이를 병되게 여긴 지 오래었더니, 인종(仁宗) 때에 와서 비로소 평장사(平章事) 최윤의(崔允儀) 등 17명의 신하에게 명하여 고금의 서로 다른 예문을 모아 참작하고 절충하여 50권의 책을 만들고 그것을 《상정예문詳定禮文》이라고 명명하였다. 그것이 세상에 행해진 뒤에는 예가 제자리에 귀착되어 사람이 의혹되지 않았다. 이 책이 여러 해를 지났으므로 책장이 없어지고 글자가 결락되어 상고하기가 어려웠는데 나의 선공(先公)이 이를 보즙(補緝)하여 두 본(本)을 만들어 한 본은 예관(禮官)에게 보내고 한 본은 집에 간수하였으니, 그 뜻이 원대하였다. 과연 천도(遷都)할 때 예관이 창황하여 미처 그것을 싸가지고 오지 못했으니, 그 책이 거의 없어지게 되었는데, 가장본 한 책이 보존되어 있었다. 이때에 와서야 나는 선공의 뜻을 더욱 알게 되었고, 또 그 책이 없어지지 않은 것을 다행으로 여긴다. 그래서 결국 주자

(鑄字)를 사용, 28본을 인출하여 제사(諸司)에 나누어 보내 간수하게 하니, 모든 유사(有司)들은 일실되지 않게 삼가 전하여 나의 통절한 뜻을 저버리지 말지어다. 월 일에 모는 발문을 쓴다.

ーー이규보, "새로 편찬한 상정례문'에 대한 발미(跋尾)", 《동국이상국후집》 11권

*민족문화추진회 번역본 참조

태종께서 영락(永樂) 원년(元年)에 좌우에게 이르기를 "무릇 정치는 반드시 전적(典籍)을 널리 보아야 하거늘, 우리 동방이 해외에 있어서 중국의 책이 드물게 오고 판각(板刻)은 또 쉽게 깎여 없어질 뿐 아니라, 천하의 책을 다 새기기 어려우므로 내가 구리를 부어 글자를 만들어 임의로 서적을 찍어내고자 하니 그것을 널리 퍼뜨리면 진실로 무궁한 이익이 될 것이니라" 하시고, 드디어 고주(古註) 《시경詩經》, 《서경書經》, 《춘추좌씨전春秋左氏傳》의 글자를 써서 주조(鑄造)하시니, 이것이 주자(鑄字)를 만들게 된 연유이며, 이를 정해자(丁亥字)라 하였다.

또 세종께서 주조한 글자가 크고 바르지 못하므로 경자년에 다시 주조하니, 그 모양이 작고 바르게 되었다. 이로 말미암아 인쇄하지 않은 책이 없으니 이것을 경자자(庚子字)라 이름하였다. 또 우선 음즐자(陰騭字)를 써서 주조하니 경자자에 비하면 조금 크고 자체가 아주 좋았다. 또 세조에게 명하여 《강목綱目》의 큰 글자를 쓰게 하시니, 세조는 당시 수양대군이었는데, 드디어 구리를 부어 글자를 만들어 이로써 《강목》을 인쇄하니, 곧 지금의 이른바 훈의(訓義)이다.

임신년에 문종께서 안평대군에게 다시 경자자를 녹여서 쓰게 하시니, 이것이 임자자(壬子字)이다. 을해년에 세조께서 강희안(姜希顔)에게 명하여 임신자를 개주하여 쓰게 하시니, 이것이 을해자(乙亥字)인데, 지금까지도 이를 쓰고 있다. 그 뒤 을유년(乙酉

年)에 원각경(圓覺經)을 인쇄하고자 하여 정난종(鄭蘭宗)에게 명하여 쓰게 하시었는데, 자체가 고르지 못하였으며 이를 을유자라 하였다.

성종께서 신묘년에 형공(荊公) 왕안석(王安石)의 《구양공집歐陽公集》의 글자를 사용하여 글자를 주조하니 그 체가 경자자보다 적되 더욱 정묘하여 신묘자(辛卯字)라 이름하고, 또 중국의 신판 강목자(綱目字)를 얻어 글자를 주조하여 이를 계축자(癸丑字)라 하였다.

대개 글자를 주조하는 법은 먼저 황양목(黃楊木)을 써서 글자를 새기고, 해포(海蒲)의 부드러운 진흙을 평평하게 인판(印版)에다 폈다가 목각자(木刻字)를 진흙 속에 찍으면 찍힌 곳이 패여 글자가 되니, 이때에 두 인판을 합하고 녹은 구리를 한 구멍으로 쏟아 부어 흐르는 구리액이 패인 곳에 들어가서 하나하나 글자가 되면 이를 깎고 또 깎아서 정제한다.

나무에 새기는 사람을 각자(刻字)라 하고 주조하는 사람을 주장(鑄匠)이라 하고, 드디어 여러 글자를 나누어서 궤에 저장하였는데, 그 글자를 지키는 사람을 수장(守藏)이라 하여 나이 어린 공노(公奴)가 이 일을 하였다.

그 서초(書草)를 부르는 사람을 창준(唱準)이라 하였으며 모두 글을 아는 사람들이 이 일을 하였다. 수장이 글자를 서초 뒤에 벌여놓고 판에 옮기는 것을 상판(上板)이라 하고, 대나무 조각으로 빈 데를 메워 단단하게 하여 움직이지 않게 하는 사람을 균자장(均字匠)이라 하고, 주자를 받아서 이를 찍어내는 사람을 인출장(印出匠)이라 하였다.

그 감인관(監印官)은 교서관(校書館) 관원이 되었으며, 감교관(監校官)은 따로 문신에게 명하여 하게 하였는데, 처음에는 글자를 벌여놓는 법을 몰라서 납(蠟)을 판에 녹여서 글자를 붙였다. 이런 까닭으로 경자자는 끝이 모두 송곳 같았는데, 그 뒤에 비로소 대나무로 빈 곳을 메우는 재주를 써서 납을 녹이는 비용을 없앴으니, 비로소 사람의 재주 부리는 것이 무궁함을 알았다.

—성현, "금속활자로 책 만드는 법",《용재총화》7권

*민족문화추진회 번역본 참조

대표적인 고인쇄기술사 학자

김두종과 손보기 한국 고인쇄기술사 연구를 대표하는 학자로는 김두종(1896~1988)과 손보기 (1922~)를 꼽을 수 있다. 김두종은 인쇄기술사보다는 의학사 연구자로 더 유명하다. 1924년 교토 부립의학 전문학교를 졸업한 후 1945년 만주의과대학에서 의학사 박사학위를 받았으며, 1966년에 《한국의학사》를 출간했다. 이와 함께 인쇄기술사 분야에서도 《한국고인쇄기술사》(1974), 《한국고인쇄문화사》(1980) 등의 역작을 내놓아 한국 고인쇄사 연구의 기틀을 마련했다. 손보기 역시 인쇄기술사 이외에 선사고고학, 독립운동사 등의 분야에서도 두각을 나타낸 학자였다. 1943년 연희전문학교 문과를 졸업했고, 1963년 캘리포니아 대학 버클리교에서 사회사 연구로 박사학위를 받았다. 한국 고인쇄 관련 저작으로는 《한국의 고활자》(1971), 《금속활자와 인쇄술》(1974), 《세종시대의 인쇄출판》(1984), 《새판 한국의 고활자》(1987) 등이 있다.

리용태와 북한의 한국과학사 연구 리용태는 북한을 대표하는 과학사 학자다. 경성제대 이공학부 물리학과 출신으로 1951년에 구소련의 레닌그라드 공과대학에서 '전자기이론발전사'에 관한 과학사 논문을 썼다. 이 논문은 남북한 통틀어 한국인 최초의 본격적인 과학사 논문으로 평가받는다. 이후 과학사 연구에 전념해 《우리나라 중세과학기술사》(1990)를 펴냈다. 이 책은 홍이섭의 《조선과학사》 이후 우리나라 전체 역사와 과학기술의 전 분야를 함께 다룬 유일한 통사다. 북한 체제의 특수성과 관련된 통상적인 서술을 배제한 일반 과학사 영역에 대한 서술은 꼼꼼하고 실증적인 태도를 견지하고 있다. 리용태 이외에도 북한에서 과학사 연구는 꽤 활발한 편인데, 고고학의 최상준, 의학사의 홍순원 등은 남한 학계에도 널리 알려져 있다. 1996년에 편찬된 《조선기술발전사》(5권)은 방대한 기술사 통사로서 북한학계의 과학기술사 연구 역량을 집대성한 저술이다.

평면에 펼쳐 놓은 「하늘 그림」의 용도는?

동아시아에서는 예로부터 하늘을
인간세계와 평행선상에 있는
또 하나의 축소된 인간세계로 보았다.
하늘에도 왕이 있고 신하가 있고 산이 있고,
강물이 있고, 그 위에 떠다니는 배도 있고,
부엌이나 변소도 있다고 생각했다.

천상열차분야지도를 지도 삼아 우주여행을 떠나본다면 어떨까? 우리는 무수한 별이 촘촘히 박힌 하늘로 날아갈 수 있을 것이다. 북두칠성에서는 장생을 주는 신선을 만나고 우윳빛 은하수 오작교를 건너 그리운 임과 재회의 기쁨을 누린 후, 주성(酒星)에 들러 흠뻑 취하다 소변이 마려우면 측간별에 들러 해우를 할 것이다.

천상열차분야지도는 옛 별자리 그림이다. 여기에는 육안으로 관측된 1467개의 별이 꽉 들어차 있다. 이 별들은 모두 이름이 있고, 내력이 있다.

하늘의 별들을 하나의 단면에 그리는 전통은 우리나라에서 최소한 기원전 1세기경으로 거슬러 올라간다. 천상열차분야지도는 고구려 때 만들어진 석각 천문도를 바탕으로 조선 초에 다시 제작한 것으로 세계에서 가장 오래된 하늘을 담고 있다. 그 사실을 통해 이 땅에 살았던 종족이 오래전부터 줄곧 과학 문명인이었음을 짐작할 수 있다.

천상열차분야지도는 한국인을 대표하는 과학 상징인 동시에 옛 하늘과 오늘의 하늘 사이를 연결하는 비밀통로이다. 그 통로를 따라가 보면 옛 하늘에 도달한다. 거기서 하늘과 별자리에 얽힌 지식, 설화, 과학을 만날 수 있다. 그것을 가지고 다시 현재로 돌아오면 우리는 새로운 우주를 상상하고 꿈꿀 수도 있을 것이다. 대단한 문화 콘텐츠이다.

처음 《우리 과학의 수수께끼》를 받아 표지를 본 우리의 첫 소감은 왜 하늘의 별자리를 그린 천상열차분야지도가 배경에 자리 잡고 있는가 하는 의문이었다. 왜냐하면 책 본문에는 천상열차분야지도에 관한 내용이 없었기 때문이다. 천문학과 관련 있는 내용이라곤 첨성대뿐이고, 그것도 천문학에서의 '관측기록' 이라기보다는 '관측시설' 이었다. 이런 문제에도 불구하고 그것을 표지 도안으로 삼은 것은 하늘의 별자리를 멋지게 표현한 천상열차분야지도야말로 우리의 과학 문화 유산 중 가장 인상적인 그림이기 때문일 것이다.

천상열차분야지도(天象列次分野之圖)는 조선 초의 천문도이다. 뜻을 풀어보면 하늘의 모습(천상; 天象)을 12개의 순서(차; 次)에 따른 구역으로 벌려놓고(열차; 列次) 9개의 '들(野)' 로 나누어(분야; 分野) 그린 도면(지도; 之圖)인 것이다. 여기서 '천상열차분야지도' 의 '차(次)' 는 12년을 주기로 매해 위치가 달라지는 목성이 해마다 보이는 점을 기준으로 천구의 적도를 12구역으로 나눈 영역이다. '야(野)' 는 하늘은 인간 세상과 대응한다는 동아시아 천문학의 믿음을 기반으로 만들어진 개념으로, 중국의 9주(州)에 해당하는 하늘의 영역을 뜻한다. 원 안에 별들을 흩뿌려놓고는 그걸 연결하고 설명하고 구분해놓았다니, 뭔지는 몰라도 강력한 기운이 감지되지 않는가.

사실 《우리 과학의 수수께끼》 표지의 천문도는 천상열차분야지도 원본이 아니다. 천상열차분야지도의 원본은 묵직한 돌 판(가로 122.8센티미터, 세로 200.8센티미터, 두께 11.8센티미터)이다. 그 양면에 별자리와 별자리들의 이름, 그리고 조선시대 지식인이라면 마땅히 알아야 할 천문학 지식을 그 주위에 세밀히 새겨놓았다. 조선 태조 4년(1395)에 고구려에서 전래된 천문도를 바탕으로 만들었다는 내용이 돌 판에 새겨져 있다. 이 외에 새로 새긴 복각본이 하나 더 있다. 숙종 때 태조본이 마모가 심해져서 원본의 한 면(흔히 이 면을 '앞면'으로 본다)만을 다시 새긴 것이다. 현재 남아 있는 여러 모사본이나 인본, 탁본 대부분이 이 숙종본을 보고 만든 것으로, 이전 책의 표지에 실린 그림도 숙종본의 필사본 가운데 하나다. 태조본 천상열차분야지도는 1985년 3월 3일에 국보 제228호로 지정되어 현재 서울 중구 정동의 궁중유물전시관에 소장되어 있으며, 숙종본 또한 보물 제837호로 지정되어 같은 곳에 보관되어 있다.

천상열차분야지도는 중국의 순우천문도에 이어 세계에서 두 번째로 오래된

세계에서 가장 오래된 중국의 순우천문도(왼쪽). 천상열차분야지도 태조 석각본. 궁중유물전시관 소장

석각 천문도로서 당시 천문 기술이 얼마나 발달해 있었는지 알려주는 귀중한 자료다. 그런데 안타깝게도 그 존재나 가치가 외국은커녕 한국에서도 제대로 알려지지 않은 실정이다. 심지어 천상열차분야지도를 중국의 것으로 알고 있는 사람들도 적지 않다.

동아시아의 별자리 이야기

천상열차분야지도를 이해하기 위해서는 전통적인 '하늘'에 대한 인식을 우선 이해할 필요가 있다. 하늘을 신들이 머무는 곳 또는 신들의 그림판 정도로 본 서양의 시각과는 달리, 동아시아에서는 예로부터 하늘을 인간세계와 평행선상에 있는 또 하나의 축소된 인간세계로 보았다. 하늘에도 왕이 있고, 신하가 있고, 산이 있고, 강물이 있고, 그 위에 떠다니는 배도 있고, 부엌이나 변소도 있다고 생각했다. 또 해당하는 각 별자리가 그에 맞는 색깔과 형태와 밝기를 지니고 있어야 지상의 대응물도 제 구실을 제대로 한다고 보았다.

그렇다면 어떤 별자리가 지상의 어떤 것을 관장할까? 그것을 이해하기 위해서는 서양과는 상당히 다른 동아시아의 별자리 체계를 알 필요가 있다. 동아시아 천문학에서는 하늘의 별들을 서양처럼 곧바로 별자리로 나누지 않고 세 단계로 구분한다.

첫 단계에서는 하늘을 크게 중궁의 황룡(黃龍; 황금색 용), 동방의 창룡(蒼龍; 푸른 용), 북방의 현무(玄武; 거북과 뱀), 서방의 백호(白虎; 흰 호랑이), 남방의 주작(朱雀; 붉은 새)의 신령스런 다섯 동물에 대응하는 구역들로 나누었다. 동물들은 각각 하늘을 다섯으로 나누어 다스린다는 황제(黃帝)와 그 밑의 청제(靑帝), 적제(赤帝), 백제(白帝), 흑제(黑帝)를 뜻한다. 이것이 중궁과 4방이다.

두 번째 단계에서는 중궁과 4방을 각각 3원(垣)과 7수(宿)로 나눈다. 3원은 중궁을 나눈 것이니만큼 하늘의 가운데 부분을 차지하고 있으며, 4방의 7수, 즉 28수는 하늘에서 달이 지나가는 길목의 대표적인 별자리들을 동북서남 방향에 각각 7개씩 묶어 나눈 것이다. 왜 굳이 28수인가에 대해서는 토성의 공전 주기인 29.46년, 달의 삭망 주기인 29.53일, 항성주기인 27.32일 모두 28과 가깝기 때문이라고 추측하고 있으며(즉 토성은 1년에 1수씩, 달은 하루에 1수씩 거쳐 가는 것이다), 28수가 정확히 언제부터인지는 몰라도 예로부터 많이 쓰였다고 한다. 앞서 말한 제(帝)들은 바로 자신이 맡은 3원이나 7수를 다스린다.[주1]

세 번째 단계에서는 3원과 28수를 또다시 세분화하여 세세한 별자리들로 구분한다. 예를 들어 28수의 첫 수인 각(角)수에는 45개의 별들이 평도, 천전, 진협 등 15개의 별자리를 이루고 있다. 한 가지 눈여겨볼 것은 미국 뉴욕 주 안에 뉴욕 시가 또 있듯이, 각수의 별들 중 밝은 별 2개로 된 별자리 하나가 각수(좌각)라는 대표 이름을 지니고 있다는 점이다.

7정(七政)은 해와 달, 그리고 수성, 화성, 목성, 금성, 토성의 다섯 행성을 일컫는다. 28수는 정지해 있고 7정은 이들 사이를 움직이는데, 황제가 다스리는 하늘에는 28수라는 지방 장관들이 7정 사이를 운행하며 이들을 감찰하는 것이라고도 볼 수 있다.

이렇게 세분화되어 있는 별자리들과 7정은 각각의 의미를 지니고 있어서, 7정이 28수를 운행할 때 각 별자리와의 상대적인 위치, 별자리들의 모양, 색깔, 밝기 등에 따라 인간지사를 예상할 수 있다. 이 외에도 목기운, 화기운, 토기운, 금기운, 수기운의 5운을 나타내는 오천이나 사방 7수에 각각 목요성, 금요성, 토요성, 일요성, 월요성, 화요성, 수요성에 해당하는 별자리들이 있어 더욱 세밀하게 현재와 미래를 내다볼 수 있다. 조선 초 세종의 명으로 이순지가 편찬한 《천문류

동아시아의 별자리 체계

중궁 3원(垣)		
중궁 황룡(黃龍)	자미(紫微) 태미(太微) 천시(天市)	세분화된 별자리들

사방 28수(宿)		
동방 창룡(蒼龍)	각(角) 항(亢) 저(氐) 방(房) 심(心) 미(尾) 기(箕)	세분화된 별자리들
북방 현무(玄武)	두(斗) 우(牛) 녀(女) 허(虛) 위(危) 실(室) 벽(壁)	세분화된 별자리들
서방 백호(白虎)	규(奎) 루(婁) 위(胃) 묘(昴) 필(畢) 자(觜) 삼(參)	세분화된 별자리들
남방 주작(朱雀)	정(井) 귀(鬼) 류(柳) 성(星) 장(張) 익(翼) 진(軫)	세분화된 별자리들

초天文類抄》 등의 저서를 보면 자세한 내용이 적혀 있다.

《천문류초》에 나오는 예를 하나 들어보자.

변방을 수비하고, 구름이 끼고 비가 오는 것을 주관하는 필(畢)수가 7정 중 생하는 기운을 띤 목성과 가까워져서 범(犯; 7촌 이내로 가까워져 빛이 서로 접한다)하게 되면 전쟁을 하되 승리하고, 비바람이 불 조짐으로 볼 수 있다. 또한 필수는 중국의 기주(冀州)와 익주(益州), 그리고 한반도의 평안도를 관장하는 것으로 그 지역에 특히 많은 영향을 미친다고 한다.[주2] 실제로 이와 같은 예는 《조선왕조실록》에도 수없이 많이 등장한다. 태조 3년에 달이 심성을 범하여 유배한 사람을 용서했다거나, 세조 2년에는 혜성이 나타나자 서운관에서 낮에 유성이 나타나면 가문다고 임금께 아뢰었다는 기록 등이 수두룩하다.

물론 이런 해석들을 당시 사람들이 철석같이 믿었다고 하는 것은 그들의 상식에 대한 모독일지도 모른다. 그들이 동아시아 천문학에 근거하여 인간지사를 알 수 있다고 믿었듯이 현대의 우리도 기상학에 근거하여 날씨를 예상할 수 있다고 믿지만, 변덕 심한 여름날에 일기예보를 전적으로 믿다가는 낭패 볼 수 있다

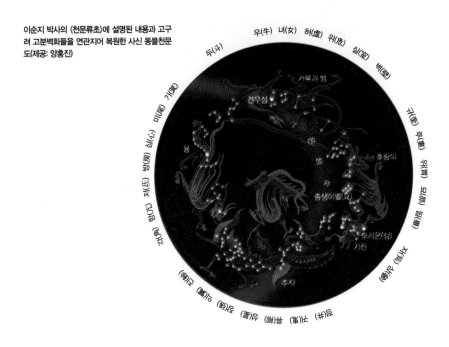

이순지 박사의 〈천문류초〉에 설명된 내용과 고구려 고분벽화들을 연관지어 복원한 사신 동물천문도(제공: 양홍진)

는 것 또한 알고 있지 않은가. 그럼에도 역시 동아시아의 점성술은 경험과 동아시아 사상에서 비롯된 것으로, 당시 사람들의 정신세계를 지배하는 대표적인 존재였다고 할 수 있다. 비록 현대 과학에서는 인정받지 못하지만, 예로부터 오랫동안 믿고 의지해온 동아시아 천문학은 그런 의미에서 경험이고 기술이고 과학이라고 할 수 있는 것이다.

천 문 학 의   족 집 게   핵 심   노 트

동아시아의 천문학에 기반을 둔 천상열차분야지도에는 별자리뿐 아니라 황도와 적도, 그리고 은하수의 위치도 표시했다.

천상열차분야지도를 살펴보자. 우선 맨 위를 보면 양쪽 가장자리에 있는 사각형 두 개에 걸쳐 12국(國) 분야를 설명하고 있다. 가운데 천문도를 보면 가장 큰 원의 테두리를 중국의 12개 나라의 이름을 붙여 12등분하고, 각 나라에 해당하는 부분이 이루고 있는 각도와 그 안의 대표적인 별자리를 표기해놓았다.

가장자리보다 안쪽에 있는 사각형에는 태양과 달이 지나가는 자리에 대한 설명이 나온다. 태양이 지나가는 자리를 설명한 일수(日宿)에는 "태양은 대양(大陽)의 정이고 모든 양의 으뜸이다. 적도 안과 밖의 각각 24도까지 떨어지는데, 멀면 춥고 가까우면 더우며 중간이면 온화하다"로 시작하여 태양의 움직임, 그리고 태양의 위치와 기후 사이의 관계에 대해 서술하고 있다. 끝부분에는 태양에 관련된 간단한 역법이 나와 있다. 달의 경로를 나타낸 부분 역시 "달은 대음(大陰)의 정이고 모든 음의 으뜸인데 이것으로 날을 배정한다"로 시작하여 적도와 황도에 대해 정의하며 끝맺는다.

위쪽 가운데 위치한 원에는 24절기의 낮의 길이를 적어놓았다. 별의 운동은 태양시가 아닌 항성시를 따르며, 낮과 밤의 길이도 1년 내내 일정하지 않으므로 정량적인 천체 관측이 힘들었을 것이다. 따라서 정확한 밤 시간을 정하게 되었는데, 여기에는 24절기의 초저녁과 새벽에 관찰할 수 있는 대표적인 항성을 적어 그날 그날의 밤 길이를 알 수 있게 해놓았다. 예를 들면 '동지' 부분에는 '혼실효진'이라 표기되어 있는데, 이는 해가 저물 때는 별자리 실수가, 해가 뜰 때는 별자리 진수가 남중한다는 것이다. 동지라는 절기에는 천문도의 실수에서 진수까지 — 즉 북방칠수, 서방칠수, 남방칠수의 순으로 — 이어지는 부분을 참조하여 하늘을 관찰하면 된다는 것이다. 당연한 이야기이겠지만 지구의 자전과 공전, 그리고 관측자의 위도와 경도에 따라 계절마다 보이고 안 보이는 별이 있다. 우리

천상열차분야지도 숙종 석각본을 본뜬 목판본. 국립민속박물관 소장 ▶

우리의
수학과
예의
수학
2

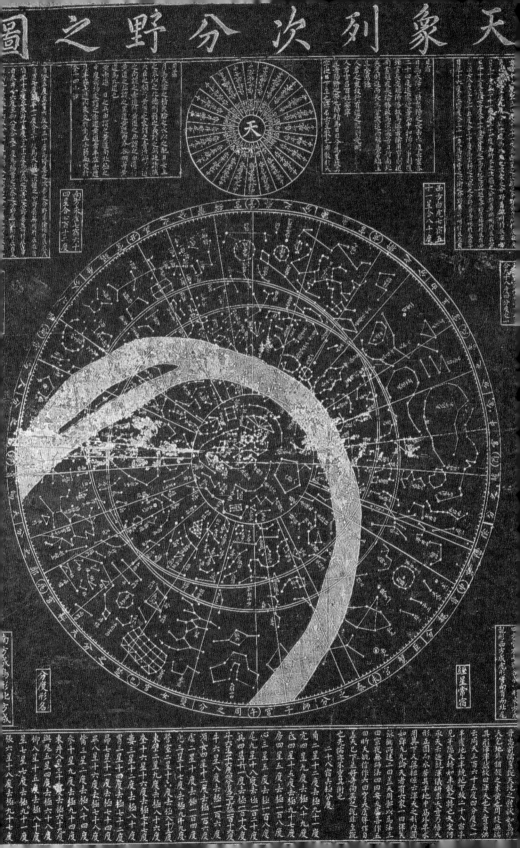

옛 별자리들

장유(張維·1587~1638)는 18 별(자리)들의 고사를 모아 〈고의성명체古意星名體〉(《계곡집》 권 34)라는 다음과 같은 멋진 시를 지었다. 이를 보면, 별이 시의 훌륭한 소재가 되었음을 알 수 있다. 색깔로 표시된 부분이 별 또는 별자리 이름이다.

다섯 가지 금속으로 곤오도(昆吾刀) 제련할 때 / 昆吾鍊五金
현녀가 그 비방 전수해 주었나니 / 玄女授秘方
쇳물 속에서 창룡의 정기 듬뿍 받고 / 鑄成蒼龍精
빙설처럼 맑은 기운 감도는 칼날 / 冰雪翼鋒鋩
담담하도다 흰 꿩의 꼬리 같고 / 淡淡白鷳尾
형형하도다 가을날 물빛일세 / 瑩瑩秋水光
천 년 세월 땅속에 숨어 있으며 / 千年隱土中
남두성(南斗星) 언저리에 자기(紫氣)를 내뿜다가 / 氣衝南斗傍
홀연히 장무선의 지우(知遇)를 얻어 / 忽遇張茂先
흙먼지 털어내고 명당에 올려졌네 / 拂拭薦明堂
한 번 휘두름에 참창(혜성)이 떨어지고 / 一揮隕欃槍
두 번째 시험함에 천랑이 쓰러지니 / 再試斃天狼
교룡(蛟龍)의 독아(毒牙)와 뿔 무슨 소용 있으리요 / 毒蛟落牙角
귀모가 황야에서 목메어 우는도다 / 鬼母號大荒
어느 날 홀연히 자기 할 일 다 마치고 / 一朝功用畢
허무 속에 뛰어들어 모습을 감췄나니 / 飛入虛無藏
은 나라 부열과 어쩜 그리 똑같은고 / 眞同殷傅說
까마득한 하늘 위 기미성(箕尾星)에 올라탄 / 騎箕上杳茫

육안으로 볼 수 있는 온 하늘의 별자리를 중국에서는 3원28수(三垣二十八宿)로 정했다. 3원이란 세 개의 담 또는 관청이라는 뜻이고 28수는 적도 근처에 몰려 있는 표식 별자리이다. 3원은 자미원(紫薇垣), 태미원(太薇垣), 천시원(天市垣)으로 고대 중국의 관료제를 모방하여 하늘의 구역을 정했다.

자미원(紫薇垣)

북극 주변의 별을 둘러싼 담장으로 천황대제(天皇大帝)를 모신 구역이다. 태자(太子), 제(帝), 서자(庶子), 후궁(后宮), 천추(天樞)로 천황대제의 가족 같은 인상을 준다. 자미좌원(紫薇左垣)의 8성과 자미우원(紫薇右垣)의 7성은 주로 문관(文官)으로 편성되었고, 좌우 양추(兩樞)의 바깥은 북두칠성의 요광(搖光)이 반짝인다. 뒷문 밖은 멀찌감치 카시오페이아의 성좌를 이루는 왕량(王良), 책(策), 각도(閣道)가 모여 있다.

태미원(太薇垣)

추분점의 북부인 처녀자리와 사자자리가 대부분을 차지하며, 비교적 별의 밀도가 크다. 태미원은 천자의 뜰이라는 뜻으로 장(張), 익(翼), 진(軫)의 북쪽에 해당하며, 천자의 궁전을 모방한다. 상장(上將), 상상(上相) 등의 담장 안에 태자(太子), 오제좌(五帝座) 등이 있다.

천시원(天市垣)

방(房)·심(心)·미(尾)·기(箕)의 북쪽, 즉 하지점의 서북쪽에 위치하는 곳으로 물자의 매매, 교환 및 도살을 맡는다. 여러 제후국으로 담장을 만들고, 그 안에서 영업이 이루어진다. 천시원은 마치 황도의 오목한 자리 위에 얹혀 있는 것처럼 자리 잡고 있다. 그 자미원이나 태미원과 달리 천시좌원(天市左垣)은 10개의 제후국, 천시우원(天市友垣)에 11개의 제후국으로 담장을 이루고 있다. 그 담장 안에는 술집, 점포, 푸줏간 등이 있어 장터를 연상시킨다. 남문 밖에는 전갈의 가위가 자리를 차지하고 있으며, 북문 뒤에는 여상(女牀), 칠공(七公)이 겹쳐 가로막고 있다. 이 구역의 담장은 땅꾼자리를 사이에 두고 동서 담장이 주로 뱀자리의 위치에 있다. 전갈자리의 안타레스와 거문고자리의 직녀성을 연결하며, 중간에 천시원을 지난다.

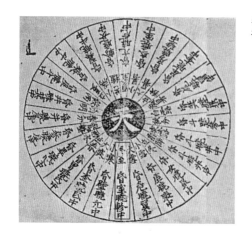

천상열차분야지도 사본 중 동지일 때. 천리대 부속도서관 소장

나라에서는 시간의 흐름에 따라 봄에는 서방칠수, 남방칠수, 동방칠수, 여름에는 남방칠수, 동방칠수, 북방칠수의 순으로 볼 수 있다. 계절에 따라 시계 반대 방향으로 돌아가며 밤하늘에 나타나는 것이다.

천문도 주변에 흩어져 있는 6개의 작은 사각형에는 앞서 말한 4방 7수의 생김새와, 각각에 해당하는 별들의 수 및 그들이 이루고 있는 각도를 명시했다. 아래쪽에는 28수의 위치 및 폭을 북극성으로부터 떨어진 거리와 이루는 각도로 표기했으며 그 옆에는 하늘은 둥글다는 혼천설(渾天說)을 중심으로 개천설(蓋天說), 선야설(宣夜說), 안천설(安天說), 궁천설(穹天說) 등 하늘에 대한 여러 가지 설들을 언급하고 있다.

맨 밑에는 천상열차분야지도의 유래와 그것이 만들어지기까지의 과정을 적었으며, 그 옆에는 왕이 직접 천문도를 만들라고 당시 천문기관인 서운관에 지시한 칙서를 적어놓았다.

이 외에 대관령 박물관이 소장하고 있는 필사본에는 태양의 움직임이나 5운(運)을 나타내는 오천에 관한 내용 등도 함께 적혀 있다. 그리고 보면 천상열차분

야지도는 당시의 필수적인 천문학 지식을 모아 정리한 일종의 핵심 노트였다고 할 수 있다.

이런 사전지식을 가지고 천상열차분야지도를 보면 밤하늘의 의미를 읽을 수 있다. 우선 밤하늘을 볼 때 관측자는 북극성을 향해 선다. 그리고 앞서 언급한 상단 중앙의 24절기 원을 이용하여 관측하는 날과 가장 가까운 절기의 설명에 따라 관측하는 시간대에 남중하는 별자리를 찾는다. 그리고 나서 그 별자리가 위로 향하도록 천문도를 돌려놓고 보면 된다. 찾고자 하는 별자리가 천문도에서 주극원과 멀리 있을 경우는 거극도가 큰 것이므로 남쪽 하늘에서 찾으면 된다. 마찬가지로 주극원에 가까운 별자리는 북쪽 하늘에 위치하게 된다. 또한 주극원 아래 접선 밑의 별들은 실제 하늘에서 지평선 아래 위치하게 되므로 관찰할 수 없다.

같은 밤이라도 시간의 흐름에 따라 별의 일주운동에 맞추어 천문도를 시계 반대방향으로 돌려가면서 보면 된다. 천상열차분야지도의 제작 당시 하늘과 현재의 하늘은 지구의 세차운동(歲差運動; 지구의 자전축이 궤도에 대해 23도 30초의 기울기로 자전하는 운동)으로 약간의 차이가 있다. 만약 천상열차분야지도를 가지고 현재의 밤하늘을 관측할 때는 북두구진(北斗九辰)의 네 번째 별이 북극성의 위치라고 생각하면 된다. 별자리들의 위치 또한 약간씩 돌아가 있다.

28수의 거극분도. 테두리 친 곳의 내용은 '각수 두 별의 분도는 12도요 거극도는 91도다'이다. 거극도란 천체의 위치를 나타내기 위한 것으로 '거극도=90°−천체의 적위'로 표현된다. 천상열차분야지도 사본 중 일부, 천리대 부속도서관 소장

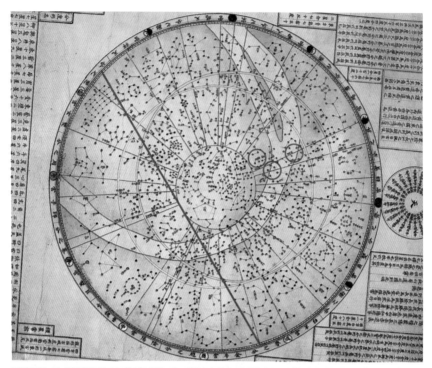

천문도 보는 법. 천상열차분야지도 사본 중 일부. 어느 여름날의 밤하늘에 맞추었다. 주극원 아래 접선 밑으론 지평선 너머에 있는 별들이다. 위의 세 동그라미는 여름철의 대표 별인 직녀성(Vega)와 견우성(Altair), 그리고 백조자리(Deneb)이다. 여기서 우리가 직녀성과 짝을 지어 부르는 견우성(Altair)은 동아시아 천문도에서 사실 견우가 아니라 하고라는 별의 가운데 별로 대장군을 뜻한다. 동아시아 천문도의 견우성은 서양 천문도에선 바다염소자리의 베타성으로, 겉보기 3.2의 별이다.

카이저린은 빛나야 하고 천문도는 정확해야 한다

천상열차분야지도는 얼마나 정확할까?

지구의 자전축은 2만 5800년을 주기로 하늘에서 원을 그리며 별들 사이를 서서히 옮겨가는데, 이를 세차운동이라고 한다. 이런 세차운동과 고유운동을 고려하면 과거의 어느 때라도 그 당시 별들의 위치를 계산해낼 수 있다. 박창범 교수는 기원전 501년에서 서기 2000년까지 500년 간격으로 세차운동과 고유운동을 감안하여 375개 별들의 거극도를 구한 후, 그것과 천상열차분야지도에서 해당 별들이 천문도 중심으로부터 떨어진 거리를 비교했다. 그 결과 앞서 밝혔듯이 거극도와 중심거리가 정비례관계를 보인다는 것을 알 수 있었으며, 그 상관관계가 가장 긴밀해지는 시기가 거극도가 약 50도 이상인 별들의 경우는 서기 40년경이고, 거극도가 약 40도 이하인 주극성들의 경우는 서기 1300년 근처임을 알 수 있었다. 즉 천문도의 중간 부분은 1300년경인 조선 초기의 하늘과 가장 비슷하며, 그 외의 부분은 40년경, 즉 삼국시대의 하늘과 가장 비슷하다는 것이다. 천상열차분야지도가 고구려의 천문도를 조선 초기에 일부 수정한 것임을 고려할 때 이것은 천상열차분야지도가 매우 엄밀하게 제작 당시의 하늘을 담고 있었음을 알려준다.

천상열차분야지도의 큰 특징 중 하나는 별들이 밝기에 따라 크기가 서로 다르게 그려져 있다는 것인데, 한 가지 눈여겨볼 것은 현대의 '등급' 개념과 달리, 천상열차분야지도의 별의 크기는 등급에 따라 몇 가지 크기로 구분되는 것이 아니라 밝기에 따라 연속적으로 변한다는 점이다.

박창범 교수는 그의 논문에서 별의 등급과 천상열차분야지도에서의 별의 면적을 비교하여 그 둘이 정비례한다는 것을 밝힌 바 있다.[주3] 앞서 언급한 《보천가》에서도 역시 별의 크기를 달리 했지만 같은 방법으로

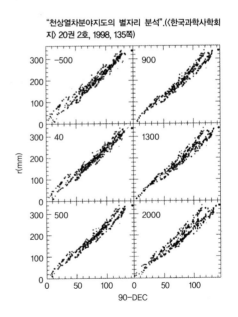

"천상열차분야지도의 별자리 분석".(《한국과학사학회지》 20권 2호, 1998, 135쪽)

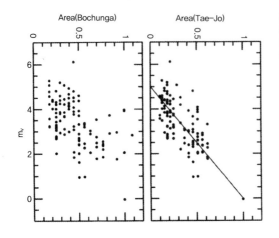

천상열차분야지도(우)와 보천가(좌)에서 별의 면적과 등급의 관계. (박창범, "천상열차분유지도의 별자리 분석", 〈한국과학사학회지〉 20권 2호, 1998, 138쪽)

별들의 등급과 크기를 비교해보면, 그 관계가 천상열차분야지도만큼 밀접하지는 못하다는 것을 알 수 있다. 이것으로 천상열차분야지도가 기존 천문서들에 기초한 것이 아니라 실측에 바탕을 둔 독자적이며 정확한 천문도임을 재확인할 수 있다.

또 천상열차분야지도에는 조선 고유의 별자리인 종대부(宗大夫) 4성도 있는데 이 별자리는 《천문류초》나 《보천가》, 중국의 다른 천문서는 물론 순우천문도에서도 찾아볼 수 없다.

고 구 려 기 원 설 의 시 비 를 가 리 다

천상열차분야지도의 천문도 아래 글 중에는 조선 초기의 유학자 양촌 권근 (1352~1409)이 적은 천문도의 유래에 대한 설명이 있다. 내용을 보면 오래전 평양성에 있던 석각 천문도의 원본은 전쟁 통에 강물에 빠뜨려 잃어버렸고, 세월이 너무 많이 흘러 복사본도 남아 있지 않았지만 태조가 조선을 세운 해에 어떤 이

가 복사본 하나를 바쳤다고 한다. 태조는 당시의 천문관측 기관인 서운관에 명하여 다시 돌에 새기게 했고, 서운관에서는 세월이 많이 지나 별들의 도수가 맞지 않아 다시 측량했다고 한다.

고구려 때 강물에 빠뜨려 잃어버렸던 천문도의 복사본이 어떻게 조선 건국에 맞춰 갑자기 나타나랴. 이성계의 열렬한 추종자 가운데 누군가가 가보로 갖고 있던 걸 갖다 바쳤거나 했으면 모를까. 정확한 내막을 21세기의 오늘, 확인할 길이 없다.

더욱 과감한 의문을 품을 수 있다. 아예 고구려 원본 따위는 없고 천상열차분 야지도는 조선 초기에 처음 만들어진 게 아닐까? 천상열차분야지도의 바탕이 되었던 천문도가 고구려 것이라는 증거는 있는가?

사실 '오래전'과 '평양성'이라는 말만으로는 이 천문도가 흔히 알려진 바와 같이 원래 고구려 때 것임을 확인하기 어렵다. 오래전 평양성을 거쳐간 나라는 고구려뿐 아니라 고조선, 부여, 낙랑, 신라, 백제, 통일신라, 후고구려, 고려 등 얼마든지 있다. 또 '평양'이라는 위치를 대동강 유역의 평양이라고 단정하기에도 무리가 있다. 삼국시대의 이름을 그대로 쓰고 있는 도시는 거의 없으며, 서울조차도 '남평양'이라고 불리던 때가 있었으니 말이다. 따라서 천문도의 유래를

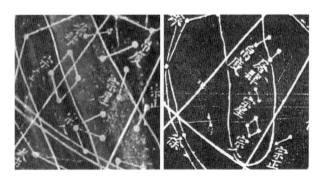

종대부 4성이 있는 천상열차분야지도(좌)와 없는 순우천문도(우).

알기 위해서는 그림 설명에 대한 연구만으로는 부족하고, 천문도 자체에 대한 연구가 필요하다.

천문도의 중심으로부터 주극성이 보이는 경계원인 주극원(하늘의 극을 회전하여 밤새 보이는 항성) 안의 별들과 외곽의 별들은 중심으로부터의 거리의 비율이 서로 다르다. 이 사실을 통해 대략적으로나마 주극원 안의 별들을 관측한 시기와 외곽의 별들을 관측한 시기가 다르다는 걸 짐작할 수 있다.^{※4} 그리고 앞서 얘기한 대로 주극원 내부는 1300년대, 주극원 외부는 40년대, 즉 우리나라로 따지자면 고구려시대의 관측 결과를 새긴 것이다. 이렇게 주극원 밖의 별들이 2000여 년 전의 위치에 맞추어져 있다는 사실은, 천상열차분야지도 제작 당시 고구려 천문도 원본 전체를 수정한 것이 아니라 주극원 내부만 개정하여 제작한 것이라고 보았을 때 권근의 그림 설명과 맞아 떨어진다는 것을 알 수 있다.

또한 근대 들어 비교적 초기에 천상열차분야지도 연구를 했던 영국의 학자 루퍼스(W. C. Rufus)는 주극원의 크기에서도 개정의 흔적을 찾을 수 있다고 지적했다.^{※5} 천상열차분야지도에서 적도원의 반지름은 222.4밀리미터고 주극원의 반지름이 94밀리미터이므로, 이는 관측자의 위도가 38도(94/222.4×90도)임을 뜻한다.

이 위도는 국내성이나 평양과 같은 고구려의 수도들보다 훨씬 낮고, 고려의 수도였던 개성의 위도(38도)나 한양(서울) 경복궁의 위도(37.6도)와 매우 가깝다. 따라서 주극원의 경계는 조선 초에 고쳐 그렸다고 생각된다. 반면 볼 수 있는 별들의 남방한계인 외곽원의 크기인 361밀리미터에서 관측자의 위도(34.3도)를 얻을 수 있는데, 이것은 한반도의 최남단과 일치한다. 그러나 박명순이 지적한대로, 천문도의 외곽원은 도면 안의 별을 모두 포함시키기 위해 약간 크게 그린 듯하다.^{※6} 바로 안쪽에까지 많은 별들이 걸쳐 있어야 할 외곽선 근처에 별이 전혀

없기 때문이다. 따라서 외곽선보다는 외곽선 안쪽에서 실제로 별들이 본격적으로 나타나기 시작하는 지점을 이용하여 관측자의 위도를 계산하면, 40도로서 바로 고구려 강역의 위도와 일치한다.

역사적으로도 고구려의 천문학 수준을 가늠해볼 때 천상열차분야지도의 원본이 되는 천문도를 만들 만한 기술을 보유하고 있었을 것으로 추정된다. 일단 남아 있는 고구려 고분 95기 중에서 22기에 별자리 벽화가 새겨져 있다. 고분의 천문 벽화는 4세기 중반에서 6세기 후반에 걸쳐 200여 년 사이에 나타난다. 중국의 길림성 집안현 지역에 7기, 북한 대동강 유역에 15기 중 시기적으로는 357년에 만들어진 안악 3호분이 가장 빠르고, 덕화리 2호분과 진파리 4호분에 가장 많은 별자리가 그려져 있다. 그런데 벽화 속 별자리들은 동서 방위가 바뀌거나 하늘과 땅의 방위가 어긋나 있는 경우가 많다. 이는 중국식 28수 별자리 체계를 수용하면서 드러난 과도기적 오류라고 생각된다.

무용총과 각저총에는 중국의 천문도나 고분 벽화에서 볼 수 없는 남두육성이나 북극 3성과 같은 별자리들이 그려져 있다. 중국 천문도에는 북두칠성은 있으나 그에 대응하는 남두육성은 없는데, 고구려 고분 벽화 10기에는 북두칠성과 짝을 이루어 남두육성이 그려져 있다. 이는 중국식 28수에는 없는 고구려만의 독특한 남쪽 하늘을 그린 것이다. 북극 3성으로 구성된 북쪽 하늘 또한 북극 5성좌나 사보 4성으로 북극 주변을 표현했던 중국의 방식과는 다르다.[주7] 이러한 표현법은 계승되어 고려의 천문 벽화에서도 찾아볼 수 있으며, 결국 조선 초 천상열차분야지도에까지 영향을 미친 것이다.

또한 평양의 진파리 4호분 벽화의 별들에서는 별의 밝기에 따라 별을 여섯 가지 크기로 달리 그렸음을 알 수 있는데, 이 벽화가 만들어진 것으로 알려진 6세기 초에 다른 어떤 지역에서도 별의 크기를 다르게 그려 밝기를 구별한 것은 찾아볼 수 없다. 중국의 대표적인 천문도인 소송성도나 순우천문도에도 별들이 모두 크기가 같은 작은 점으로 표시되어 있다. 실제로 천상열차분야지도에서 볼 수 있는 여러 가지 특이점들, 즉 별의 크기를 차별화하고, 중국 지도에는 나타나지 않는 별자리들을 표현한 점은 천상열차분야지도의 천문도가 고구려의 천문도를 원본으로 만들어졌다는 주장을 뒷받침한다.

그렇다면 왜 고구려의 원본에서 주극원 안쪽 부분만 고친 것일까? 하늘이 달라졌음을 알고 그것을 바로잡을 정도의 기술이 조선 초에 있었다면, 왜 천문도 전체를 고치지 않은 것일까? 많은 자료가 남아 있지 않은 지금, 정확한 이유는 천상열차분야지도의 제작자들과 동시대인들만이 알겠지만, 후대에서 조심스럽게라도 추측해보기 위해서는 천상열차분야지도를 제작한 이유와 당시의 상황 등을 살펴볼 필요가 있다.

천 문 도 와   새   왕 조 의   정 통 성

천상열차분야지도를 만든 이유는 순수한 목적과 실용적인 목적, 그리고 정치적 목적의 세 가지로 요약해볼 수 있다.

자연계의 규칙적인 현상, 그중에서도 천체의 주기적인 현상은 인류 문명 형성의 초기부터 인간의 주된 관심의 대상이 되어왔고, 동아시아에서는 특히 앞서 밝혔듯이 하늘의 움직임과 인간의 행위가 직접적인 관련이 있다고 생각했다. 천문 현상에 대한 관심이 지대했던 한국에서, 2100여 년에 걸쳐 기록한 천문 현상의 횟수는 중국의 천문기록 역사 2800여 년과 일본의 천문기록 역사 1400여 년 동안 두 나라가 기록한 횟수보다 많다.

《삼국사기》에는 일식이나 혜성 등 천문 현상에 대한 기록이 많이 남아 있는

데, 그중에는 행성의 움직임과 같이 일정 수준 이상의 지식이 있어야 관측 가능한 것들도 있고, 중국과 다른 독자적인 기록들이 많이 남아 있어 조상들의 천문 현상에 대한 관심을 대변한다. 또한 신라시대에는 천문관측을 전문적으로 맡는 '천문박사'라는 직책이 있었으며, 고려시대에는 천문관서가 여러 차례 개편을 겪기는 했지만 천문제도는 여전히 국가조직체계

진파리 4호분 벽화의 별자리 그림.

속에 편재되어 천문관측사업과 역법제작 등의 활동이 중단 없이 진행됐다. 조선시대에는 관상감이라는 왕실 천문관청을 두었고, 경복궁과 지방에 관측소를 두어 관측을 했으며, 200여 명의 전문적인 천문 관료를 두어 치밀하게 천문관측과 연구 및 교육을 수행했다. 또한 조선의 천문관측 기관인 서운관의 총책임자가 의정부 최고 책임자인 영의정이었다는 사실만으로도 역대 조선 왕조에서 천문 분야의 정치적·사회적 위상을 미루어 짐작할 수 있다.

또 이런 순수한 관심 외에 천문관측은 생활에 적용하기 위한 실용적 목적도 컸다. 간단하게는 달의 운동을 통해 한 달의 길이를 재고 태양의 운동을 통해 1년의 길이를 측정하는 것, 더 나아가 역서를 만들어 반포하는 일에도 정밀한 천문관측 자료가 필요했던 것이다. 특히 한국은 예로부터 농본사회로서 농경에 필수적인 때와 시를 파악해 백성들에게 알려주는 것을 왕정의 으뜸으로 삼았다.

한편 천상열차분야지도가 태조 4년에 만들어진 것이라는 것을 고려하면 정치적인 목적도 있었다는 것을 짐작할 수 있다. 인간이 달에 착륙한 사건도 미국과 소련이 대립하던 당시의 정치적 상황에서 볼 때 단순히 인간의 삶을 향상시키

기 위해서였다고 하기엔 무리가 있다. 비슷하게 당시 조선의 상황을 살펴보면, 조선은 유교를 바탕으로 한 국가였고, 역성혁명으로 만들어진 왕조였기 때문에 정통성을 입증할 만한 재료가 필요했다.

군주는 하늘을 대신하여 백성을 다스리는 자이므로 하늘의 뜻에 순응해야 했다. 결국 천문도의 제작은 그 자체로 새로 출범한 왕조가 하늘을 받들고 백성을 위할 것이라고 공표하는 행위였고, 그렇게 백성들의 지지를 얻어내고자 하는 고도의 정치적 이벤트였던 것이다.[38] 고구려의 천문도를 조선 초까지 국가 차원에서 수정하여 썼다는 기록이 없는 이유도 비슷한 맥락에서 설명할 수 있다. 신하가 임금을 몰아내고 세운 조선과 달리 통일신라와 고려의 건국은 당시의 정치적인 상황에서 명분이 충분했기 때문에 국가사업으로 천문도를 굳이 다시 만들 필요가 없었던 게 아닐까.

이렇듯 특히 조선시대의 천문도는 왕권의 상징이었으므로 민간에서 사사로이 제작하는 것은 상상할 수 없는 일이었으며, 천문도의 수정 또한 오랫동안 이루어지지 않았다.

그러면 더욱 근본적인 문제로 돌아가서, 왜 《보천가》 같은 멀쩡한 천문서들을 놔두고 굳이 작도법에 신경 써야 하는 천상열차분야지도를 만들었을까 하는 의문을 가질 수 있다. 《보천가》와 《천문류초》에는 각 수의 별에 대한 그림과 글이 상세하게 언급되어 있다. 세부묘사 면에서는 천상열차분야지도보다 한 수 위라고도 할 수 있다. 오히려 천상열차분야지도의 우수성은 전체적인 하늘의 모습을 강조한 점에 있다. 말하자면 이런 것이다. "이봐, 당신은 전국 지도책에서 충청도랑 함경도랑 경상도를 보면 한반도 윤곽이 잡히나 보지? 애들 지리 공부시킬 때 벽에 전국지도 붙여놓는 이유가 뭔데. 다 전체적인 윤곽 잡기 쉬우라고 그런 거잖아. 백날 나무만 보면 뭐해, 숲이 안 보이면. 백날 중궁 3원 사방 28수 따로따로 본다고 하늘이 보이냐."

고구려에서 천상열차분야지도의 원본을 왜 만들었는지 정확한 이유는 전혀 알 길이 없다. 다만 천문학이 예로부터 천명사상의 바탕이 되는 제왕의 학문이었음을 고려하면, 그리고 위에서 언급한 '전체 그림'의 시각적 임팩트를 생각했을 때 오히려 천상열차분야지도와 같은 '하늘의 로드맵'이 없었다면 더 이상한 일이 아닐까.

그렇다면 왜 고구려의 원본의 주극원 내부만 고쳤느냐 하는 앞의 질문으로 돌아가보자. 권근의 천문도 설명에 의하면, 원본인 고구려의 천문도는 태조 1년에 임금께 바쳐졌지만, 결국 제작이 완성된 것은 태조 4년이었다. 주극원 내부의 별들을 수정하는 데만 수년이 걸린 것으로, 만약 주극원 외부의 별들까지 수정하려면 더 오랜 기간이 걸렸을 것이다. 더구나 주극원 내부의 별들은 조선에서 관측했을 때 항현권의 항성들이어서 제일 관찰하기 쉬운 편에 속하는데도 수정에 그만큼의 시간이 걸린 것이다. 결국 건국 이후 백성의 지지가 시급했던 시점에서 더 많은 시간을 들여 천문도 전체를 수정하는 일은 비효율적이라고 판단했을 것이며, 그 때문에 천상열차분야지도는 조선의 하늘과 고구려의 하늘이 묘하게 접목된 현재의 모습으로 남게 된 것이라고 추측해볼 수 있다.

영광과 독주, 그 후의 이야기

조선 초기에는 제왕의 권위의 상징이자 당시 천문학적 지식의 표출이었던 천상열차분야지도는 조선 후기로 접어들면서 차츰 다른 의미를 지니게 된다. 성리학이 유입되면서 조선의 지식인들은 우주의 원리를 탐구하기 위해 사대부가(家)마다 천상열차분야지도 사본을 소장하여 관찰하고 논하게 되었고, 우주를 더욱

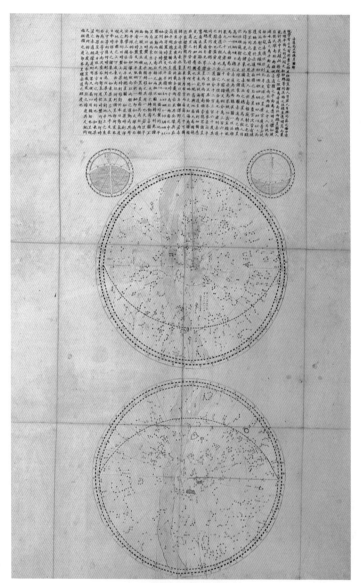

적도남북양총성도, 국립중앙박물관 소장

우리
과학의
수수께끼
2

정확히 알고 싶어하는 욕구가 피어났으며, 천문도에 대한 인식도 바뀌었다. 하늘은 더 이상 제왕의 전유물이 아니고, 실제 하늘의 모습을 전통 천문도보다 더욱 잘 반영한 천문도가 있다면 그것을 적극적으로 수용할 자세가 갖춰진 것이다.

1630년대부터는 중국에 서양의 천문도가 유입되기 시작한다. 서양 천문도는 황도를 경계로 천구를 나누고 각각에 원을 그려 넣었다. 입체투사법으로 한 극을 시점으로 하고 다른 극을 접점으로 하는 평면에 별자리를 투영해서 작도하는 평사도법이 쓰였기 때문에 왜곡이 매우 적었다.

이런 서양의 방식을 모방하여 중국에는 현계총성도, 적도남북양총성도, 황도남북양총성도 등이 제작되었지만 결국 서양식 천문도는 동아시아의 고법 천문도를 완전히 대체하지 못했으며, 별자리 체계는 전통을 그대로 따르면서 단지 작도법만 변하는 양상을 띠게 되었다.[주9]

조선에는 1640년대부터 중국을 통해 서양 천문도가 유입되기 시작했지만, 그것들을 모사해 자체 천문도를 제작한 것은 60년이나 지난 숙종 34년(1708)에 이르러서였다. 왜 중국에서와는 달리 조선에서는 천문도의 발전이 정체되었을까? 역법의 경우, 중국 청나라가 1644년 시헌력(時憲曆)으로 개정하자 시헌력을 배우기 위한 노력이 정부 차원에서 적극 추진되었으며, 10년도 안 되어 매우 불충분하기는 하지만 시헌력에 의거해 독자적인 역서를 편찬할 수 있게 되었다. 역서의 독자적인 편찬이 자주 독립국으로서의 위상을 표출하는 이데올로기적 의미를 지니는 동시에 사대(事大)의 대상인 중국과 역서가 차이나는 것이 외교적으로 곤혹스런 문제였기 때문이다.

반면에 중국에서 간행된 천문도와 천상열차분야지도가 차이가 난다고 해서 문제될 일이 없었으며, 오히려 앞서 언급했듯이 제왕의 절대적 권위를 상징하는 천문도의 정치적 의미 때문에 감히 바꾸기 힘들었다. 천상열차분야지도 태조본

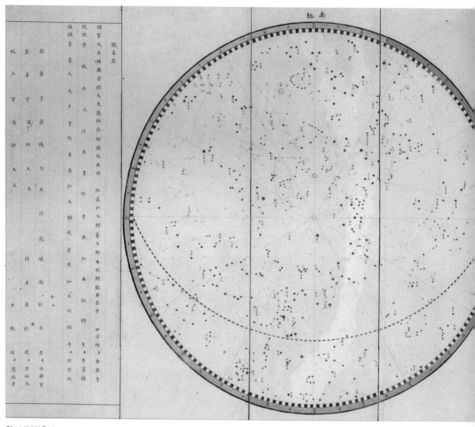

황도남북양총성도.

의 복각 작업이 이루어진 숙종 13년(1687)에는 이미 서양식 천문도와 성좌 표들
이 조선에 유입되어 있던 시기이므로 천상열차분야지도의 데이터를 수정하거나
작도법을 바꾸는 일이 그리 어렵지 않았을 것이다. 하지만 새로 복각된 숙종본은
태조본의 형태 그대로였고, 개정은커녕 전통 천문도의 의미를 되새기는 데 그쳤
다. 이렇듯 천문도가 가지는 정치적 상징성 때문에 건국 초기에 만들어진 천상열

우리의
과학
수학에
끼2

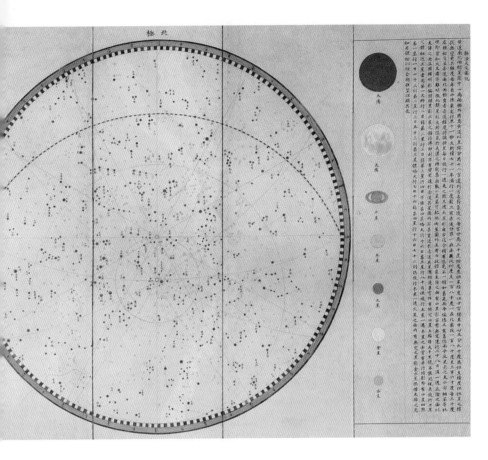

차분야지도는 조선 전기 내내 발전할 여지가 없었던 것이다.

　결국 조선 천문도의 변화는 서양 천문학 지식이 유입된 지 100여 년, 천문도
가 전래된 지 60여년이 흐른 18세기 초반에 제왕으로서의 '권위' 보다 '책임', 즉
하늘을 제대로 관찰하고 천문도를 제대로 제작하여 백성을 다스려야 할 책임이
더욱 커진 후에야 이루어졌다. 그렇게 해서 드디어 천상열차분야지도의 독주는
막을 내렸다. 하지만 천상열차분야지도가 완전히 사라진 것은 아니며, 이후 제작

된 천문도들과 더불어 계속 널리 필사되고 소장되었다.

어떻게 하늘을 평면에 펼쳐 그렸을까?

천문도 자체는 어떤 방법으로 만들어졌을까? 이 문제에 답하기 전에 먼저 태조본 천상열차분야지도의 앞뒷면이 서로 같지 않다는 것을 알아두어야 한다(앞서 밝혔듯이 흔히 태조본 천상열차분야지도의 두 면 중 숙종본과 형태가 같은 면을 앞면이라고 부른다). 우선 뒷면에는 앞면 그림과 위아래가 뒤바뀐 천문도가 새겨져 있다. 이 뒷면의 별자리들은 중국 수나라 때 천문서인 《보천가步天歌》를 비롯한 기존 천문서들의 별자리들과 형태가 같다. 따라서 직접 관찰한 결과물이 아니라 기존 서적을 참고하여 새긴 것으로, 앞면을 파기 전에 연습용으로 새긴 것이 아닌가 여겨지는 것이다.

반면에 앞면은 여러 연구를 통해 실제 하늘을 보고 관측한 바를 그린 것임이

적도좌표계. 지구의 자전축 방향과 이 축에 수직인 적도면을 기준으로 삼는 좌표계.

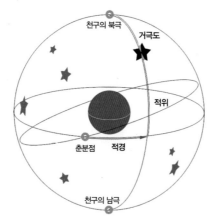

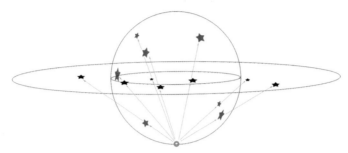

북극투영법. 광원을 남극에 두고 천구상의 별을 적도면에 투영한다. 별이 북극에서 멀어질수록 천문도의 중심에서는 더 빨리 멀어지게 하는 투영법으로 실제 천상열차분야지도와는 동떨어져 있다.

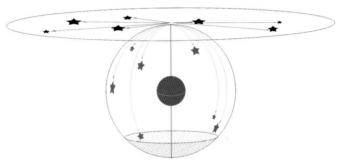

천상열차분야지도의 실제투영법. 천상열차분야지도는 거극도와 중심거리가 비례하도록 나타내는 투영법을 사용했음을 관찰할 수 있다. 이 측정법은 측정한 별의 좌표 값을 천문도에 그대로 반영할 수 있는 실용적인 장점이 있으나, 대신 별자리와 황도의 모양이 일그러진다. 천상열차분야지도에는 이러한 부작용을 최소화하려는 제작자들의 흔적이 남아 있다.

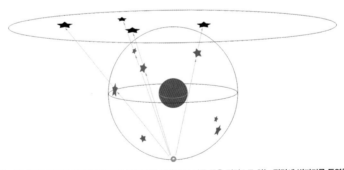

입체투사법. 서양 천문도의 주된 투영법이었으며, 광원을 한 극에 두고 다른 극을 접점으로 하는 평면에 별자리를 투영한다.

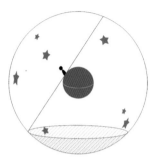

항은권. 지구의 어느 특정한 지점에서는 언제나 보이지 않는 하늘의 부분이 있게 마련인데, 이를 항은권이라 한다.

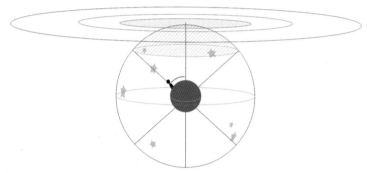

반지름과 위도. 천상열차분야지도 적도원의 반지름과 주극원의 반지름의 비율을 이용하면 위 그림처럼 관측자의 위도를 거슬러 알 수 있다.

밝혀졌다. 그렇다면 당시 제작자들은 어떤 방법으로 우주를 바라보았고, 어떻게 측정했는지, 그리고 어떻게 평면에 나타냈는지 알아보자.

당시에 사용했던 천문좌표계는 현대의 적도좌표계와 같다고 볼 수 있다. 지구의 자전축 방향과 그 축에 수직인 적도면은 거의 고정되어 있다. 그렇기 때문에 적도면은 관측자의 시간과 위치에 의존하지 않는 좌표계의 기준면이 될 수 있는 것이다. 이렇게 적도좌표계를 쓰면 북극성이 하늘의 한가운데에 위치하도록 나타낼 수 있다. 다른 별들은 적경과 적위에 따라 위치를 표시할 수 있는데, 적경

이란 춘분점을 기준으로 천구의 일주운동과 반대 방향, 즉 동쪽으로 측정한 각거리이며, 적위는 천구 적도에서 남쪽(또는 북쪽)으로의 거리이다.

적경과 적위를 정확하게 측정하기 위해 조선시대에 일종의 측각기인 혼천의(渾天儀)를 제작했다. 혼천의는 혼상(渾象; 하늘의 별을 둥근 구에 표시한 의기)과 물레바퀴를 동력으로 움직이는 시계장치를 연결해 천체의 운행에 맞게 돌아가도록 한 관측기기이다.

천상열차분야지도의 제작자들은 이런 좌표계로 관측한 내용을 어떻게 도면 위로 옮겼을까? 북한의 학자 리준걸은 1984년에 천상열차분야지도의 투영법이 광원을 남극에 두고 천구상의 별을 적도면에 투영하는 '북극투영법'을 이용한 것이라고 주장했다.[주10] 그러나 이는 별이 북극에서 멀어질수록 천문도의 중심에서는 더 빨리 멀어지게 하는 투영법으로 틀린 추측이었다. 천상열차분야지도는 1998년에 박창범 교수가 발표했듯이 천문도의 중심에서 별까지의 거리가 각 별의 거극도(90도에서 적위를 뺀 값)에 비례하도록 그려졌다.[주11] 이런 방법으로 북극성을 중심으로 항현권(지구 어느 지점에서 언제나 보이는 하늘의 부분)의 별들을 그리고, 그 둘레에 적도를 표시하고 적도에 비스듬하게 황도를 그린 뒤, 거극도가 140도 이상인 항은권(지구 어느 지점에서 언제나 보이지 않는 하늘의 부분)의 별자리들을 제외한 모든 별자리를 표시했다.

이처럼 거극도와 중심거리가 비례하도록 나타내는 방법은 측정한 별의 좌표값을 천문도에 그대로 반영할 수 있는 실용적인 장점이 있지만, 북극에서 멀어질수록 별자리 모양이 남북 방향으로는 줄어들고 동서 방향으로는 늘어나 왜곡되는 단점이 있다. 이 때문에 천상열차분야지도의 경우, 각 별자리의 위치는 박창범 교수가 발표한 투영법대로 잡았지만, 별자리의 모양은 실제와 가깝게 유지되도록 그렸다.[주12]

이런 왜곡은 황도의 위치에도 영향을 미친다. 적도는 북극을 중심으로 하는 정원으로 그려지는 데 반해, 황도는 타원으로 그려져야 황도와 적도의 교점인 춘추분점이 대칭이 될 수 있다. 하지만 천상열차분야지도의 황도는 적도와 동일한 크기의 완전한 원으로 그려져 있다. 이 때문에 황도와 적도의 교점은 대칭이 되지 못하고 중심에서 어긋나 실제 춘추분점의 좌표값과 11도 정도 차이가 난다.[주13] 옥의 티라면 티라고도 할 수 있는 차이인데, 제작자들이 황도를 원으로 표현하기 위해 일부러 그렇게 했다고 추측해볼 수도 있다.

아래에 천문도에 관한 두 사료를 싣는다. 권근(1352~1409)의 《천문도지》는 천상열차
분야지도의 유래를 일러주는 소중한 것이다. 제왕의 학문으로서 하늘의 별자리 관측
의 중요성과 고구려로부터 천문도의 계통을 이었다는 점이 잘 드러나 있다. 장유(張
維 · 1587~1638)의 "석본 천문도를 노래하며 아우 현국의 시에 차운한 두 수"는 천문도
에 대한 조선 중엽 선비의 태도가 잘 나타나 있다.

천문도의 석본(石本)은 옛날 평양성(平壤城)에 있었는데, 병란(兵亂)으로 강물에 잠겨
유실되었으며, 세월이 오래되어 그 남아 있던 인본(印本)까지도 없어졌다. 우리 전하
께서 즉위하신 처음에 어떤 이가 한 본을 올리므로, 전하께서는 이를 보배로 귀중히 여
기고 서운관(書雲觀)에 명하여 돌에다 다시 새기게 하매, 본관(本觀)이 상언(上言)하기
를, "이 그림은 세월이 오래되어 별[星]의 도수가 차이가 나니, 마땅히 다시 도수를 측
량하여 사중월(四仲月 ; 음력 2 · 5 · 8 · 11월)의 저녁과 새벽에 나오는 중성(中星 ; 28수
중 해가 질 때와 돋을 때 정남쪽에 보이는 별)을 측정하여 새 그림을 만들어 후인에게
보이소서" 하니, 상께서 옳게 여기므로 지난 을해년(1395) 6월에 새로 중성기(中星記)
한 편을 지어 올렸다. 옛 그림에는 입춘(立春)에 묘성(昴星)이 저녁의 중성이 되는데 지
금은 위성(胃星)이 되므로, 24절기가 차례로 어긋난다. 이에 옛 그림에 의하여 중성을
고쳐서 돌에 새기기가 끝나자 신(臣) 근(近)에게 명하여 그 뒤에다 지(誌)를 붙이라 하
였다.
신 근은 삼가 생각건대, 자고로 제왕이 하늘을 받드는 정사는 역상(曆象 달력)으로 천

시(天時)를 알려 주는 것을 급선무로 삼지 않는 이가 없다. 요(堯)는 희화(羲和)를 명하여 사시(四時)의 차례를 조절하게 하고, 순(舜)은 선기옥형(혼천의)을 살펴 칠정(七政)을 고르게 하였으니, 진실로 하늘을 공경하고 백성의 일에 부지런함을 늦추어서는 안 되기 때문이다. 삼가 생각건대, 전하께서는 성스럽고 인자하시므로 선위를 받아 나라를 두신지라, 중외가 안일하여 태평을 누리니 이는 곧 요·순(堯舜)의 덕이며, 먼저 천문(天文)을 살펴 중성(中星)을 바루니 이는 곧 요·순의 정치이다. 그러나 요·순이 천문을 보고 기구를 만들던 마음을 구한다면 그 근본은 다만 공경에 있을 뿐이니, 전하께서도 또한 공경을 마음에 두어 위로 천시(天時)를 받들고 아래로 민사(民事)를 부지런히 하시면, 그 신성한 공렬(功烈)이 또한 요·순과 같이 높아질 것이다. 하물며 이 그림을 정민(貞珉, 비석)에 새겼음에랴! 길이 자손 만대에 보배로 삼을 것이 분명하다. 홍무(洪武) 28년(1395) 겨울 12월 일

─ 권근, "천문도(天文圖)의 지(誌)", 《양촌선생문집》 제22권

*민족문화추진회 번역본 참조.

대롱으로 하늘 보니 어려울 밖에 / 管裡窺天自覺難

한 조각 천문도 기막히게 다 보이네 / 圖成一片妙堪看

바둑판처럼 삼원(태미원, 자미원, 천시원)이 한눈에 들어오고 / 三垣布似棋全局

지도리 양 끝마냥 남극 북극 나눠졌네 / 二極分如軸兩端

천 년 뒤의 전도(일월성신이 운행하는 도수)도 앉아서 알아 맞추니 / 躔度坐知千歲至

백 년 세월 견딘 명품마냥 흐뭇하도다 / 雕鐫剩喜百年完

성조에서 제작하신 심원한 그 뜻 / 聖朝制作存深意

우제(순임금)의 선기(천문관측기구)와 함께 영원불멸하리라 / 虞帝璿機共不刊

천문 보기 어렵다니 공연한 소리 / 風霆歷覽謾稱難

종이 한 장에 삼라만상 모두 담겨 있는걸 / 法象都輸片幅看

모래알 흩어진 듯 별들 일일이 셀 수 있고 / 星似散沙渾可數

오리무중(五里霧中) 하늘도 맷돌처럼 돌아가네 / 天如旋磨孰尋端

오묘한 기틀 적나라하게 보여 주는 천문도 / 圖中盡發玄機妙

난리 속에 이 옛 물건 그래도 온전하였고녀 / 亂後猶存舊物完

사계절 원기(元氣) 잘 맞추면 태평성대 이루리니 / 玉燭調元期聖代

서운관(書雲觀)의 이 신기(神器) 영원히 불후(不朽)하리라 / 書雲秘器永無刊

—장유, "석본 천문도를 노래하며 아우 현국의 시에 차운한 두 수
(詠石本天文圖 次舍弟顯國韻 二首)",《계곡선생집》제31권

*민족문화추진회 번역본 참조.

대표적인 천상열차분야지도 학자

나일성 (1932~) 연세대학교 물리학과 펜실베이니아 대학 천문학 박사. 현 연세대학교 명예교수로 이은성, 유경로, 현정준 등과 함께 한국 천문학사에 끼친 공로가 크다. 1996년에 천상열차분야지도 제작 600주년을 기념하여 새로 복각본을 만들었다. 600주년 기념 복각본은 숙종(1687) 때 것을 탁본하여 다시 만든 것으로 현재 경주 신라역사과학관, 연세대학교 박물관, 예천 나일성천문관 등에 전시되어 있다. 1999년 경상북도 예천군에 직접 '나일성천문관'을 설립하여 다양한 형태의 천문도와 해시계 등을 전시하고 있다. 저서로는 《한국천문학사》(2000) 등이 있다.

주1 이은성, "천상열차분야지도의 분석", 〈세종학 연구〉 1, 1986, 63~14쪽

주2 김수길 · 윤상철 옮김, 《천문류초》, 대유학당

주3 박창범, "天象列次分野之圖의 별그림 분석", 113~50쪽

주4 박창범, "天象列次分野之圖의 별그림 분석", 위의 곳

주5 Rufus, W. C., "The Celestial Planisphere of King Yi Tae Jo", 〈Transactions of Korea Branch of the Royal Asiatic Society〉 4(3), 23, 1913

주6 박명순, "천상열차분야지도에 대한 고찰", 〈한국과학사학회지〉 17(1), 1995, 37쪽

주7 김일권, "각저총, 무용총의 별자리 동정과 고대 한중의 북극성 별자리 비교 검토", 〈한국과학사학회지〉 22(1), 2000, 14~17쪽

주8 문중양, "조선 후기 서양 천문도의 전래와 신.고법 천문도의 절충", 〈한국과학사학회지〉 26(1), 2004, 31~34쪽

주9 문중양, "조선 후기 서양 천문도의 전래와 긴.고법 천문도의 절충", 〈한국과학사학회지〉 26(1), 2004, 41~46쪽

주10 리준걸, "고구려 벽화 무덤의 별그림 연구", 〈고고민속논문집〉9, 1984, 2~8쪽. "천구상의 별을 '북극 투영법'으로 그릴 경우 거극도와 천문도의 중심으로부터의 거리가 직선관계가 아닌 굽은 곡선관계를 갖는다."

주11 박창범, "天象列次分野之圖의 별그림 분석", 〈한국과학사학회지〉 20(2), 1998, 113~150쪽

주12 박창범, "天象列次分野之圖의 별그림 분석", 132쪽

주13 박명순, "天象列次分野之圖에 대한 考察", 〈한국과학사학회지〉 17(1), 1995, 35~37쪽

우리 과학의 수수께끼 2

세종이 칠정에 관심을 쏟은 이유는?

1443년에 『칠정산내외편』이 완성되었다.
내편은 중국의 달력인
수시력과 대통력의 장점을 결합함으로써
두 달력의 수준을 능가했다.
외편은 중국에서 번역된 회회력의 오류를
시정할 정도였다.
무엇보다도 이 달력은 북경이 아닌,
서울의 북극고도를 기준으로 삼았다는 점에서
자주성을 과시했다.

하루란 하늘이 낮밤으로 한 바퀴 도는 것을 뜻한다. 그런데 그것은 하늘의 움직임 중 일부에 지나지 않는다. 달의 움직임에 따라 한 달이 생기고, 계절은 봄ㆍ여름ㆍ가을ㆍ겨울을 순환하여 1년을 이룬다. 어떨 때는 대낮에 해가 없어지기도 하고, 어떨 때는 달이 있어야 할 때 사라지기도 한다. 하늘의 다섯별도 끊임없이 움직이고 있다. 해, 달, 하늘의 다섯별, 즉 칠정(七政)의 움직임에는 고도의 질서가 있다. 하늘의 명을 받아 인정을 펼치려는 자, 어찌 하늘의 정확한 운행을 소홀히 할 수 있겠는가. 세종은 중국의 달력을 빌려 쓰지 않고 독자적인 달력을 만들려고 했다. 중국과 조선의 사대 체제에서 볼 때 이는 발칙한 발상이겠지만 유교 국가를 표방한 새 왕조는 당당했다. 그 이면에는 유교의 이념을 실천하는 조선의 문화 수준이 중국에 못지 않다는 자부심이 깔려 있었다. 일곱 별에 대한 계산, 즉 칠정산의 제작으로 대표되는 이런 자부심은 그 후 조선왕조 내내 이어진 특징이기도 하다.

독자적인 달력을 만들어낸다는 것은 그에 필요한 역법 체계 전반에 걸쳐 대규모 프로젝트를 진행한다는 것을 의미한다. 그러기 위해서는 기존 동아시아의 역법을 정확히 이해하고, 가능하면 당시 가장 높은 천문학 수준을 자랑했던 아라비아 천문학까지 소화해서 연구의 바탕으로 삼을 일이었다. 이와 함께 천체관측기구를 제작해서 관련 데이터를 뽑아내야 했다.

1432년 무렵 조선에서는 천문대인 간의대를 설치하고 간의, 혼천의 등 새로 제작한 천문 관측 기구를 통해 하늘의 움직임을 관찰했다. 그리고 중국 고금의 달력을 비교, 연구하여 각 달력의 장단점을 파악해냈다. 더불어 당대 세계 최고의 역법인 아라비아의 회회력을 분석했다. 즉 역법의 기본이 되는 해, 달, 다섯 행성의 복잡한 운동을 정확하게 계산할 수 있게 된 것이다. 그로부터 10년 후인 1443년에 《칠정산내외편》이 완성되었다. 내편은 중국의 달력인 수시력과 대통력의 장점을 결합함으로써 두 달력의 수준을 능가했다. 외편은 중국에서 번역된 회회력의 오류를 시정할 정도였다. 무엇보다도 이 달력은 북경이 아닌, 서울의 북극고도를 기준으로 삼았다는 점에서 자주성을 과시했다.

당시까지 중국 최고의 역법이었던 수시력, 세계에서 가장 정확한 역법인 회회력을 이해하고 거기서 한걸음 더 나아갔다는 점이 세계 과학사상 위대한 성취다. 하늘의 움직임을 서울을 중심으로 파악했다는 것은 정치사적인 대사건이다. 이처럼 과학기술적 수준, 지식의 국제성, 주체성의 발로라는 측면이 교차하는 지점에 《칠정산내외편》의 편찬이 있었던 것이다.

칠정산에 대한 우리의 관심은 《세종실록》의 다음 대목에서 시작됐다.

일식이 있어서 임금이 소복을 입고 인정전의 월대(月臺) 위에 나아가 일식을 구
(救)하는 의식을 치렀다. 시신(侍臣)이 시위하기를 의식대로 하였다. 백관들도 또
한 소복을 입고 아침 조회를 방에서 기다리면서 일식을 구하는 의식을 치르니 해
가 다시 빛이 났다. 임금이 섬돌로 내려와서 해를 향하여 네 번 절하였다. 일식 예
측을 1각(刻; 15분)을 앞당겨 잘못했다는 이유로 일식 예보 담당관리인 이천봉에
게 곤장을 쳤다.

— 《세종실록》 4년(1422) 1월 1일

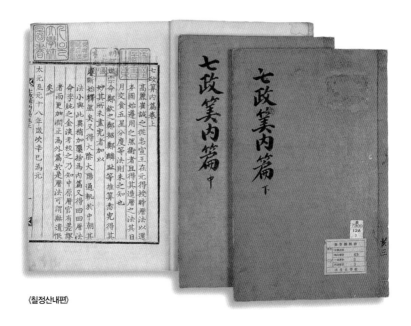

〈칠정산내편〉

기록을 보면서 몇 가지 궁금증이 생겼다. 불과 15분밖에 안 틀렸는데 왜 천문 관리는 곤장을 맞았을까? 600년 전 우리 선조들은 어떤 방법으로 일식을 예측했을까? 또 예측의 정확성을 높이기 위해 어떤 일을 했을까? 세종과 신하들은 왜 일식 중 하얀 소복을 입고 기도를 했을까?

예보가 고작 1각(15분) 빗나갔다는 이유로 담당 관리가 곤장을 맞았다. 십 몇 분 맞지 않는다고 내린 벌 치고는 심하다는 느낌이 든다. 당시 매우 정확하게 일식을 예측할 수 있는 기술이 있었는데도 담당 관리가 실수한 것이라면 혼이 나도 싼 조치였을 것이다. 그러나 만약 예보 계산 데이터 자체에 문제가 있었다면 이천봉이란 관리는 억울한 일을 당한 것이 된다.

우리는 세종과 당시 사람들에게 15분이란 어떤 의미였을지 생각해보았다. 극단적인 상상을 펼친다면 15분은 한 인간의 사주팔자를 바꾸기에 충분한 시간이다. 예를 들어 달력 계산을 잘못해 밤 12시 46분을 1시 1분으로 알았다면, 한 아이의 출생 시간이 원래 자시임에도 축시로 바뀌어버린다. 국가의 대사를 치를 때라면 이보다 훨씬 심각한 사태를 초래할 수 있다.

일식은 임금을 상징하는 태양이 음기에 가려지는 가장 불길한 자연 현상이다. 따라서 일식에 관해서는 무엇보다 '하늘의 뜻'을 정확히 예측할 필요가 있었다. 하늘의 현상을 정확히 읽어낸다면 인간세계 임금의 정사가 순조롭게 이루어지고 있음을 과시할 수 있다. 그런데 예측한 대로 이루어지지 않거나, 시각에 큰 오차가 있다면 임금의 위엄이 얼마나 손상될 것인가. 엄밀히 관측하며 계산해낸다면 정확한 예측이 가능하다는 사실을 알고 있는 '위대한' 세종 임금으로서는 예측의 부정확함을 인내하기 힘들었을 것이다. 게다가 한 번의 혁신 작업으로 오랜 기간 정확성을 유지할 수 있다면 그것은 종묘사직의 위엄이자 영광일 것이다.

위엄이란 정확성에서 나온다. 고도의 문명국가를 표방한 새 왕조의 임금에게 15분의 오차는 결코 사소한 문제가 아니었다. 1422년 겨울 세종은 정인지를 앞세우고 새 달력 제작에 나섰다. 천문관원의 실력이 형편없자 문관 출신인 정인지로 물갈이를 한 것이다.

1각의 오차는 왜 생겼을까?

한 번 정한 역법이 천년만년 정확성을 유지할 순 없다. 역법은 시간이 흐를수록 오차가 점점 커지는 속성이 있다. 오차가 생기는 이유는 일차적으로 1년이 정수로 딱 떨어지지 않기 때문이다. 흔히 1년의 길이를 365일이라고 하지만, 좀더 정확히는 365.2422일이고, 더 정확히 측정한다면 유효숫자 10자리 이내로 나타낼 수도 있다. 엄밀히 말해서 1년의 정확한 길이는 알 수 없다. 역법서에는 소수점을 편의상 유효숫자 이내로 나타냈는데, 세종 때 쓰던 역법서는 1년의 길이를 소수점 아래 네 자리까지 측정했다. 따라서 해를 거듭할수록 소수점 다섯 자리부터의 수치에서 생기는 오차가 누적될 수밖에 없었다.

그렇다면 역법을 수정해서 쓰지 않고 왜 굳이 새로 만들었을까? 그 당시 역법서는 하늘의 뜻이 담긴 책이고, 역법서를 만드는 것은 천자의 사업이었다. 더욱이 선대에 만들어진 역법서에 감히 손을 댄다는 건 있을 수 없는 일이었다. 그렇기 때문에 왕조 교체 등 특별한 계기가 주어지지 않는 한 누적된 오류를 바꾸기가 쉽지 않았다.

이와 같은 역법 고유의 문제 이외에도 큰 문제점이 있었다. 세종 무렵까지 조선이 중국의 역법을 그대로 사용한 데서 비롯된 오차가 그것이다. 당시 조선이 사대로 섬기던 명나라의 역법인 대통력에서 기준점으로 삼은 북경의 북극고도

서울과 북경의 일출, 일몰 시간 (한국 시각 기준)

2006년 7월			
중국 북경		대한민국 서울	
수요일	목요일	수요일	목요일
	1 **일출** 오전 5:12 **일몰** 오후 7:46 **월출** 오전 9:29 **월몰** 없음		**1** **일출** 오전 4:46 **일몰** 오후 7:32 **월출** 오전 9:05 **월몰** 오후 11:58
7 **일출** 오전 5:10 **일몰** 오후 7:50 **월출** 오후 3:24 **월몰** 오전 2:05	**8** **일출** 오전 5:10 **일몰** 오후 7:51 **월출** 오후 4:26 **월몰** 오전 2:28	**7** **일출** 오전 4:44 **일몰** 오후 7:36 **월출** 오후 3:08 **월몰** 오전 1:44	**8** **일출** 오전 4:44 **일몰** 오후 7:37 **월출** 오후 4:12 **월몰** 오전 2:05

는 조선의 수도인 서울의 북극고도와 달랐다. 2006년 7월, 북경과 서울의 일출과 일몰 시간을 기록한 위의 표를 보자.

경·위도가 다른 북경과 서울의 일몰 및 일출 시간은 30~40분 차이가 난다. 따라서 중국의 역법을 그대로 가져다 쓸 때에는 서울에서 태양이 지나가는 시간이 북경과 달라서 그 오차를 피할 수 없다.

세종 22년의 일식 예보가 1각 틀린 것은 계산 실력의 미숙함에 덧붙여 당시 쓰고 있던 역법 시스템 자체의 문제 때문이기도 했다.

중국의 역법으로 만족했던 시절

중국 문화권에 속해 있던 우리나라는 대대로 중국 역법을 수입해다 그대로

쓰거나 약간 수정하여 썼다. 여기서 《민족문화대백과사전》에 이은성이 쓴 "우리나라의 역법"이라는 글을 중심으로 간략히 그 역사를 짚어보자.

우리나라의 역법 사용에 관한 첫 기록은 백제 때로 거슬러 올라간다. 백제는 원가력(元嘉曆 · 445~510)을 가져다 200여 년간 사용했다. 원가력은 큰 달과 작은 달을 번갈아 배치하고 간간이 윤일(閏日)을 두는 평삭법(平朔法)과, 1태양년의 시간 길이를 등분한 후 그 평균값을 이용하여 24절기를 매기는 평기법(平氣法)을 썼다. 우수(雨水)를 절기의 첫머리로 삼았으며, 19년마다 일곱 번 윤달을 두는 방법을 채택했다.

고구려가 초기에 어떤 역법을 썼는지는 알기 힘들지만, 중국의 당 시대에는 당나라의 무인력(戊寅曆 · 619~664)과 그것을 이은 인덕력(麟德曆 · 665~728)을 쓴 것으로 추정된다. 이 두 달력은 1태양년을 489428/1340, 1태음월을 39571/1340이라는 상수로 고정시켜 모든 해, 모든 달을 똑같이 두었다. 이 방법은 달과 해의 수를 하나로 정했기 때문에 한 달을 29일 또는 30일로 두고 간간이 윤일을 두는 평삭법보다 정확했다. 인덕력은 무인력이 정삭법 때문에 연거푸 큰 달이 네 번 이어지는 문제를 그믐날 합삭 시각이 오후 6시 이후면 다음 날을 음력 초하루로 정하는 진삭법을 써서 시정한 달력이다. 그 후의 역법은 모두 이 역법을 본받아 정삭의 날을 매월 초하루로 삼게 되었다.

신라는 국초부터 역을 썼다고 《삼국사기》에 기록되어 있지만, 그게 무엇인지는 전하지 않는다. 신라도 고구려와 마찬가지로 중국의 당 때에는 인덕력을 쓴 것으로 여겨진다. 통일신라시대는 7세기 후반부터 10세기 초까지 약 250년 동안 중국의 역법을 쓴 것으로 추측되는데 당은 무려 일곱 가지 역을 번갈아 썼기 때문에 어느 하나를 짚어 말할 수 없다. 그중 주목할 만한 역법은 당이 822년부터 893년까지 71년 동안 썼던 선명력(宣明曆)이다. 선명력은 통일신라에 이어 고려에서도 충선왕 시대까지 거의 500년 동안 썼던 달력이다.

고려에서는 태조 이래 당나라의 선명력을 이어받아 썼을 뿐, 따로 새로운 역법을 만들지는 않았다. 중국에서는 822년부터 채택한 선명력을 918년 고려가 건국되던 무렵까지 여러 차례 고쳤지만, 고려에서는 여전히 선명력을 바꾸지 않고 계속 쓰고 있었다. 한편 중국에서는 송을 멸망시킨 후 들어선 원나라가 처음에는 대명력(大明曆)을 쓰다가 오차가 심해지자 대대적 개력을 했다. 1276년부터 5년간 준비한 끝에 완성된 수시력(授時曆)이 그것이다. 수시력은 곽수경(郭守敬), 허형(許衡), 왕순(王恂) 등이 여러 관측기계를 제작하여 면밀한 관측과 정밀한 계산 끝에 엮은 역법으로서 외래 문명의 영향을 받지 않은 순수한 의미의 중국 역법 가운데 최고봉을 이룬다. 역법의 시작 기준점인 역원(曆元)을 가까운 시대로 잡았으며, 중국 역법으로는 최초로 세차를 반영하여 1년의 길이가 점점 줄어든다는 소장법(消長法)을 채택함으로써 정확성을 높였다. 수시력은 중국에서 명 왕조가 들어선 후에도 이름만 대통력(大統曆)으로 바뀌고 청대에 시헌력(時憲曆. 1645)이 채택될 때까지 계속 쓰였다. 시헌력은 서양의 예수회 선교사가 전한 천문학 지식을 토대로 만든 달력으로 현재 우리가 쓰고 있는 태양태음력의 기준 역법이기도 하다.

원대 이후에는 고려에서도 수시력을 사용했다. 원은 황제의 조서를 내려 1281년부터 수시력을 사용한다는 취지를 고려 조정에 알렸다. 그렇지만 그 후에도 한동안 수시력의 기본을 이루는 역법 계산을 이해하지 못했기 때문에 이전처럼 선명력의 방식을 썼다. 그러다가 충선왕 1년(1309)에 최성지(崔誠之)가 왕을 따라 원나라에 들어가 수시력을 얻어와서 연구해 썼지만 일월식에 관해서는 계산방법을 몰라서 선명력의 옛 방식을 그대로 썼다. 중국에서 원이 망하고 명이 들어서자, 명은 수시력의 역원을 홍무 17년(1384)으로 바꾸고, 1태양년의 길이가 불변한다는 설만 새로 도입한 다음 이름만 대통력으로 바꾸어 썼다. 우리나라도 공민왕 19년(1370)

에 중국에서 대통력을 가져다 쓴 이후로 조선 세종 때까지 이 역법을 썼다.

지금까지 중국의 역을 도입해 쓴 역사를 훑어보았는데, 그렇다면 한국의 독자적인 역법은 없었을까? 일단 사료를 보면 여러 역법이 등장한다. 고려 문종 6년(1052) 때 여러 사람을 시켜 십정력(十精曆), 칠요력(七曜曆), 견행력(見行曆), 둔갑력(遁甲曆), 태일력(太一曆) 등을 만들게 한 기록이 《고려사》에 보인다. 구체적으로 어떤 역법이었는지는 알 수 없다. 아마도 지금의 천세력(千歲曆)이나 칠정력(七政曆)과 같이 일상생활에서 점을 칠 때 활용할 목적의 달력이었을 것으로 추정된다.

그러나 고려 광종 때(949~975) '광덕(光德)', '준풍(峻淵)' 등의 독자적인 연호를 사용한 것은 위와 맥락이 완전히 다르다. 광종은 '황제'라는 명칭을 썼으며, 독자적인 연호 역시 황제국을 표방하는 단어로 사용된 것이다. 독자적인 연호를 썼다는 것은 중국에서 내려온 달력을 추종하지 않았음을 뜻한다. 박성래 교수는 독자적인 연호의 사용을 "자주성" 이외에 국제적 역학관계의 측면에서 주목할 필요가 있다고 주장했다. 당시 중국은 오대(907~960)의 혼란기로 절대 강자가 없었고 고려 입장에서 중국의 어디에 정통성을 두어야 할지 모르는 상황이었기 때문에 독자적인 연호를 썼다는 것이다. 실제로 고려의 연호는 중국에 안정된 왕조가 서게 되면서 다시 그것을 따랐다. 광종 때는 연호만 새로 썼지 역법 자체를 새롭게 창안한다는 생각은 하지 않았다. 기술적 난점을 돌파해 구태여 새로운 달력 자체를 만들어야 할 필요성을 느끼지 않았기 때문이다.

독자적인 역법 제작 프로젝트

일식 예보에서 1각의 오차가 난 이유는 곧 파악되었다. 관리의 실력 부족이라기보다는 역법 고유의 문제였다. 당시 쓰고 있던 수시력에는 일식과 월식의 계산

부분이 빠져 있었으며, 따라서 이 부분은 당나라 역법인 선명력으로 대체할 수밖에 없었고 그만큼 달력의 누적 오차가 심했다. 그 밖에 중국과 한성의 경·위도 차이가 오차를 낳았다.

"15분의 오차쯤이야!"라고 쉽게 생각하기에는 너무나도 고달프고 힘든 과학 기술적 난관이 도사리고 있었다. 덧붙여 세종 당대만 사용하는 데 그치지 않고 오랫동안 별 오류 없이 쓸 수 있는 역법이어야 했다. 역법의 기준점을 최근으로 바꿔 쉽게 오차를 바로잡는 방법이 있지만, 이 방법은 바로 얼마 전에 원대 수시력 제작자가 썼기 때문에 그다지 효과가 크지 않았다. 문제는 천문학 전반에 대한 본질적인 이해와 직결되어 있었다. 천체의 운행에 대한 종합적인 이해, 서울을 기준으로 한 관측 데이터의 지속적인 확보, 정확한 계산 능력의 함양, 이 모든 것이 관련된 일이었다.

오늘날 매일 같이 달력을 쓰고 있기는 하지만 달력을 만드는 역법의 원리를 제대로 이해하고 있는 사람이 얼마나 될까? 중국에서 받아온 달력을 일상생활에 적용해 쓰는 일은 매우 쉽다. 그러나 그것을 응용해 일식이나 월식을 예보하는 것은 훨씬 힘들다. 여기서 더 나아가 일식이나 월식 예보 시스템 자체를 바꾼다는 것은 상상을 초월할 정도로 힘든 일일 것이다. 특히 두 번째에서 세 번째 단계로 나아가는 데에는 엄청난 과학기술적 도약이 필요하다. 조선 조정의 역법 사용은 대체로 두 번째 단계의 수준에 머물러 있었다. 인류 역사상 수많은 문명권에서 수많은 나라가 역법을 사용했지만, 소수의 문명과 지역을 제외하고는 대체로 다 첫째, 둘째 단계에 머물러 있었다. 그만큼 역법 개발은 돈이 많이 들고 골머리 썩히는 일이었기 때문이다. 약간 틀린다 해도 특수한 경우를 빼고는 그다지 불편할 것도 없으므로 이웃의 것을 가져다 쓰는 편이 훨씬 경제적이었다.

'1각의 불편함'을 해소하기 위해서는 가장 먼저 정보를 수집하고 그 내용을

우리
수학의
과
수
에
메
2

이해할 수 있어야 했다. 그래서 조선의 천문학자들은 이미 국내에 들어와 있던 원대의 수시력의 연구에 나섰다.

심각한 일식 오보가 있던 해인 1422년부터 1443년까지 21년에 걸친 연구의 대장정이 시작된다. 《세종실록》을 보면 1422년 12월에 세종은 천문학에 밝았던 직제학 정흠지(1378~1439)에게 천문학자의 양성을 맡겼다. 이듬해 문관들에게 당의 선명력과 원의 수시력, 《보교회보중성력요步交會步中星曆要》 등의 서적의 차이점을 교정하게 했다. 이런 노력 끝에 8년이 흐른 1430년 2월 무렵 문관인 정초(?~1434)는 원대의 수시력을 완벽히 이해하는 수준에 도달했다. 《세종실록》은 이를 다음과 같이 기록하고 있다.

임금이 좌우 신하들에게 이르기를, "천문(天文)을 추산(推算)하는 일이란 전심전력(全心全力)해야만 그 묘리를 구할 수 있을 것이다. 일식·월식과 성신(星辰)의 변(變), 그 운행의 도수(度數)가 본시 약간의 차착(差錯)이 있는 것인데, 앞서 다만 선명력법(宣明曆法)만을 썼기 때문에 차오(差誤)가 꽤 많던 것을, 정초(鄭招)가 수시력법(授時曆法)을 연구하여 밝혀낸 뒤로는 책력 만드는 법이 그나마 바로잡혔다."

—《세종실록》세종 12년(1430) 8월 3일

그러면서도 세종은 일식의 처음 시작과 끝나는 시간을 완벽하게 예측하지 못한 사실을 책망했다. 그는 "옛날에는 책력을 만들되 차오가 있으면 반드시 죽이고 용서하지 않는 법이 있었다"는 언급과 함께 "이제부터 일식·월식의 시각과 분수(分數)가 비록 추보(推步)한 숫자와 맞지 않더라도 서운관으로 하여금 모두 기록하여 바치게 하여 뒷날 고찰에 대비토록 하라"는 엄명을 내렸다. 착오 없는 역법에 대한 세종의 의지가 얼마나 강했는지를 잘 말해주는 대목이다.

　조선을 기준으로 하는 독자적인 역법을 완성하기 위해서는 독자적인 관측 데
이터를 얻어야 했다. 관측을 위해서는 다양한 형태의 정밀한 천문관측기구가 필
요했다. 또 그것을 둘 천문대도 필요했다. 1430년대 들어 《수시력》을 완벽하게
이해할 수준이 되자 1432년 7월 세종은 최초의 천문기구인 간의를 제작토록 했

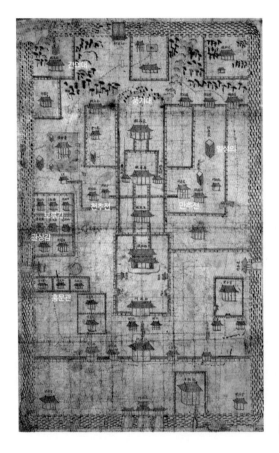

경복궁도에서 각 관측기구의 위치. 국립민속박
물관 소장

다. 그 사정은 《동문선》에 잘 드러나 있다.

선덕 7년(1432) 가을 7월 아무 날에 임금은 경연(經筵)에 나아가 역상(曆象)의 이치를 논하시고, 이어 예문관 제학 신 정인지에게 이르기를 "우리 동방이 멀리 바다 밖에 있으나 모든 시설 면에서 한결같이 중국의 제도를 따랐는데, 유독 하늘을 관찰하는 기구가 부족한 점이 있다. 경은 이미 역산(曆算)에 대하여 제조의 직을 맡고 있으니, 대제학 정초(鄭招)와 더불어 고전을 강구하고 의표(儀表)를 창작하여 측험(測驗)하는 것을 갖추도록 하라. 그러나 그 요점은 북극(北極)의 출지(出地) 고하(高下)를 정하는 데 달려 있다. 그러니 먼저 간의(簡儀)를 만들어 올리도록 하라" 하였다.

—김돈, 〈간의대기簡儀臺記〉, 《동문선》 82

여기서 세종은 천문학의 경우 관측 지점이 달라 중국의 제도를 조선에 그대로 응용할 수 없기 때문에 조선에서 북극고도를 관측할 필요가 있으며, 그러기 위해서는 천문관측기구를 제작해야 한다고 역설하고 있다. 세종의 명령을 받들어 정초와 정인지는 옛 문헌을 연구한 후 간의 모형을 설계했고, 중추원사(中樞院使) 이천

보루각 터
관천대

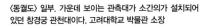
〈동궐도〉 일부. 가운데 보이는 관측대가 소간의가 설치되어 있던 창경궁 관천대이다. 고려대학교 박물관 소장

(李蕆 · 1376~1451)이 나무로 견본을 만들었다. 서울의 위도인 38도(지금의 도수로 환산하면 37도 41분 76초)를 기준점으로 삼아 측정했다. 측정 결과 《원사元史》의 것과 동일하다는 것을 확인한 후 구리로 간의를 제작해 경회루 북쪽에 설립한 간의대에 놓고 관측하게 됐다.

이듬해인 1433년에는 혼천의가 완성되어 간의대에 설치되었다. 간의대에서 어떤 일을 했는지는 다음 기록이 잘 말해준다.

> 대제학 정초 · 지중추원사 이천(李蕆) · 제학 정인지 · 응교 김빈(金鑌) 등이 혼천의(渾天儀)를 올리매, 임금이 그것을 곧 세자에게 명하여 이천과 더불어 그 제도를 질문하고 세자가 들어와 아뢰라고 하니, 세자가 간의대(簡儀臺)에 이르러 정초 · 이천 · 정인지 · 김빈 등으로 더불어 간의와 혼천의의 제도를 강문(講問)하고, 이에 김빈과 내시 최습(崔濕)에게 명하여 밤에 간의대에 숙직하면서 해와 달과 별들을 참고해 실험하여 그 잘되고 잘못된 점을 상고하게 하고, 인하여 빈에게 옷을 하사하니 밤에 숙직하기 때문이었다. 이로부터 임금과 세자가 매일 간의대에 이르러서 정초 등과 함께 그 제도를 의논해 정하였다.
>
> —《세종실록》세종 15년 8월 11일

내용을 통해 간의대에서 김빈과 최습 등의 관리가 숙직하면서 혼천의와 간의를 써서 해, 달, 별들을 정기적으로 관측했음을 알 수 있다. 이를 바탕으로 하여 그들은 기존에 쓰던 역법의 잘된 점과 못된 점을 고찰했다. 세종과 세자 문종은 관심이 지극하여 매일 같이 간의대를 들러 간의 총책임자인 정초 등과 더불어 천문학 제도를 토론하고 결정했다.

혼천의와 간의 외에도 1437년까지 혼상(渾象), 규표(圭表), 자격루(自擊漏),

소간의(小簡儀), 앙부일구(仰釜日晷), 천평일구(天平日晷), 현주일구(縣珠日晷) 등의 기구가 빠짐없이 제작되었다. 그중 혼상은 별들을 둥근 구면에 표시한 후 회전시켜서 별이 뜨고 지는 시각, 계절의 변화와 시간의 흐름을 알 수 있도록 한 기구였고, 규표는 막대기 비슷한 것을 꽂아놓고 남중한 그림자를 측정해 계절의 변화와 24절기를 확인하는 기구였다. 자격루는 자동으로 시각을 알려주는 물시계였고, 소간의는 간의를 더욱 간편하게 한 기구였다. 앙부일구, 천평일구, 현주일구 등은 모두 해시계였다.

앙부일구.

특히 세종은 1437년에 제작한 주야측후기(晝夜測候器)인 일성정시의(日星定時儀)를 매우 자랑스러워했다. 이 기구는 비록 소형이지만 낮에는 태양을 이용하여 시간을 측정하고, 밤에는 별의 남중을 이용하여 시간을 측정하는 기구로 밤낮의 하늘을 모두 관측할 수 있었다. "하루는 밤과

현주일구.

103

규표. 세종대왕유적관리소
소장

소간의. 세종대왕유
적관리소 소장

낮이 반씩이로되 낮에는 햇볕을 헤아
려서 시간을 아는 그릇은 이미 갖추었
으나, 밤에 이르러서는 별로 시각을 잰
다는 말이 《주례》나 《원사》 같은 문헌
에 있지만 측정하는 방법은 말하지 않
았기 때문"에 이를 만들었다고 했다.
낮에는 해시계, 밤에는 별시계였던 것
이다.

이런 관측기구를 운용해서 매우 정
밀한 데이터를 얻을 수 있었다. 이 데
이터들은 이후 1443년에 한성을 기준
으로 한 최절정 역법인 《칠정산내외
편》의 출현을 가능케 한 비밀병기였
다. 그것을 통해 해와 달, 다섯별의 운
행궤적을 정밀하게 파악하고, 축적된
관측 데이터를 바탕으로 일곱 별들이
어떤 위치에 있을 때 일식과 월식이 일
어나는지 법칙화할 수 있게 됐다. 그
법칙에 따라 계산을 하면서부터는 우
리나라에서 어느 해, 어느 달, 어느 날,
어느 시각에 일식과 월식이 시작되고
끝나는지를 이전보다 훨씬 정밀하게
예측할 수 있게 되었다.

우
리
수 과
학 의
수
께 수
끼
2

달력, 그 이상의 달력을 지향하다

1430년 천문학 연구에 세종 때 최고의 학자 정인지(1396~1478)가 새로 투입되었다. 세 정씨, 곧 정인지, 정초, 정흠지는 세종이 내린 과제인 일식와 월식 계산에 힘써 1년 남짓 기간에 오차 문제를 해결했다. 그들은 수시력의 일식과 월식, 다섯별의 궤적을 담고 있는 명나라의 역법《대통통궤大統通軌》을 입수하여 그동안 사용하던 수시력의 단점을 보충했다. 여기에 기존의《수시력》이 안고 있었던 약간의 문제를 개량한 후 기본 좌표를 조선으로 삼음으로써 한성에서 일식과 월식을 정확히 예보할 수 있는 체제를 마련했다. 세종 25년(1443)에 만들어진《칠정산내편》이 그 결과물이다.《칠정산》번역본 해제와 그것을 인용한 모든 책에서는 완성된 해를 1442년으로 보고 있으나 그 근거는 밝혀져 있지 않다.《세종실록》25년 7월 6일자 기록이나《연려실기술》의 〈천문전고〉 '역법'에 따르면 세종 계해년(1443)이 맞는 듯하다. 그 해에 세 정씨와 이순지(李純之 · 1406~1465) · 김담(金淡 · 1416~1464) 등은《회회역법回回曆法》을 연구한 결과물을《칠정산》의 외편으로 정리했다. 회회력은 프톨레마이오스(AD 2세기경)의 알마게스트(Almagest)를 기본으로 하여 아랍인들이 더욱 발전시킨 역법으로서 특히 월식 예측에 뛰어난 역법이었다.

《세종실록》을 보면 1433년부터《칠정산내편》에 따른 역법을 썼다고 되어 있지만, 이 책이 인쇄되어 나온 것은 그 이듬해인 1434년이다. 그런데 규장각에 남아 있는 것을 보면 책의 편자가 최초의 연구자인 정인지, 정초, 정흠지가 아니라 교정을 맡은 이순지와 김담으로 표기되어 있다. 상권에는 칠정산 편찬의 경위를 간략히 서술한 후 천체 운행의 기본 수치를 적었다. 대표적으로 주천분(周天分; 항성년) 365만 2575분, 주천도(周天度; 태양이 적도 위에서의 1일의 운행을 1도로 하여 항성년으로 표시한 것) 365도 25분 75초, 일주(日周; 1일을 1만 단위로 놓은 것) 1만, 세실(歲實; 춘분점에서 다음 춘분점까지 돌아오는 회기년의 날수를 1일=1만 분으로 계산한 것) 365만 2425분, 세주(歲周; 회기년을 일 단위로 표시) 365일 2425분, 세차(歲差; 춘분점이 황도를 따라 약간씩 서쪽으로 이동하여 2만 5800년 주기를 갖는 현상) 1분 05초, 삭실(朔實; 삭망월) 29만 5305분 93초, 삭책(朔策; 삭망월) 29일 5305분 93초 등이다. 이어서 역일(曆日), 태양, 태음, 중성(中星), 교식(交食), 오성(五星), 사여성(四餘星; 네 개의 가상적인 천체)의 7가지에 대한 논의가 펼쳐진다. 마지막에는 한양을 기준으로 매일 해 뜨는 시각과 해지는 시각, 밤낮의 시각표가 적혀 있다. 또 필요한 곳에는 입성(立成)이라는 여러 가지 숫자표(數字表)가 들어 있다. 일월뿐 아니라 목성, 화성, 토성, 금성, 수성 등 5성의 운행을 자세히 다루고 있어서 단순한 달력이 아니라 오늘날의 천체력(天體曆) 구실을 했다고 한다.

《칠정산내편》의 특징으로 성주덕(成周德 · 1759~?)은 《서운관지書雲觀志》(1818)에서 다음 세 가지를 꼽았다. 첫 번째로 1281년을 역법의 기준점으로 삼았다는 점이다. 보통 중국에서는 태초력의 전통에 따라 한 해가 시작되는 첫날 0시와 동지점이 정확하게 일치하는 날을 역원으로 삼은 반면에 수시력은 이런 구습을 깨고 과감히 역법 제정의 해를 기준점으로 삼았는데, 《칠정산내편》도 이를 따른 것이다. 두 번째로 세차의 차이를 역법에 반영한 세실소장법(歲實消長法)을 썼다. 이는 세차로 인해 1년의 길이가 상대적으로 짧아져가는 현상을 반영한 것이다. 구체적으로 옛날 역을 따질 때는 100년 단위로 세실을 1초씩 늘려 잡았고, 이후의 역을 따질 때는 세실을 1초씩 줄여 잡아 계산했다. 세 번째로 한양에서 해가 뜨고 지는 시각과 밤낮의 길이를 구해 역법에 반영했다.

《칠정산외편》도 내편과 같은 해인 1444년에 인쇄된 것으로 중국의 역법을 비

롯한 여러 역법을 연구하고 더욱 발전시킨 결과물이다. 편자 또한 이순지와 김담이다. 《칠정산외편》은 각 도의 단위를 그리스의 전통에 따라 오늘날처럼 원주를 360도로 한 60진법(進法)을 썼다. 또 1태양년(太陽年)의 길이는 역일(曆日)인 365일로 하되 128태양년에 31윤일(閏日)을 뒀다. 계산 결과는 365일 5시 48분 45초로 현대 값보다 불과 1초가 짧을 뿐이다. 이는 수시력의 값인 365.2425일보다 두 자리나 더 정확한 것이다. 그런데 아라비아에서는 순전한 음력, 곧 태음년(太陰年; 354.36667일)을 태양년 대신에 썼기 때문에 그들이 만든 표는 모두 태음년을 기준으로 삼았고 그만큼 계산이 복잡했다. 이 밖에 회회력은 1년의 기준으로 동지가 아닌 춘분점을 썼다. 태양, 태음, 교식(交食), 오성(五星), 태음오성능범(太陰五星凌犯; 달이 5성을 가리는 현상)의 5장으로 구성되어 있다. 내편과 마찬가지로 외편도 필요한 곳에 여러 가지 표를 실었다.

《칠정산내외편》은 1443년에 등장한 이래 오랫동안 조선에서 사용되었다. 조선에서는 국제외교적인 측면을 고려하여 중국 명의 대통력도 함께 썼다. 그러다 효종 4년(1653)에 서양역법에 기초한 시헌력이 들어오면서 《칠정산내외편》은 새로운 운명을 맞이하게 된다. 이미 200여 년이 흐르면서 오차가 생긴데다 근대 서양천문학에 기반을 둔 시헌력이 매우 훌륭한 역법이었기 때문이다. 그때부터 시헌력이 사용되었다고 하지만 한동안은 외교적인 이유에서 대통력을 썼던 정도의 수준에 그쳤다. 시헌력이 너무 어려워 이해하는 데 시간이 걸렸기 때문이다. 청에 천문관리를 보내 그곳의 서양선교사에게 묻기도 하는 등 서양천문학을 익히기 위해 백방의 노력을 기울였지만, 그 과정이 너무나 지난했다. 1710년 무렵에 겨우 시헌력을 이해할 수 있게 되었으나, 이미 중국에서 《역상고성》과 《역상고성후편》 등의 출현으로 시헌력이 또 한 차례 커다란 진전을 보는 바람에 또다시 익히는 데 반세기 이상이 걸렸다. 1770년대에 이르러서야 그것을 완벽하게 이해하여 구사할 수 있는 경지에 도달했다.

《칠정산외편》의 일식 예측

《칠정산외편》에서는 어떤 방법으로 일식을 예측했을까? 일행도는 하루 동안에 천체가 천구상에서 이동한 경도의 크기를 의미한다. 태양은 365일에 걸쳐 360도를 움직이므로 일행도는 약 1도(조선시대에는 원을 365도로 간주했다)가 된다. 달의 공전주기는 27.3일(29.5일은 지구의 공전 때문에 2.2일이 늘어난 것이며, 실제 한 달은 27.3일이다)이므로 달의 일행도는 13.37도(365/27.3)가 된다. 천문학에서 황(黃)은 태양을 뜻하므로 황경은 태양의 경도다. 황도는 천구상에서 태양이 지나가는 길이다.(현대 천문학에서는 360도 법 대신에 춘분점을 0h, 하지점을 6h, 추분점을 12h, 동지점을 18h라고 사용한다)

다음 '일식 계산 과정'을 간단히 정리하면, 황경과 달의 경도가 같아지는 시각을 구해서 태양의 위도와 달의 위도가 현저하게 다르면 넘어가고, 비슷하면 일식으로 간주한다. 즉 달과 태양의 크기를 바탕으로 식이 어느 정도 일어나는지 계산하는 것이다.

먼저 태양과 달이 겹쳐 일식이 생긴 시간인 '식심범시(食甚汎時)'를 구한다. 그 시간은 평균 정오에서 평균 합삭까지의 시간으로 다음과 같은 식으로 나타낼 수 있다.

$$식심범시 = \frac{태양경도 - 달의 경도}{달의 일행도 - 태양의 일행도} \times 24시$$

일식 계산 도표

식심범시
(평균 정오에서 평균 합삭까지의 시간)

합삭 때 태양 황경	태양최고행도와 일종행도의 표 태양가감치의 표	태음중심행도와 가배상리, 본륜행도의 표	합삭 때 본관행도
자정–합삭 까지의 시간	주야가감차의 표		합삭 때 달의 황경 (태양과 같음)
합삭 때 태양자행도	태양최고행도와 일중행도의 표	태음황도 남북위도의 표	합삭 때 달의 위도
태양의 시작경	태양–태음 영경도분과 비부분의 표	경위시 가감차의 표(시각차보정)	식심정시
		경위시 가감차의 표(시각차보정)	식심 때 달의 황경
		경위시 가감차의 표(시각차보정)	식심 때 달의 위도
		태양 · 태음 영경도분과 비부분의 표	달의 시작경

태양식심정분

시차

일식의 진행시각 구함
– 초휴시각(식의 시의 시작 시각)
– 복원식각(식이 끝나는 시각)

안영숙, 〈칠정산외편의 일식과 월식 계산방법 고찰〉, 충북대학교 천문우주학과, 2005

식심범시의 값을 구하고 나면 태양과 달의 위치와 관련된 수치를 각각 계산한다.

태양 관련 부분부터 살펴본다. 앞의 도표의 왼쪽 선을 따라 내려가면 된다. 먼저 다음 등식에 따라 '합삭 때의 태양경도(太陽經度)'를 구한다.

합삭의 황경 = 정오의 황경 ± 태양일행도 × 식심범시 ÷ 24

다음 식에 따라 자정에서 진합삭까지의 시간인 '자정지합삭시분초(子正至合朔時分秒)'를 구한다.

자정지합삭시분초 = 12시 ± (식심범시 ± 가감분)

이때는 합삭이 오전/오후를 나타내는데 +는 오전, −는 오후이다. 가감분은 《칠정산》의 표를 통해 알아낼 수 있다. 합삭 때의 태양자행도(太陽自行度)를 구한

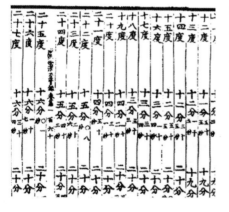

《칠정산》의 상수표.

후, 태양의 각직경인 태양경분(太陽徑分)을 구해서 태양의 위치를 파악한다. 태양경분은 태양자행도를 인수로 하여 태양태음영경분(해와 달의 그림자 진 부분)과 비부분(그림자가 지지 않은 부분)의 표를 통해 구한다.

달의 위치를 계산하는 방법도 태양의 경우와 비슷하다. 일단 합삭 때 본륜(本輪)에서의 달의 위치인 본륜

수와 우리
수학 의
때 에
2

행도(本輪行道)를 구하고, 합삭 때 달의 경도와 위도를 구한다. 이어서 시각차 보정을 통해 식심정시(食甚定時), 즉 자정에서 식심까지의 시간을 구한 후 경차보정(經差補正)을 통해서 식심 때 달의 경도를 구한다. 그리고 나서는 《칠정산》 내에 있는 표를 통해 위차보정(緯差補正)을 하여 달의 위도를 구한다. 그 다음 달의 각직경은 칠정산 내의 표를 참조하여 위에서 구한 본륜행도를 인수로 하여 구해낸다.

태양과 달의 위치를 알아냈으므로 마지막으로 일식이 어떻게 진행되는지 살펴보자. 일식 진행 계산은 식심에서 태양이 가려진 최대 폭인 태양식심정분을 구하는 것부터 시작된다. 이를 구하면 처음 태양이 이지러지기 시작하는 초휴(初虧)에서 식심까지 걸리는 시간을 구할 수 있고 초휴시각과 복원시각을 알아낼 수 있다.

1각은 바로 '진정한 중화'의 상징이었다!

이상에서 살핀 대로 조선은 세종 때 당시 세계 최고 수준의 두 역법을 모두 손에 넣어 일식, 월식 예측에 관한 문제를 풀었다. 형식만 놓고 본다면, 외래의 고등 천문서를 입수해 약간 수정한 것에 지나지 않는다. 하지만 그것은 마치 초등학교 학생이 대학 수학의 미적분 문제를 푸는 것과 같은 고난도의 학습과 작업을 필요로 했다. 문명사의 관점에서 볼 때 뒤쳐진 문명권이 최고의 문명 수준을 따라잡고, 더 나아가 그것을 능가하는 작업을 해내는 경우는 그렇게 흔치 않다. 이전의 성취를 완벽하게 이해해야 하고, 또 독자적인 활동을 통해 이전 내용을 보완하고 개선해야 한다. 세종대 천문학은 그 일을 해냈다.

중요한 것은 《칠정산》을 만드는 동안 직접 중국에게 배운 것이 아니라 중국의 역법을 스스로 이해하고 분석해서 만들었다는 사실이다. 변변한 천문기기도 없이 밑바닥부터 스스로 쌓아 올려가면서 만들었다는 점이 위대한 성취이다. 《칠정산》의 등장으로 15세기 조선은 단숨에 세계 3대 천문 국가의 반열에 올랐다. 당시에 일식 계산을 포함해 수준 높은 천문학을 구현한 국가 또는 문명권은 조선, 중국, 아라비아 3개 지역뿐이었다. 또 텍스트의 내용만으로 볼 때《칠정산 내외편》은 1443년의 시점에서 세계에서 완성도가 가장 높은 역법이었다.

그렇다면 세종대에만 칠정산이라는 위대한 천문학적 성과를 낼 수 있었던 이유는 무엇일까? '세종의 못 참는 1각(15분)'이 그 동기였다. 왜 세종은 15분을 참지 못했을까? 제왕의 체통 때문이었을까? 그 이전에 다른 왕들은 전혀 그렇지 않았는데 왜 세종만이 이를 문제 삼았을까?

이에 대해서는 많은 학자들이 중국으로부터 자주성을 확보하기 위한 노력으로 해석한다. 우리는 이를 더 큰 뜻으로 파악할 수도 있다고 본다. 위대한 문명의 전통, 곧 고대 중국이 표방한 정치 이념인 '중화(中華)'를 조선 땅에서 피워보려는 시도가 아니었을까. 중화란 단순히 지리상의 중국을 뜻하지 않는다. 비록 중국왕조라 해도 '중화'는 저절로 얻어지는 게 아니라 실천을 통해 성취되는 것이다. 조선도 당연히 '중화'에서 배제되는 것이 아니라 위대한 실천을 통해 그 경지에 도달할 수 있다. 세종은 당당히 그 일을 하려 했다. 그런 세종으로서는 당연히 1각의 오차를 용납하기 힘들었을 것이다. 그런데 그 오차는 중국에서 빌려온 역법 자체의 문제, 더 나아가 북경과 조선의 지리적 위치 차이 때문에 생겼다. 이웃 중국을 섬기는 게 중화가 아니라 하늘의 운행도수에 맞춰 정치가 이루어지는 것이 진정한 '중화'라면 마땅히 그 오차는 시정되어야 했다. 그런 맥락에서 자주성과 중화는 서로 모순되지 않는다. '세종의 못 참는 1각'을 해결하는 방법은 과학기술적 측면에서는 세계 최고 수준의 역법의 완성이었고, 정치적 측면에서는 자주를 통해서만 실현할 수 있는 진정한 의미의 '중화'였다.

간의 측정법

　우리는 조선시대의 천문 원전인 《국조역상고》의 번역본 내용을 참고 삼아 대전에 위치한 천문연구소에서 간의 보는 법을 익혔다. 간의는 세종 대 천문학에서 핵심 구실을 했던 천문기구로, 적도좌표계와 지평좌표계의 별들의 운행을 관측할 수 있다.

　세종 20년(1438) 봄부터는 매일 밤 서운관 관리가 5명씩 지속적으로 간의 관측에 임하게 되었다.

　구조를 보면 다섯 개의 환(環), 세 개의 선(旋), 네 개의 형(衡)으로 이루어져 있다. 다섯 개의 환은 사유환, 백각환, 적도환, 입운환, 지평환을 말하며, 그중 회전이 가능한 사유환, 적도환, 입운환의 세 개가 선에 해당한다. 형은 회전하는 환에 설치된 것으로 사유환과 입운환에 한 개씩, 적도환에 두 개가 있다. 한 개씩 설치된 형은 규형이고 적도환에 설치된 두 개의 형은 계형이라 부른다. 사유환과 적도

간의. 세종대왕유적관리소 소장

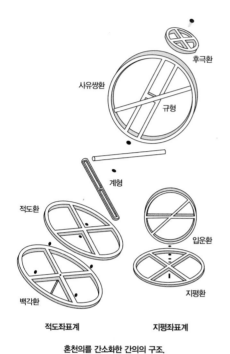

사유쌍환
후극환
규형
계형
적도환
입운환
백각환
지평환
적도좌표계　　　　**지평좌표계**

혼천의를 간소화한 간의의 구조.

환, 백각환은 적도좌표계, 입운환과 지평환은 지평좌표계라 할 수 있다.

적도좌표계

　　적도좌표계로 측정할 수 있는 것은 거극도(去極度), 적도도(赤道度), 입수도(入宿度) 그리고 시각(時刻)의 네 가지다. 먼저 거극도는 천구의 북극에서 관측성까지의 거리로 현대적 의미의 적위에 해당한다. 적도도는 수거성(宿距星)에서 다음 수거성까지 적도상의 각거리에 해당한다. 여기서 적도와 황도의 주변 하늘을 28개 구역으로 나누고 그 구역의 서쪽에 위치한 비교적 밝은 별을 수거성으로 정했는데, 각 수거성의 간격은 일정하지 않다. 입수도는 28개의 기준별 중 가장 서쪽에 있는 별(수거성)에서 관측성까지 동쪽으로의 각거리로, 현대적 의미의 적경에 해당한다. 그림에서 볼 수 있듯이 사유환의 축은 북극성을 가리킨다. 따라서 사유환의 축과 지구의 자전축은 평행하며, 백각환과 적도환의 평면은 지구의 적도와 평행한다. 이것이 바로 별의 위치를 측정하는 기본 원리이다.

　　간의 꼭대기에 위치한 작은 환이 후극환이며, 적도환과 후극환의 중앙이 북극성과 일직선이 되도록 맞추는 것이 관측을 위한 첫 번째 준비과정이다.

　　그러면 거극도를 측정하는 방법을 알아보자. 거극도는 북극성과 관측성이 이루는 각거리이다. 앞에서 북극성의 방향을 맞추었으므로 관측성의 방향만 맞추면 된다. 관측성의 방향을 맞추는 데는 사유환과 그 위의 규형을 이용한다. 사유환을 회전시켜 경위를 조절하고 규형을 회전시켜 적위를 조절하는 것이다. 규형에는 별을 보는 망통과 같은 규관(闚管)이라는 것이 있어서 이를 들여다보며 별의 방향을 맞출 수 있다. 규형이 가리키는 사유환 위의 눈금이 바로 거극도이다.

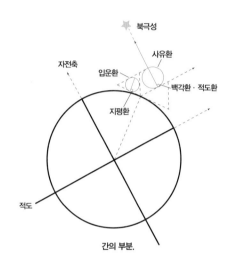

간의 부분.

적도도와 입수도, 그리고 시각을 측정하는 기본 원리는 같다. 백각환과 적도환, 그리고 그 위의 계형을 이용하는데 먼저 계형의 양 끝과 북축(北軸)을 실로 연결하여 삼각형 모양을 만든다. 계형은 두 개이므로 다음 그림과 같이 4개의 현이 만들어질 것

간의의 경위와 적위 조절.

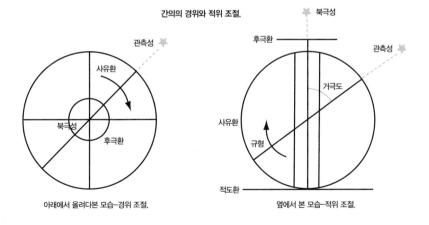

아래에서 올려다본 모습－경위 조절.

옆에서 본 모습－적위 조절.

백각환 위에서 눈금을 가리키고 있는 계형. 세종대왕기념관 소장

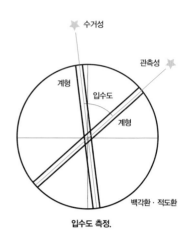

입수도 측정.

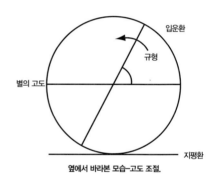

아래에서 바라본 모습-방위 조절.　　　옆에서 바라본 모습-고도 조절.

지평환과 입운환.

이다. 시각을 측정하기 위해서는 하나의 계형이 필요하다. 계형을 회전시켜 태양에 대해서 앞 실의 그림자가 정확히 뒷 실에 일치하도록 하면, 계형의 앞뒤의 두 실과 태양, 이 셋이 일직선상에 놓이게 된다. 따라서 계형의 끝이 가리키는 곳이 태양이 되므로 계형이 가리키는 백각환 위의 눈금에 태양의 조만(早晩), 시각의 초 · 정을 셈하여 몇 각 몇 분인지 얻을 수 있다.

적도도와 입수도의 측정도 이와 비슷하다. 이때는 실의 그림자를 이용할 수 없으므로 한 눈을 감고 계형을 들여다봄으로써 별과 두 실을 일치시킨다. 적도도의 경우는 두 계형이 각각 두 수거성을 가리키도록 조정하고, 입수도의 경우는 각각 가장 서쪽의 수거성과 관측성을 가리키도록 하여 값을 구할 수 있다. 두 계형 사이의 적도환의 도분 차가 그 값이 된다.

지평좌표계

지평좌표계는 지평환과 입운환으로 구성되어 있으며, 천체의 고도를 측정하는 데 사용된다. 입운환은 지면과 수직을 이루고, 지평환은 지면과 수평을 이룬다. 입운환과 입운환 측면의 규형을 회전시켜 규형이 별을 가리키도록 조정하면 그 별의 고도를 측정할 수 있다. 지평환 위에는 24방위(方位)가, 입운환에는 도수가 표시되어 있어 별의 방위와 고도를 읽을 수 있다.

고려 때 최성지(崔誠之)가 충선왕을 따라 원나라에 갔다가《수시력법授時曆法》을 얻어 가지고 돌아와서부터 우리나라에서 비로소 이를 준용하였다. 그런데 술자(術者; 역관)가 그 역(曆) 만드는 법을 알아내었으나, 일월 교식, 오성분도(五星分度; 다섯별의 운행 궤도) 등의 법은 그 이치를 알지 못하였다. 세종께서 정흠지(鄭欽之)·정초(鄭招)·정인지(鄭麟趾) 등에게 명하여, 이를 추산하고 연구하여 그 묘리를 터득하게 하였는데, 자세히 구명되지 않은 것은 세종께서 친히 판단을 가하시어 비로소 석연(釋然)하게 밝혀졌다. 또 태음통궤(太陰通軌), 태양통궤(太陽通軌)를 중국으로부터 얻었는데, 그 법이 이것과 약간 차이가 있으므로, 이를 바로 잡아서 내편을 만들었다. 또《회회역법回回曆法》을 얻어서 이순지(李純之)·김담(金淡)에게 명하여, 이를 고증 검교하여 중국 역관의 지은 바에 약간의 오류가 있음을 알게 되어, 이를 다시 교정하여 외편을 만들었다. 이리하여 역법이 유한이 없다 할 만큼 되었다.

— 《칠정산내외편》서문.《세종장헌대왕실록》26권

예조에서 서운관(書雲觀)의 첩정(牒呈)에 의거하여 아뢰기를,
"금후(今後)에는 일월식(日月食)에 내외편법(內外篇法)과 수시(授時)·원사법(元史法)과 입성법(立成法)과 대명력(大明曆)으로 추산(推算)하는데, 내편법(內篇法)에 식분(食分)이 있으면, 내편법(內篇法)으로 경외관(京外官)에게 알려 주고, 기타의 역법(曆法)은 곧 아뢰게 하며, 만약 내편법에 식분(食分)이 없는데, 다른 역법(曆法) 중 비록 한 역법에라도 식분(食分)이 있으면, 외관(外官)은 제외하고 경중(京中) 각 아문(衙門)

에만 알려주게 하고, 수시역(授時曆)과 회회역법(回回曆法)은 이미 내외편(內外篇)에 갖추어 있으니 반드시 다시 추산(推算)할 것이 없사옵고, 선명역(宣明曆)은 편질(編帙)이 빠져서 누락되었으며, 법[術]도 역시 어긋나고 그릇되었고, 경오원력(庚午元曆)은 이차(里差)의 법이 실로 빙고(憑考)하기 어렵사오니, 예전 네 가지 역법은 취재(取才)할 때에 쓰지 말도록 하시고, 칠정산내외편(七政算內外篇)과 대명력(大明曆)으로써 취재(取才)하는데, 또 전(前)에 올린 바의 칠정력(七政曆)은 술법(術法)이 미진(未盡)하여 중국에서 추산(推算)한 것과 합하지 아니하기 때문에 근년에는 그만두었사오니, 청하옵건대, 이제 내편(內篇)의 법으로 추산하여 전(前)과 같이 성책(成冊)해서 올리게 하소서" 하니, 그대로 따랐다.

—《칠정산내외편》의 완성과 사용. 세종 25년 7월 6일

세종 때의 천문대

선덕(宣德) 7년(1432) 7월 아무 날에 임금은 경연(經筵)에 나아가 역상(曆象)의 이치를 논하시고, 이어 예문관 제학(藝文館提學) 신 정인지(鄭麟趾)에게 이르기를 "우리 동방이 멀리 바다 밖에 있으나 모든 시설면에 있어서는 한결같이 중국의 제도를 따랐는데, 유독 하늘을 관찰하는 기구가 부족한 점이 있다. 경은 이미 역산(曆算)에 대하여 제조(提調)의 직을 맡고 있으니, 대제학(大提學) 정초(鄭招)와 더불어 고전을 강구하고 의표(儀表)를 창작하여 측험(測驗)하는 것을 갖추도록 하라. 그러나 그 요점은 북극(北極)의 출지(出地) 고하(高下)를 정하는 데 달려 있다. 그러니 먼저 간의(簡儀)를 만들어 올리도록 하라" 하였다.

이에 신 정초 · 신 정인지는 옛 제도를 상고하는 일을 맡고, 중추원사(中樞院使) 이천(李蕆)은 공역을 감독하는 일을 맡아서 먼저 나무로 견본을 만들어 북극의 출지(出地)

를 38도로 정하니, 거의 원사(元史)의 측정한 바와 부합되므로 드디어 동(銅)을 부어 의(儀)를 만들어 완성하게 되자, 호조 판서 신 안순(安純)에게 명하여 후원 경회루의 북쪽에다 돌을 쌓아서 대를 만들되, 높이는 31척, 길이는 47척, 넓이는 32척으로 하고, 석란(石欄)을 두르고 머리에 간의(簡儀)를 설치하며, 정방형(正方形)의 안상을 그 남쪽에 놓고, 대의 서쪽에 높이가 5백 8척이 되는 동주표(銅柱表)를 세우고, 푸른 돌을 깎아서 규(圭)를 만들고, 규의 면에 장(丈)·척(尺)·촌(寸)·분(分)의 용영부(用影符)를 새기고, 일중(日中)의 그림자를 취하여 이기(二氣)의 차고 줄어드는 단표(端表)를 미루어 알게 하고, 서쪽에 작은 각(閣)을 세워 혼의와 혼상을 두되 혼의는 동으로, 혼상은 서로 하며, 혼의의 제도는 역대마다 한결같지 아니한데, 지금은 오(吳)씨의 서찬(書纂)에 실린 바와같이 칠목(漆木)으로 혼의·혼상을 만드는 제도에 의거하여 칠포(漆布)로 체(體)를 만들어 탄환처럼 둥글게 하고, 주위는 10척 8촌 6분으로 하여, 가로와 세로 주천도분(周天度分)을 그리고, 적도(赤道)는 중앙을 차지하고, 황도(黃道)는 적도(赤道)의 안팎에서 나고 들되, 각각 24도 약(弱)으로 하고, 두루 중외(中外)의 관성(官星)을 배열하여 하루 한 바퀴를 돌아서 1도(度)를 지내고, 노끈을 이용하여 해를 매어서 황도(黃道)에서 그치게 하되, 매일 1도(度)를 행하여 천행(天行)과 함께 합하고, 물에 부딪쳐 기계가 운전하는 교묘한 법은 속에 들어서 내보이지 않게 하였으니, 이 다섯 가지는 옛 사기에 상세히 나타나 있는 것이다.

경회루의 남쪽에 각(閣) 삼영(三楹)을 세워 누기(漏器)를 두고, 이름을 보루각(報漏閣)이라 하고, 동영(東楹)의 사이에 2층으로 자리를 만들되, 삼신(三神)은 위에 있어 시(時)를 맡은 자는 종을 치고, 경(更)을 맡은 자는 북을 치고, 점(點)을 맡은 자는 징을 치며, 12신(神)은 아래에 있어 각각 신패(辰牌)를 들었는데, 인력을 빌리지 않고 때에 따라 저절로 울리게 하며, 천추전(千秋殿)의 서쪽에 소각(小閣)을 세워 이름을 흠경각(欽

敬閣)이라 하고, 종이로 발라 산을 만들되 높이는 7척쯤 되게 하여 각(閣) 속에 두고, 안으로 기륜(機輪)을 설치하여 옥루수(玉漏水)를 이용하여 부딪치게 하고, 오색구름이 해를 에워싸고 나타났다 사라졌다 하며, 옥녀(玉女)가 때를 따라 방울을 흔들고 사신(司辰)과 무사(武士)가 저절로 서로 돌아보게 하고, 4신(神) 12신(神)이 돌아가면서 차례로 일어났다 엎드렸다 하게 하였다.

산의 사면에 빈풍(豳風)과 사시(四時)의 풍경을 진열한 것은, 민생의 의식에 대한 고난을 생각한 것이요, 비스듬한 그릇을 두어 누수의 여분(餘分)을 받게 한 것은 천도(天道)가 차고 비는 이치를 관찰하자는 것이요, 간의(簡儀)가 비록 혼의보다 간편하나 전용(轉用)하기 어려워서 소간의(小簡儀) 두 대를 만들었으니, 의(儀)가 비록 극히 간단하나 쓰기는 간의와 다르다. 우매한 백성들이 시각에 어둡기 때문에 앙부(仰釜) 일구(日晷) 두 대를 만들고 그 안에다 시신(時神)을 그렸으니, 이는 아무리 어리석은 자라도 굽어보면 때를 알 수 있게 하려는 것으로, 하나는 혜정교(惠政橋) 가에 두고, 하나는 종묘 남쪽 거리에 두었다.

낮에 대한 측후는 기구가 이미 갖추어졌으나 밤에 대한 것은 고험할 길이 없으므로, 밤낮으로 때를 알 수 있는 기구를 만들어 이름을 일성정시의(日星定時儀)라 하고, 네 대를 만들어 하나는 만춘전(萬春殿) 동쪽에 두고, 하나는 서운관(書雲觀)에 두고, 둘은 나누어서 동·서 두 경계의 원수영(元帥營)에 두었다. 일성정시의는 무거워서 군용(軍用)에 불편하므로 소정시의(小定時儀)를 만들었는데, 그 제도는 대략 같고 조금 다를 뿐이다. 이 여섯 건에 대하여는 각각 서(序)와 명(銘)을 두어 설명을 다 하였다.

또 현주일구방(懸珠日晷方)을 만들었는데 길이가 6치 3푼이며, 북쪽에 기둥을 세우고 부(趺)의 남쪽에 못을 파고 십자(十字)를 부의 북쪽에 그려놓고, 기둥 머리에 추(錘)를 달아서 십자와 서로 맞으면 반드시 물로 고르게 하지 않아도 자연히 평평하고 바르게 되게 하였다. 백각(百刻)을 작은 바퀴에 그렸는데, 바퀴의 직경은 3치 2푼이며, 자루가 있어 비스듬히 기둥을 꿰고, 바퀴의 중심에 구멍이 있는데, 한 가닥의 가는 선을 꿰어 위로 기둥 끝에 매고 아래로 부(趺)의 남쪽에 매어, 선의 그림자가 있는 곳으로 시각을 알게 하였다.

구름 낀 날에는 때를 알기 어려우므로 행루(行漏)를 만들었는데, 형체도 작고 제도도 간략하니, 물을 뿌리는 병과 물을 받는 병이 각각 하나요, 굽은 통으로 쏟으며, 물을 바꿔 넣는 시기는 자(子)·오(午)·묘(卯)·유(酉)시를 이용하게 되어 있다.

소정시의(小定時儀)·현주(懸珠)·행루(行漏)는 각각 몇 건을 만들어 나눠서 두 경계선에 내주고, 나머지는 서운관(書雲觀)에 있다. 또 마상(馬上)에서도 때를 몰라서는 안되기 때문에 천평일구(天平日晷)를 만들었는데, 그 제도는 현주일구(懸珠日晷)와 대략 같으며, 오직 못을 남북으로 파고, 기둥을 부심(趺心)에 세우고 노끈으로 기둥머리를 꿰어, 이것을 들면 남쪽을 가리키게 한 것만이 다르다. 하늘을 중험하여 때를 알고자 하는 자는 반드시 정남침(定南針)을 사용하지만, 그러나 인위(人爲)적인 것을 면치 못하므로 정남일구(定南日晷)를 만들었으니, 대개 정남침(定南針)을 쓰지 아니하여도 남과 북이 저절로 정해지기 때문이다. 부(趺)의 길이는 1자 2치 5푼이고, 두 머리의 넓이는 4치, 길이는 2치이고, 허리 넓이는 1치이고 길이는 8치 5푼이며, 중간에 둥근 못이 있어 직경은 2치 6푼이고, 물 나가는 골이 있어 두 머리로 통하여 기둥 곁에 고리처럼 두르고, 북주(北柱)는 길이가 1자 1치이고, 남주(南柱)는 길이가 5치 9푼이고, 북주의 1치 10푼 아래와 남주의 3치 8푼 아래에 각각 축(軸)을 두어 사유환(四游環)을 받게 하였는데, 환은 동서로 운전하며 반주천도(半周天度)를 새겼다. 도(度)는 네 등분을 하여 북의 16도에서 167도에 이르기까지는 속이 비어 쌍환(雙環)의 모양과 같으며, 나머지는 전환(全環)이 된다. 안으로 한 획을 중심에 새기고, 밑바닥에는 모난 구멍이 있으며, 횡으로 직거(直距)를 설치하였는데, 거(距)의 한복판은 6치 7푼이며, 속을 비게 하여 규형(窺衡)을 갖게 하였다. 형(衡)은 위로 쌍환을 꿰고, 아래로 전환에 임하여 남과 북으로 높고 낮으며, 평평하게 지평환(地平環)을 설치하되, 남주의 머리와 더불어 가지런하게 하여 하지(夏至)의 해가 들고 나는 시각을 고르게 하고, 횡으로 반환(半環)을 지평환(地平環) 아래에 설치하여 안으로 주각(晝刻)을 나누어 모난 구멍에 해당하게 하였다. 부(趺)의 북에 십자(十字)를 그려놓고 추(錘)를 북축(北軸)의 끝에 달아서 십자와 더불어 서로 맞게 하니 역시 평평함을 취한 것이요, 규형(窺衡)을 이용하여 매일 태양이 극한 도분(度分)에 가서 뚫고 들어오는 해그림자가 정히 둥근 때가 되었을 때 곧 모난 구멍에 의거하여 반환(半環)의 각을 굽어보면 자연히 남쪽이 정해져서 때를 알게 된다. 기구가 무릇 열다섯인데 구리로 만든 것이 열이다. 수년이 지나서 완성을 고하니, 실로 무오년 봄이었다. 유사가 시종을 기록하여 장래에 명시할 것을 청하므로, 이에 신이 그 설계에 참여했다 하여 신에게 명하여 그 사실을 기록하게 하였다.(후략)

—《동문선》제82권 기(記)

*민족문화추진회 번역본 참조.

《칠정산》과 3인의 학자

이은성 · 유경로 · 현정준 1973년 한국 천문학사서 연구에 기념비적인 일이 이루어졌다. 한국 천문학사의 최고 역작인 《칠정산내외편》의 번역이 완료된 것이다. 너무나 난해한 내용이어서 많은 사람들이 감히 범접하지 못하던 저작이 이은성, 유경로, 현정준 3인의 천문학사 연구자들 덕에 다시 한 번 세상에 선을 보였다. 이은성(1915~1986)은 도쿄대학 물리학과 출신으로 한국 최초의 《천문학개론》(1962)을 펴냈고, 역작 《한국의 책력(冊曆)》(1977~78)을 저술했다. 유경로(1917~1997)는 1936년 경성사범학교를 졸업했으며 1955년 서울대에 천문학 강의를 개설했고, 1959년 지구과학과를 창설했다. 이후 《증보문헌비고상위고주석 增補文獻備考上衛考註釋》에 참여했고, 《제가역상집》, 《천문류초》, 《서운관지》 등 여러 천문학 고전들을 해제했다. 현정준(1927~)은 1948년 서울대 물리학과를 졸업한 후 《칠정산》 번역에 참여했다. 저서로 《별, 은하, 우주》, 《현대과학의 제문제》 등이 있고, 최근에는 호킹의 《시간의 역사》, 칼 세이건의 《창백한 푸른 점》 등을 우리말로 옮겼다. 3인 모두 한국천문학사의 개척자임과 동시에, 그들의 탐구 자세와 놀라운 협동 작업은 후학의 귀감이 될 만하다.

최한기는 왜 서양과학을 배웠을까?

최한기가 "우리 오관으로 바른 기가 통해야
나라꼴이 바로 잡힌다." 고 말한 것은,
신기가 통하는 것이 천하를 평화롭게 하는 준적,
즉 기준이기 때문이다.
그는 19세기 조선 사회가 안고 있던
고질적인 폐쇄성과 고착성을 극복하는 방법으로
기학을 제창했다.

혜강 최한기(崔漢綺·1803~1877)는 독특한 기학(氣學)을 창시했다. 그의 기학은 우주, 사회, 인체가 하나로 관통하는 기(氣) 일원론으로, 우주의 기를 소통함으로써 사해의 인류가 하나 되는 세계를 꿈꾸었다.

조선시대 학자들 가운데 최한기만큼 현대에 와서 관심을 두루 받고 있는 이는 별로 없다. 다산 정약용 정도가 그에 필적한다고 말할 수 있을 것이다. 다산과 달리 사후 100년 정도 묻혀 있던 최한기가 '혜강' 이라는 이름으로 부활한 까닭은 무엇일까?

철학자 박종홍은 일찍이 그에게서 근대의 경험주의를 읽어냈다. 혜강이 몸의 다섯 가지 감각기관을 적극 활용해서 참된 지식을 얻어내야 한다고 역설했다. 북한의 한 학자는 그의 세계관에서 유물론을 발견했다. 혜강이 관념적인 신을 배격하고 형태가 있고 측정될 수 있는 세계를 탐구 대상으로 삼아야 한다고 하지 않았던가. 과학사학자 박성래는 그의 저작에서 뉴턴의 중력개념과 근대화학의 원소설을 발견하고 깜짝 놀랐다. 또한 도올 김용옥은 그의 기학에서 오늘날 우리가 배워야 할 자세가 있음을 간파했다. 혜강은 자연의 법칙을 승순(承順)하는 인간의 실천을 주장했다.

최한기는 칠십 평생을 거의 저술에 뜻을 두었다고 할 수 있을 만큼 많은 저작을 남겼다. 이 책들은 성격에 따라 세 가지로 나눌 수 있다. 첫째, 순수한 과학 전문서적의 성격을 띤 책으로 《농정회요》, 《의상리수》, 《육해법》, 《심기도설》, 《습산진벌》, 《지구전요》, 《신기천험》, 《성기운화》 등을 들 수 있다. 둘째, 자연, 사회, 정치 등 그의 독특한 사상이 혼용되어 나오는 책으로 《기측체의》, 《우주책》, 《기학》, 《인정》 등이 있다. 그중 《기측체의》와 《우주책》, 《기학》 등에는 이른바 '자연과학적' 세계관이 짙게 드러나 있고, 《인정》은 이를 바탕에 깔면서도 주로 정사에 관한 논의로 일관한다. 셋째, 군주의 정사에 귀감이 될 수 있는 내용을 편찬한 《소차류찬》, 《강관론》 등의 책에는 그의 "기학" 체계가 크게 드러나 있지 않다.

최한기의 저작 가운데 자연과학 전문서들을 분야별로 살펴보면 두 가지 흥미로운 점이 발견된다. 먼저 《의상리수》와 《성기운화》는 우주론·천문학과 관련이 있고, 《지구전요》는 지구과학을 다뤘으며, 《신기천험》은 사람의 몸과 의학을 다뤘다. 이를 함께 본다면 최한기의 목적이 '천·지·인'을 아우르는 사상체계의 확립이었음을 짐작할 수 있다. 둘째로 《농정회요》, 《육해법》, 《심기도설》은 모두 기술과 기기에 관련된 내용을 담고 있다. 《농정회요》는 농업기술, 《육해법》은 수리관개기술, 《심기도설》은 서양인이 중국에 전한 기술 전반에 대한 관심을 정리했다.

최한기가 학습한 서양과학은 그의 기학(氣學)을 완성하는 데 몇 가지 측면에서 크게 기여했다. 먼저 그는 천문학·지리학·의학·수학·박물학·기계학 등에 관한 구체적 지식을 익혔는데, 그 지식은 그의 유형(有形)·유질(有質)·유측(有測)을 특징으로 하는 기학적 세계관을 확립하는 데 도움이 됐다. 두 번째로 그는 선학 및 후학과의 협동연구를 통해 지식의 축적이 가능하다는 학문진보의 사상을 굳혔다. 마지막으로 그는 서양과학의 학습을 통해 기계의 효율성이 곧 수학에 기초한다는 인식을 갖게 되었다.

이처럼 실제로 근대과학이 통째로 담겨 있는 최한기의 저작에서는 홍대용이나 정약용의 인식보다 한걸음 더 나아가 과학적 방법론이 엿보인다.

최한기의 저작에 한계가 있는 것도 사실이다. 그의 서양과학 읽기에는 수많은 오독이

최한기의 주요 저서

혜강 최한기가 평생 번역하거나 지은 책이 무려 1000여 권에 이른다고 전해지지만, 현재 남아 있는 책은 20여 종 120여 권으로 《명남루전집》 3권으로 모아져 있다.

분류	이름	펴낸 해	내용
자신의 독특한 기학을 혼용시킨 과학서	농정회요	1834년 이전	종합농업기술서
	의상리수	1839년	천문현상을 수학적으로 해명함
	육해법	1834년	농업 관개시설의 종류와 제작 및 사용법
	심기도설	1842년	농업기계에 관한 도해서
	습산진벌	1850년	가감승제를 다룬 산학서(우주의 수리적 내용을 다룸. 궁극적 하늘의 점주에 포함됨)
	지구전요	1857년	세계 각국의 지리, 역사, 학문을 비록해 코페르니 쿠스 지동설 등의 서양과학 소개
	신기천험	1866년	서양의 의학지식과 약학내용 소개
	성기운화	1866년	영국의 천문학자 허셸의 책 번역본 《담천》을 번안한 책으로 서양의 천문학을 소개함
과학 이외에 자연, 사회, 정치 등에 대한 자신의 독특한 철학을 혼용시킨 책	기측체의	1836년	기의 원론을 논한 시기통 3권과 기의 운용을 논한 추측록 6권을 합친책
	우주책	연도미상	사해의 여러 서적을 취합한 최한기의 대표작이지만 현재 전하지 않음
	기학	1857년	자신의 기학사상과 철학을 집대성한 책
	인정	1860년	최한기의 정치철학을 압축한 책 (《명남루전집》 해저에는 《인정》을 1860년에 짓고, 《신기천험》을 1866년에 발간했다고 되어 있지만 《인정》에 《신기천험》을 언급한 부분이 있음)
기학사상이 드러나지 않은 책	소찬유찬	1850년	군주의 정사에 귀감이 될 만한 명사들의 구절을 엮은 책
	강관론	1840년	옛 강관들의 미담, 충언에 자신의 의견을 붙여 만든 책

포함되었다. 그는 과학의 열린 정신을 무시하고 자신이 주장하는 기학(氣學)의 도그마를 정당화하는 데 서양의 근대과학을 이용했다는 비난을 면할 수 없다. 또한 사해동포의 하나됨을 주창했지만, 총칼을 앞세우고 밀려드는 서양의 제국주의를 너무 단순하게 파악했다. 달리 말해, 그의 사상은 긴박한 19세기 후반의 조선사회를 이끌기에는 너무 현실성이 결여되어 있었으며, 실제로 추종자도 만들어내지 못했다.

그의 사상이 세간의 관심을 끌기까지 사후 100년의 세월을 기다려야 했다. 오늘날 우리의 눈으로 볼 때, 동아시아 3국에서 최한기만큼 동과 서의 학문을 깊은 수준으로 융합시킨 사상가는 보기 힘들다. 동서 학문의 융합은 오늘날에도 여전히 진정한 시대적 과제이다. 우리가 백수십 년 전 최한기가 취했던 몸짓을 되새기는 까닭이 여기에 있다.

일반 대중이 최한기를 만날 수 있는 가장 빠른 통로는 영화 〈취화선〉이다. 〈취화선〉은 조선 말 천재 화가 장승업의 일대기를 영화화한 작품으로, 2002년 칸 영화제에서 감독상을 수상하는 등 국내외에서 호평을 받았다. 이 영화에 등장하는 최한기의 모습은 어디까지가 진실이고, 어디까지가 허구일까? 먼저 영화 초반부에 장승업을 데려다 키운 김병문과 몇몇 선비들이 대화를 나누는 장면을 살펴보자.

1 김병문과 선비들이 모여 있는 장면
2 한 선비가 김병문에게 《기측체의》를 선물한다.
3 《신기통》 2책과 《추측론》 3책으로 이루어진 《기측체의》의 모습.
4 책을 다시 싸며 동지들과 함께 보겠다고 말하는 김병문

선비 1 연경에서 사왔습니다.

김병문 《기측체의》라······.

선비 1 알고 보니 이 땅의 숨은 선비, 혜강 선생의 대작이 아니었겠소. 우리나라 학자의 사상이 이 땅에서 천대받고 오히려 남의 나라 연경에서 빛을 발하다니, 참 서글픈 일이오.

김병문 그래 이 책에선 뭔 말씀을 하시던가요?

선비 1 신기통(神氣通)을 말합니다. 신기통이란 우리 오관으로 바른 기가 통해야 나라꼴이 바로 잡힌다는 얘깁니다.

김병문 이단으로 몰릴 테니 이 조선 땅에선 상주할 수 없겠구려.

선비 2 바로 그 점이 조선의 망국의 병폐지요.

선비 3 문무 양반치자들이 빨리 대세 문화에 눈을 떠야 할 텐데요. 참으로 답답합니다.

김병문 이 귀한 선물, 개화의 뜻을 가진 동지들과 돌려가며 보겠소. 고맙소.

영화에 등장하는 김병문은 실제로는 존재하지 않았던 허구 인물이지만, 조선 말 개화의식을 지녔던 선비의 일반적인 모습으로 볼 수 있을 것이다. 그와 마찬가지로 개화에 뜻을 품은 몇몇 선비가 모인 자리에서, 한 선비가 김병문에게 "이 땅의 숨은 선비" 최한기의 《기측체의》를 선물한다. 선비는 《기측체의》가 이 땅에선 천대받고 연경에선 빛을 발했다고 했다. 이에 김병문은 그 책을 받아들고 "이단으로 몰릴 테니 조선 땅에 상주할 수 없겠다. 개화에 뜻을 가진 동지들과 돌려가며 보겠다"고 대답했다.

이 대목에서 세 가지 의문점을 제기할 수 있다. 먼저 최한기는 국내에 전혀 알려지지 않았던 인물이었을까? 두 번째로 최한기가 중국에서 책을 낸 것은 그의 학문이 이 땅의 정치, 사상 풍토에서 받아들여지기 힘들었기 때문일까? 마지막으로 "우리 오관으로 바른 기가 통해야 나라 꼴이 바로 잡힌다"는 말은 사실에 근거한 것일까?

먼저 위의 선비의 말처럼 최한기는 당대 조선에서 무명의 인물은 아니었다. 또한 김정호와 교분이 깊어 그의 저작인 《청구도》의 서문을 직접 짓기도 했으며, 《대동여지도》 편찬에도 기여했다. 김정호의 지도 제작과 관련된 그의 행적을 보면, 그는 병조판서 신헌 같은 실력자와 교류하고 있었음을 알 수 있다. 그랬던 그가 조선 땅에서 완전히 잊혀진 것은 사후 50년 동안의 일이다.

두 번째로 최한기가 중국에서 책을 낸 이유가 꼭 조선이 그의 학문을 천대했기 때문이었을까? 오히려 자신의 웅지를 천하에 펼쳐보기 위해서였을지 모른다. 당시의 연경, 곧 북경은 동아시아 경제, 문화의 중심지이자 동서양 문물의 집합지로서 첨단 사상들이 봇물처럼 쏟아져 나오던 지식의 향연장이었다. 그 연경의 인화당이란 곳에서 최한기의 《기측체의》가 출간되었다. 당시 조선 사람의 저작이 북경에서 출간된다는 것은 흔한 일이 아니었다. 《동의보감》 정도의 책이 있었을 뿐이다. 한형조는 저서 《혜강이라는 낯선 이름》에서 북경에서 책을 내는 일은 율곡이나 퇴계도 경험해보지 못한 것이라고 설명한다.

그런 점에서 북경은 이 땅에서 천대받던 최한기가 설 곳을 찾지 못해 부득이 선택한 공간이 아니었다. 그는 동서고금을 막론하고 최고의 지식인들이 집결했던 지식의 중심지, 북경에서 자신의 기학을 펼쳐 보이고자 했던 것이다. 실제로 최한기는 저술 곳곳에서 "전대미문의 것을 밝혔다"며 세계 여러 학자들과 기학을 공유하고자 하는 소망을 드러냈다. "패동(浿東; 조선) 최한기"라는 저자 이름에서도 중국 학자들에게 주눅 들고 단순히 '학문 수입국' 정도로만 여겨지던 조선에도 이 정도의 학식을 갖춘 선비가 있음을 드러내려는 강한 자부심을 엿볼 수

있다.^{주1}

마지막으로, 최한기가 《기측체의》에서 '신기통', 즉 "우리 오관으로 바른 기가 통해야 나라꼴이 바로 잡힌다"고 말했는지 알아보자. 〈신기통〉 서문에 "외부의 기가 오관으로 통해야만 신기(神氣)의 용(用)이 된다"는 말이 나온다. 더 나아가 신기의 활용을 통해 나라를 바로잡는다는 구체적 주장이 〈신기통〉의 '체통' 부분에 등장한다.

천하의 모든 사람이 실천할 수 있는 도리로 신기를 통하면 이는 신기의 준적이 되고, 천하의 모든 사람이 통행하여야 할 도리로 수신(修身)하면 이는 수신의 준적이 되고, 천하의 사람이 통행하여야 할 도리로 제가(齊家)하면 이는 제가하는 것의 준적이 되고, 만국(萬國)에 통행하여야 할 도리로 나라를 다스리면 이는 나라를 다스리는 준적이 되고, 천하를 포용하는 인의(仁義)와 윤강(倫綱)의 영원불멸하는 가르침으로 미혹되고 악한 자를 인도하고 변화시켜 천하의 백성을 편안하게 하는 것은 천하를 평화롭게 하는 준적이 된다.

위에서 보듯 최한기가 "우리 오관으로 바른 기가 통해야 나라꼴이 바로 잡힌다"고 말한 것은, 신기가 통하는 것이 천하를 평화롭게 하는 준적, 즉 기준이기 때문이다. 그는 19세기 조선 사회가 안고 있던 고질적인 폐쇄성과 고착성을 극복하는 방법으로 기학을 제창했다. 구체적으로 각 개인이 지니고 있는 오관의 기를 바로 통하게 함으로써 사회 계층 간의 상호 이해와 교류, 외국과의 능동적이고 적극적인 교류 등을 실천해낼 수 있다고 본 것이다.

우리의 과학과 수학 해끼 2

　일찍이 최남선은 우리나라의 최대 저술로 최한기의 《명남루집》 1000권을 꼽
았다. 최한기는 1999년 4월, 문화관광부가 선정한 '이달의 문화 인물'이다. 또
2002년 1월부터 도올 김용옥이 진행했던 〈MBC〉 라디오 프로그램 "우리는 누구
인가"에서 여러 차례 소개되면서 대중에게 널리 알려졌다. 또 우리는 이번 한국
과학사수업에서 최한기에 대해 "당시 동아시아에서 혜강만큼 전통 학문과 첨단
서양과학을 두루 폭넓게 섭렵한 인물은 없었으며, 동양과 서양이라는 이질적인
두 문화의 조화를 시도했다는 점에서 높이 평가할 만하다"고 배웠다.

　이제 베일에 쌓인 비운의 천재 학자를 직접 만나볼 시간이다. 혜강 최한기는
순조 3년(1803) 아버지 최치현과 어머니 청주 한씨의 독자로 태어났다. 어렸을 때
아버지가 일찍 돌아가신 후 그는 큰집의 양자로 들어가게 된다. 그의 집안은 본

《신기천험》의 원작인 홉슨의 《전체신론》(1851)에 실린 그림들. 최한기는 이 그림을 자신의 책에 싣지 않았다. 왼쪽부터 정면인골도,
심장도, 뇌가 지배하는 신경계. 서울대학교 규장각 소장

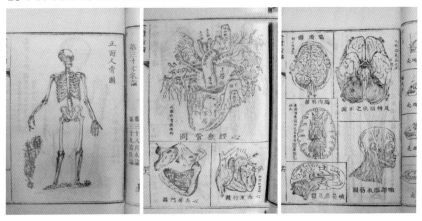

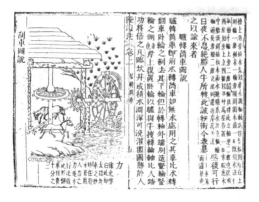

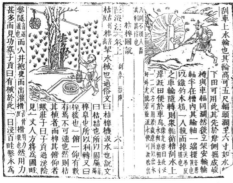

《육해법》속의 물을 끌어 올리는 수리기구인 녹로통차도설(위). 《육해법》속의 물을 끌어 올리는 수리기구인 기도설.

래 양반이기는 했지만, 직계 조상 중 높은 관직에 오른 사람이 거의 없는 평범한 가문이었다. 증조할아버지가 무관이 되면서 가문이 힘을 얻는 듯 했으나 그다지 크게 성공하지는 못했고, 최한기 자신도 거의 평생을 생원이라는 변변치 못한 양반으로 지냈다. 생부와 양부 모두 학문을 가까이 했기 때문에 최한기는 자연스럽게 어려서부터 책읽기를 좋아했다. 그는 책을 읽다가 심오한 뜻을 만나면 오랫동안 생각하다가 스스로 이해하고 연구했다고 하니 상당히 사색적이고 탐구적인 성격이었던 듯하다.

주요 업적을 살펴보면, 먼저 천문학과 지리학 분야에서 지구의 자전과 공전을 내세운 코페르니쿠스의 지동설을 비롯하여 세계 각국의 지리, 역사, 학문 등을 책에 담았다. 특히 영국의 유명한 천문학자 허셜의 책에 담긴 뉴턴의 만유인력에 관한 내용이 국내 책자에 실린 것은 최한기의 《성기운화》가 처음이었다. 화학 분야를 보면, 근대 원소의 개념이 최한기의 《신기천험》에 최초로 실렸으며,

의학 분야에서도 중국에 온 선교사 홉슨이 한역한 서양의 근대해부, 생리학, 약리학 등이 《신기천험》에 실렸다.

그 밖에 최한기는 중국의 《수시통고》와 조선의 《증보산림경제》 등에 실린 농학 지식을 《농정회요》에서 집대성했고, 물건을 들어 올리고 물을 퍼내는 따위의 기계를 대상으로 한 한역본 서양 기술서인 《태서기기도설》(1627)의 내용을 《육해법》과 《심기도설》에서 깊이 탐구했으며, 그것을 바탕으로 물 퍼내는 기계를 직접 설계하기도 했다. 한마디로 최한기는 1830년대부터 1870년대까지 이 땅에서 서양의 과학기술을 읽는 데 가장 열성적인 학자였다.

그렇지만 여러 서양 과학기술 분야의 지식 자체를 습득하는 일이 그의 궁극적 관심사는 아니었다. 그는 동서양 학문의 일통(一統), 즉 학문의 통합을 추구했다. 이런 학문을 그는 '기학(氣學)'이라 불렀다. 기학의 요체는 "우주 삼라만상이 '기(氣)'로 구성되어 있고, 같은 기를 가진 존재끼리 상호 소통할 수 있으며, 서로 다른 지역의 인간들이 그런 소통을 통해 더 나은 세상을 만들어나갈 수 있다"는 것이다. 이 명제에 정당성을 부여하기 위해 그는 평생 공부하는 자세로 서양 과학기술의 객관성과 효용성을 탐구하는 데 노력을 아끼지 않았다.

"모든 것은 기(氣)로 통한다"

최한기가 살았던 당시 조선에서는 성리학이 유행하고 있었다. 최한기는 성리학에서 말하는 기에 관한 논의를 전부 그대로 받아들이지는 않았지만, 우주 만물이 이(理)와 기(氣)로 이루어져 있다고 보는 전통적인 성리학의 이기론의 틀은 그대로 받아들였다. 하지만 이와 기를 독립적인 존재로 보는 일부 성리학 전통과 달리, 최한기의 기학에서는 모든 것은 기와 질(質)로 이루어져 있고, 질 또한 기

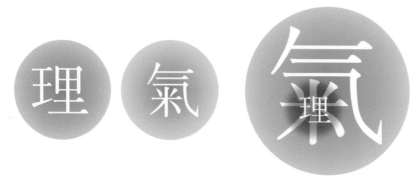

성리학에서 말하는 理/氣의 대등한 관계(왼쪽)와 최한기가 생각했던 理/氣의 관계.

가 뭉쳐서 된 것이며 이는 단지 기의 속성일 뿐이라고 설명했다.

성리학과 기학에서 말하는 이와 기의 차이점을 간단히 도표로 표현하면 다음과 같다.

최한기의 기학에서는 이처럼 기를 매우 중시한다. 기가 전체의 바탕이라면 이는 단지 기의 속성을 구별하는 수단일 뿐이다. 그렇지만 이 역시 중요한 개념 가운데 하나다. 최한기는 이를 네 가지 속성으로 나누어 파악했다. 활(活; 활발함), 동(動; 움직임), 운(運; 순환), 화(化; 변화)가 그것이다. 이 네 가지 속성에 따라 기도 다시 구분된다.[주2]

기학에 따르면 세상의 모든 기는 규모에 따라 크게 세 가지 흐름을 가지고 있다. 구체적으로 우주 전체를 움직이는 천지운화(天地運化), 인간의 사회를 움직이는 통민운화(通民運化), 그리고 인간 개개인의 몸을 움직이는 일신운화(一身運化)이다. 천지운화와 일신운화는 자연과 인간을 대상으로 하므로 자연과학과 관련이 깊다. 통민운화는 인간들 사이에서 나타나는 현상이 그 대상이므로 인문사회과학과 관련이 깊다.

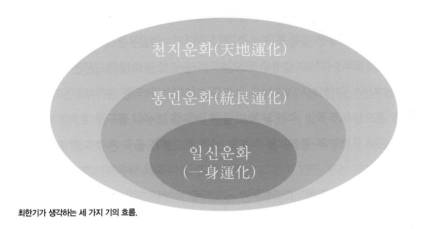

천지운화(天地運化)

통민운화(統民運化)

일신운화
(一身運化)

최한기가 생각하는 세 가지 기의 흐름.

기학과 서양 자연과학의 만남

최한기는 기학을 정치, 윤리와 같은 학문 영역에는 물론 서양에서 들어온 새로운 학문, 즉 우리가 말하는 지금의 '과학'에도 접목시켰다. 그럼 과학의 각 분야에 기학을 어떻게 접목시켰는지 알아보자.

먼저 수학이다. 사실 수학에 기학을 접목시킨 부분은 많지 않다. 오히려 "수학을 형이상학적 대상으로 생각하고 산목(算木)과 같은 옛날 산술 방식을 고집하는 모습"[주3]을 보이기도 한다. 하지만 최한기는 방법론이라는 측면에서 수학이 다른 학문의 바탕이 된다고 생각했다. 《습산진벌習算津筏》에 나오는 그의 표현을 빌리면 "기(氣)의 결정체가 수(數)이고, 수를 통해 기를 측량할 수 있다." 여기서 그가 수학을 자연 탐구의 도구로 봤다는 것을 알 수 있다. 이런 인식은 현대 자연과학에서 말하는 수학의 구실과 비슷하다.

그렇다면 최한기 안에서 물리학과 기학은 어떻게 만나고 있을까? 《성기운화》 권1의 〈지기수〉를 보면 최한기는 물리학에서 다뤄지는 중요한 개념인 빛의 굴

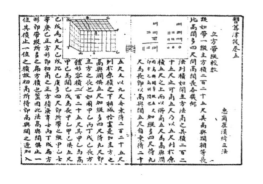

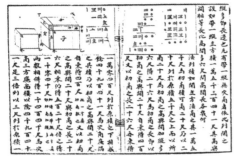

《습산진벌》(권5) 중 부피 구하는 법. 《명남루총》 2권 60쪽.

절, 소리, 온도, 전기 등을 기(氣)를 통해 설명했다. 그가 볼 때 빛의 굴절, 소리에서의 기는 공기와 비슷한 개념이었다. 그는 공기와 물을 감싸는 기 때문에 빛과 소리가 굴절한다고 파악했다. 이는 현대의 자연과학에서 공기와 물에서 빛의 경로에 차이가 나기 때문에 굴절 현상이 일어난다고 보는 것과 같은 맥락이다. 온도와 전기에서 기는 물질과 비슷한 개념으로 이해된다. 최한기는 기가 모이면 온도가 높아지며, 기에 인력과 척력이 있는 이유는 기가 전기와 비슷하기 때문이라고 말했다.

최한기의 기학은 지리학에서도 찾아볼 수 있다. 그는 인간과 자연 사이에 일어나는 흐름 역시 기로 설명했다. 세상의 모든 것은 기로 이루어져 있다. 강, 바람, 인간, 물질 또한 기로 이루어져 있다. 이들 사이에 기가 순환하여 역사, 문자, 의식, 농상공, 궁성(여기서는 지역쯤으로 해석할 수 있다)이 나타나게 된다. 이 흐름이 순조롭지 못할 때 형벌, 귀신, 역병이 발생한다는 것이다.[주4] 그럴 듯하게 들리기도 하고, 엉뚱하게 들리기도 한다. 이렇듯 열정적으로 기의 지리학에 관심을 두었던 의도는 과연 무엇이었을까? 최한기가 궁극적으로 말하고자 한 것은 자연의 흐름, 즉 기의 흐름을 거스르지 말고 세계의 문명과 교역해야 한다는 게 아니었을까? 만약 최한기의 말대로 서양문물과 교역하여 그들의 문물을 받아들였다면 조선도 일본처럼 큰 성장을 이룰 수 있지 않았을까 하는 미련을 갖게 되는 것은 우리만이 아닐 것이다.

물리학의 한 분야인 천문학에 대해서도 최한기는 많은 것을 말하고 있다. 당시 서양에서도 천문학은 화제를 모으고 있었던 만큼 최한기도 큰 관심을 보였다. 무엇보다 동양에서 바라본 천문과 서양에서 바라본 천문의 관점에 큰 차이가 있었기 때문에 최한기는 많이 고심했던 것 같다. 그는 많은 생각을 한 후 자신의 기학을 발전시켜 《성기운화》의 〈범례〉에서 기륜설(氣輪說)을 제창했다. 기륜설은 모든 천체를 기가 둥글게 감싸고 있고 그로 인해 상호작용이 일어난다는 설인데, 뒤에서 더 자세히 알아보겠다.

의학 분야에서는 한의학과 서양의학의 통합을 주장했다. 최한기는 건강한 상태는 곧 신기(神氣)가 잘 통하는 상태라고 보았다. 《신기천험身機踐驗》 서(序)에서 치료법 중 하나로 신기의 흐름을 원활하게 하는 것을 들었다. 이것을 보면 최한기는 한의학을 옹호한 듯하지만 실제로는 음양오행설(陰陽五行說)을 근거로 하는 한의학을 맹렬히 비판했다. 오행이란 단지 우리 주위에서 자주 볼 수 있는 물건들일 뿐이고, 이것들을 신체 각 장기에 배당시키는 것은 견강부회하다고 생각했기 때문이다.[주5]

한의학 비판과 달리 서양의학의 해부와 생리학에 대해서는 우호적인 입장을 보였다. 《신기천험》을 보면 신체를 기계론적인 관점에서 이해한 최한기는 각 장기의 원래 기능을 회복시키거나, 원래 위치로 돌려놓는 서양의 수술을 매우 긍정적으로 평가했다. 하지만 서양의학의 아쉬운 점도 말했는데, 마땅히 쓸 만한 치료약재가 거의 없다는 점이 그것이다. 이와 함께 그가 참고로 삼은 선교의사 홉

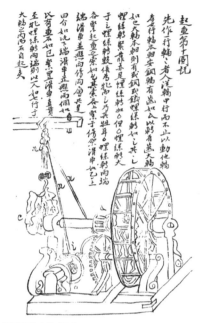

起重第十圖說

先作行軸、者人謹鈎中行而不止以動他鈎
老者行軸本如東銅錦有遠如以以踰有遠大鈎
如之軸大如則有我鋼則鐵螺係軟如之其、し
螺鈎鄂累炭亲是螺係軟如〇俱〇螺係軟大
于之螺係軟數係如勿しも其牡耳〇螺係射向端
念起起之畫之索中乜甚各小常子傍於螺中乙上
綰消舟益懸而情向窘乜畫〇
回有如沈下瑞滑申立懸而個以
以有重如已驚里滑舟直畫
至北鯉係軟向瑞那此人也行于
大輪右陽不自起夫

〈심기도설〉 속의 기중기.

슨의 의학 저술은 많은 부분에서 '신' 또는 '영혼' 의 존재로 생명현 상을 파악하고 있는데, 최한기가 봤을때 이것들은 모두 "그릇된 것" 이었다. 최한기는 '영혼' 이나 '신' 의 자리에 자신의 '기학' 을 옮겨 놓았다.

조선 사회의 경제적 기반이던 농업에도 최한기는 자신의 기학을 적용시켰다. 땅과 관련된 문제인 만큼 농업에 대한 최한기의 인식 은 지리학의 경우와 유사하다. 그 가 생각하는 농업의 중점은 조화 와 균형에 있었다. 농업 역시 기를 기반으로 하는데, 최한기는 자연의 흐름을 거스르지 않아야 많은 곡식을 얻을 수 있다고 보았다. 생물의 종과 환경의 기가 서로 잘 맞아야 하고, 기의 순리에 따라 김매기, 씨앗 뿌리기, 비료 주기를 하면 많은 소득을 얻을 수 있다는 것이 그의 생각이었다.[주6] 그는 농사를 몸을 기르는 것에 비유했다. 기의 흐름만 잘 따르면 뭐든 잘 된다는 것이었다. 그는 단순한 경험 농법이 아니라 자연의 객관적 지식 을 잘 파악해 농업 경영을 할 것을 주장했다.

마지막으로 기계학과 기학의 조화에 대해 살펴보자. 그는 기계 또한 기의 흐 름을 바꿔주는 물체라고 보았기 때문에, 기와 물체 사이의 관계가 원활해야 한다 고 생각했다. 좀더 자세히 말하면 최한기가 생각한 기계학의 핵심은 마음으로 기계를 만들고, 기계의 기술로 인해 재료가 결과물로 바뀐다는 것이다. 그중에서 마음과 기술과 재료는 기의 영역에 속하고, 기계와 결과물은 물체의 영역에 속한다. 최한기는 이들의 상호작용이 잘 이루어지면 좋은 결과물이 탄생하지만, 한 가지라도 흐트러지면 좋은 결과물이 나올 수 없다고 보았다. 이런 생각을 바탕으로 그는 서양의 여러 기계와 도구들을 연구했고, 《심기도설》에 일상생활과 건축에 필요한 많은 기계들을 담아냈다. 그중에는 그가 직접 고안해낸 것도 있고, 서양에서 만들어진 기계들을 소개한 것도 있다.

최 한 기 우 주 론 의 실 체 와 오 류

자연과학 가운데 최한기가 가장 심혈을 기울였던 분야는 천문학이다. 우주에서 인간 사회, 인간의 몸까지 이어지는 기의 운동과 작용인 운화(運化)의 가장 넓은 외연이 우주이기 때문이다. 그는 한역된 서양의 근대 천문학 책들을 읽고 이해한 것을 자신의 책에 소개했다. 그의 책에는 지구의 구형설, 지구의 자전, 중력의 발생, 조석의 발생, 지구의 공전, 사계절의 발생, 타원궤도설, 행성의 순행과 역행, 태양계 지구 내행성의 최대 이각(離角), 망원경을 통해 얻은 천체관측 현상 등 많은 내용이 담겨 있다. 최한기 이전 홍대용(1731~1783)의 《담헌서》에서는 볼 수 없는 굵직굵직한 내용이 대부분이다.

최한기는 단순히 내용을 소개하는 데 그치지 않고, 그것을 바탕으로 자신의 천문학적 · 우주론적 사유를 이끌어냈다. 그렇지만 특별한 스승 없이 독학을 했던 그가 이런 내용을 정확히 이해하는 것은 무리였다. 또한 모든 것을 자신의 기학에 꿰맞추려 했기 때문에 자연현상에 대한 오독이 늘어났다.[47] 그런 이유로 결국 국내 최초로 근대 서양천문학을 본격적으로 소개했다는 명성과 함께 그것을

지구전요에 소개된 다양한 설들

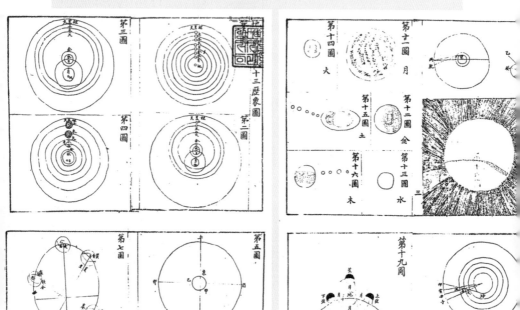

도1) 프톨레마이오스의 지구중심설. 도2) 티코 브라헤의 행성계 모델. 태양은 지구를 돌고, 나머지 행성들은 태양을 돈다. 지구중심설과 태양중심설의 절충 모델. 도3) 메르센느의 절충 모델. 도4) 코페르니쿠스의 태양중심설. 도5) 지구를 중심으로 놓고 보나, 태양을 중심으로 놓고 보나 똑같다. 상대적임. 도6) 타원궤도설. 도7) 지구의 공전과 계절의 발생. 도8) 지구의 반경 차. 이 때문에 행성의 위치가 달리 보인다. 도9) 청몽기 차. 도10) 태양. 도11) 달. 도12) 금성. 도13) 수성. 도14) 화성. 도15) 토성. 도16) 목성. 도17) 태양계의 외행성. 도18) 태양계의 내행성. 도19) 교식.

잘못 이해했다는 비판을 동시에 안게 되었다. 물론 오독을 했다고 해서 최한기의 위대한 사상에 금이 가는 것은 아니다. 데카르트, 괴테, 칸트와 같은 인물들도 오독을 했던 것을 보면, 새로운 것을 발견하는 선구자들에게 오독은 피해갈 수 없는 관문 같은 것이다.

여기서 최한기가 읽었던 근대천문학의 내용과 그것을 바탕으로 어떤 사유를 했는지 자세히 들여다보기 위해 그의 '오독'들을 검토해보자. 우리는 우선 여러 학자의 글에 인용된 내용을 모아 현재 쟁점이 되고 있는 최한기의 천문학적 오독들을 파악했다.[39] 이어서 우리가 알고 있는 과학지식을 가지고 최한기 천문학의 옳고 그름을 따져보았다.

지구 구형설

최한기는 지구 구형설을 주장했는데 그 근거로 월식 때의 지구 그림자가 둥글다는 것과 위도가 높을수록 북극성의 고도도 높아지는 것, 그리고 동쪽으로 갈수록 일출시간이 빨라진다는 것을 들었다. 그리고 엘 카노(스페인의 항해사)가 세계일주를 한 것을 언급함으로써 지구가 둥글다는 사실을 뒷받침했다.

그런데 그가 주장하는 지구 구형설은 서양의 천문학 책을 중국어로 옮겨놓은 《담천談天》의 내용을 그대로 다시 옮겨 적은 것으로 몇 가지 흠이 있었다. 무엇보다 엄밀한 가정(지구는 완전한 구형이다, 태양광선은 평행으로 들어온다, 산의 높이나 산의 거리는 지구의 반지름에 비해 매우 작다)과 전제조건을 거의 대부분 기록하지 않았다. 동양의 책들을 많이 접하던 그로서는 수학적 논리전개가 익숙치 않았을 뿐아니라 여러 가지 가정들이 잡다하게 느껴지고, 다만 지구가 둥글다는 사실을 알리는 것 자체가 중요하다고 생각했을 수 있다.

자전설

　최한기는 달이 높은 곳에 있으면 조수(밀물)가 감소하고, 낮은 곳에 있으면 석수(썰물)가 넘치는 현상과, 높은 곳에 있는 천체일수록 회전 속도가 느리고, 배가 서쪽으로 가기 쉽다는 점이 지구가 자전한다는 증거라고 설명했다. 그러나 우리가 배워 알고 있는 지식은 다르다. 달이 중간 고도에 있을 때는 조석현상이 대칭적으로 일어나지만, 고도가 높거나 낮을 때는 두번의 조석현상 중 한 번은 평소보다 크게 나타나고, 단 한 번은 반대로 작게 나타난다. 게다가 우리나라의 경우는 편서풍지대에 있고, 쿠로시오 해류로 인해 해류가 동쪽으로 흐르고 있기 때문에 서쪽으로 배를 모는 것보다 동쪽으로 모는 편이 더 수월하다. 당시의 뱃사람이라면 이런 사실을 당연히 잘 알고 있었을 것이다. 오늘날 지구의 자전을 완벽하게 증명하는 방법으로 전향력(북반구에서 물체를 던졌을 때, 진행경로가 오른쪽으로 휘는 현상을 일으키는 가짜 힘)의 개념을 쓰는데, 이 개념은 최한기 사후에 밝혀진 사실이다. 어떻게 보면 정확한 지식의 획득 자체가 그의 일차적 관심사는 아니었을 것이다. 세상이 바뀌고 있고 학문이 진보하고 있으므로 지구와 세상을 보는 눈을 바꾸어야 한다는 생각의 확산이 더 중요했을 것이다.

중력의 설명

　기를 이용한 자연현상의 설명은 중력의 발생에서 특히 돋보인다. 여기서도 최한기가 천문현상을 설명할 때마다 사용했던 기륜설이 등장하는데, 기륜설에 따르면 천체는 여러 겹의 기륜이 층을 이루고 있고, 기륜은 천체와 같이 회전하기 때문에 늘 제 위치를 지킨다고 한다. 그는 중력이란 기륜의 섭동으로 두 천체 사이에 인력과 척력이 발생하는 현상이라고 말했다.

　그런데 그의 기륜설에는 몇 가지 억지가 보인다. 그가 저술한 대표적 천문학

서적인 《성기운화》의 토대가 된 《담천》에서는 여러 가지 근거를 들면서 달에는 기가 없다고 했다. 그렇지만 그는 《담천》의 다른 부분에서 관측 장비가 더 발달하면 매우 얇은 대기가 발견될 가능성이 있다는 구절을 발견하고는 "월면무기(月面無氣)"라는 구절을 삭제하고 달에는 매우 얇게나마 기가 있을 것이라고 적었다. 그가 설명한 조석현상이나 달의 공전은 달에 기륜이 있어야만 가능하다. 그렇기 때문에 달에는 기륜이 있어야만 했다. 결국 그는 기학을 유지하기 위해 억지로 모든 현상을 기륜설에 끼워 맞출 수밖에 없었던 것이다.

밀물과 썰물

　　최한기는 조석의 발생 또한 기륜설로 설명했다. 그는 지구와 달에는 모두 기륜이 존재하기 때문에 회전을 하면 기륜도 동시에 회전하게 되며, 그 결과 지구와 달의 기륜이 수렴하는 부분에서는 밀물이 발생하고, 발산하는 부분에서는 썰물이 발생하는 것이라고 파악했다. 이 주장에서도 명백한 오류가 발견된다. 지구의 자전방향과 달의 자전방향(혹은 공전방향)은 반시계 방향으로 같기 때문에 결코 수렴과 발산 현상이 일어날 수 없다. 또한 밀물과 썰물 현상은 지구 전체로 볼 때 직각의 경도에서 발생하는데 기륜으로는 이런 현상을 설명할 수 없다.

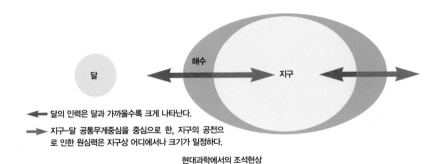

◀── 달의 인력은 달과 가까울수록 크게 나타난다.
──▶ 지구-달 공통무게중심을 중심으로 한, 지구의 공전으로 인한 원심력은 지구상 어디에서나 크기가 일정하다.

현대과학에서의 조석현상

지구 공전설

지구의 공전에 대해 언급한 내용을 구체적으로 살펴보면 태양이 빛나므로 중앙에 있는 것이 합당하며, 사계절이 생기는 이유는 지구가 자전축이 기울어진 상태로 공전하기 때문이라고 했다. 또 지구의 공전에도 불구하고 북극성이 항상 같은 자리에 있는 것처럼 보이는 것은 지구와 북극성 사이의 거리가 매우 멀기 때문이라고 했다.

하지만 최한기가 이해한 지구의 공전은 불완전한 것일 가능성이 높다. 그는 지구의 공전을 완벽하게 증명할 수 있는 방법인 연주시차(지구가 공전궤도 한쪽 끝과 다른 쪽 끝에서 별을 관찰할 때 위치가 달라져 보이는 현상)와 광행차(지구의 공전 때문에 별 빛이 약간 기울어져 들어오는 것처럼 보이는 현상. 비가 올 때 걸어가려면 우산을 약간 앞으로 숙이는 것과 같은 이치)에 대해 언급하지 않았다. 연주시차는 1838년 베셀이 발견했는데 최한기의 《성기운화》(1866)에는 그 사실이 언급돼 있지 않다.

최한기가 제작한 것으로 알려진 지구의.

최한기가 주장한 지구 공전설의 요지는 태양이 가운데 있어 합당하며, 태양이 도는 것 같이 보이는 것은 지구가 돌기 때문에 생기는 상대적인 현상에 불과하다는 것이었다. 오늘날 우리가 볼 때, 최한기는 지구의 공전을 정확히 이해하지 못하면서도 그것을 정설로 받아들인 듯하다. 이는 새

로운 천문학에 대한 정보의 부재, 서양 천문학에 대한 독학 등에서 비롯한다. 최한기가 비록 서양 천문학을 완벽하게 이해하지 못했지만, 우주와 자연에 대한 새로운 학문에 대한 열린 자세는 감탄할 만하다.

타원 궤도설

최한기의 저작에는 케플러가 발견한 행성의 타원 궤도설에 관한 내용도 언급되어 있다. 그는 궤도가 원이 아니라 타원이 된 까닭도 기륜설로 설명하고자 했다. 구체적으로 행성이 완전한 원 궤도를 돌지 않고 타원의 궤도를 도는 이유는 행성 간의 수많은 기륜이 상호작용해서 만유인력의 섭동이 발생하기 때문이라고 보았다. 타원 궤도설 역시 자신의 기륜설을 통해 설명했지만 다른 천문현상과 마찬가지로 직접적인 근거를 대지는 않았다. 결국 그는 기륜이라는 자신의 가설이 옳다는 전제 하에 그것으로 모든 천문현상을 설명했던 것이다.

행성의 겉보기운동과 내행성 최대 이각 현상

최한기의 기륜설은 행성들의 겉보기운동인 순행과 역행, 내행성의 최대 이각 현상을 설명하는 데까지 이른다. 그에 따르면 기륜은 오른쪽에서 끌어당기고, 왼쪽에서는 밀어내는 성질이 있다. 화성의 역행현상이 나타나는 것도 그런 이유 때문인데, 구체적으로 화성이 토성과 목성 사이에 끼게 되면 화성 자체의 기륜에 의해 왼쪽은 밀려나고 오른쪽으로 끌려서 결국 기륜을 피해 궤도를 비틀어 다시 순행한다는 것이다.

지구와 내행성 사이에서 생길 수 있는 최대의 각도, 즉 최대 이각 현상은 태양의 기륜으로 설명되었다. 태양에 가까운 수성이 큰 기륜 때문에 지표면에서 약 24도밖에 못 떠오르는 반면에 금성은 수성보다 태양의 기륜이 약해지는 위치에

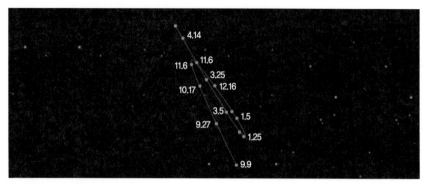

9월에서 4월 사이에 화성이 실제 역행하는 모습.

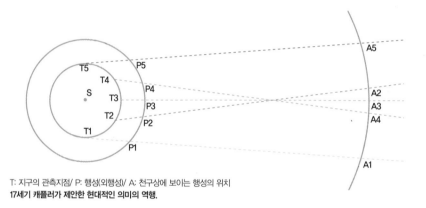

T: 지구의 관측지점/ P: 행성(외행성)/ A: 천구상에 보이는 행성의 위치
17세기 캐플러가 제안한 현대적인 의미의 역행.

기륜으로 인해
밀려남(역행)   다시 순행

토
목   화

관측자   관측자   관측자

최한기가 생각한 화성의 역행. (일러스트레이션 · 조영욱)

있어서 지표면에서 48도 정도 떠오를 수 있다는 것이다.

이 설명에는 치명적인 결함이 있다. 앞에서 최한기는 지구가 공전한다는 사실을 받아들였다. 지구의 공전을 인정하면 겉보기운동(외행성의 역행, 내행성의 최대 이각)은 자연스럽게 증명된다. 그럼에도 최한기는 이런 현상들을 기륜을 통해 설명했다. 왜 그랬을까? 기륜으로 행성의 겉보기운동을 설명하면 결과적으로 그의 기륜설이 잘못되었을 가능성이 더 커지는데 말이다. 그 이유는 최한기 자신이 읽은 자연과학 지식들을 완벽하게 소화하지 못했기 때문이라고 볼 수 있다. 이것은 체계적으로 천문현상을 소개한 책자를 읽지 못한 탓도 있다고 생각된다. 행성의 겉보기운동이 지구의 공전에 의해 발생한 것이라고 알려준 책이 없는 상태에서 혼자서는 그런 결론에 도달할 수 있는 사고를 하지 못한 것이 아닐까?

천문관측에 대한 해석

이 외에도 최한기는 여러 천문 현상을 기를 통해 설명했다. 예를 들어 수성의 표면은 기가 덮고 있어 관측하기 힘들다고 생각했고, 목성의 줄무늬 역시 기의 흐름으로 보았다. 또한 항성은 성운으로부터 태어나며, 성운이 곧 기라고 설명했다.

이처럼 모든 것을 '기'로 설명한 것이야말로 문제였을지 모른다. 일차적으로는 번역 문제 때문에 어쩔 수 없었을 것이다. 당시 서양의 과학서적을 중국어로 옮기면서 새로운 단어를 만들어내지 못할 때 '기'라는 한 글자로 대체하는 경향이 있었다. 이와 함께 자신이 생각했던 기설로도 많은 천문현상들을 충분히 설명할 수 있으리라는 굳은 믿음을 가졌던 듯하다. 그러다 보니 기로 설명하지 않아도 되는 것조차 기로 설명하는 아전인수의 태도까지 보이곤 했다. 우리가 배우기를 과학이란 현상의 원인을 증명해나가야 하는 과정인데, 최한기의 설명 방식은 거꾸로 이미 밝혀진 현상을 기학이라는 틀에 꿰맞추는 형국이었다.

過去를 열쇠로 氣學을 정립하다

우주와 인간을 회통하고자 했던 최한기가 서양 과학지식의 흡수를 통해 끌어낸 것은 단편적인 지식의 옳고 그름의 차원이 아니라, 세상을 이끄는 사상의 모색과 관련된 것이었다. 최한기는 서양의 천문학, 지리학, 물리학, 의학, 기기학 등의 책을 읽고 '절대로 의심할 수 없는' 진리, 즉 세상을 바로 이끌어나갈 수 있는 등불을 밝히고자 했다. 말하자면 우주와 자연세계, 인간 사회와 인간의 몸을 관통하는 기의 소통을 중시하는 기학(氣學)의 확립이었다. 최한기에 따르면 객관적 대상으로서 세계가 존재하고, 그 세계는 기기로 실측될 수 있는 것이었다.

최한기 '기학'의 절대적인 진리성은 그의 학문이 수(數)로서 표시될 수 있는 역수학(歷數學), "이 물(物)의 이치로써 저 물(物)의 이치를 확대해 알 수 있는" 물류학(物類學), 계측기기를 이용해 자연세계의 객관성을 측정할 수 있는 기용학(器用學)에 기반을 두었다는 점에서 찾을 수 있다. 최한기는 이 세 가지를 "기학의 방략(方略)"이라 표현했다. 우주와 사회, 인간을 '기'로 엮으려 했던 것이 전통적인 사유였다면, 그것의 객관성과 효용성을 확보하는 방법은 서양의 과학방법론이었다. 결국 최한기는 서양과학을 통해 자연과 인간, 도덕 일체를 '기'의 작용으로 파악하는 전통적 사유와 그것을 실측할 수 있다는 '객관성의 추구'를 절충했던 것이다.

역수학, 물류학, 기용학으로 이루어지는 세 방략의 내용을 보면 단순한 서양 과학지식 자체의 흡수보다 훨씬 근본적인 '과학방법론'에 관심을 가졌음을 짐작할 수 있다. 그 점에서 최한기 사상의 '근대성'이 부각된다. 즉 세 방략은 사람들에게 물고기를 잡아 바치는 것이 아니라 물고기를 잡는 방법을 알려주는 것에 비유할 수 있다. 물류학에 의해 지식을 계속해서 확충할 수 있으며, 역수학에 의해 세계에 대한 참된 이해에 더욱 가까워질 수 있다. 또한 기용학에 의해 실생활이 나날이 편리해질 수 있다.

최한기의 기학은 막 시작하는 것이었지 완성된 것이 아니었다. 인류는 실측을 통해 객관적인 세계에 대한 많은 지식을 계속 축적해왔지만 앞으로도 밝혀내야 할 것들은 무수히 많다. 천문학의 발전을 언급한 최한기의 다음 저술에 기학의 '불완전성'과 '발전 가능성'이 잘 드러난다.

상고에는 지구가 움직이지 않는다고 생각하여 책력을 만들 즈음에 혼천(渾天)이 하루에 지구를 한 바퀴씩 돈다고 간주하였고 중고에는 지구가 돈다고 생각해서 책력을 논할 때 경성천(經星天)은 움직이지 않는다고 간주했다. 근고에는 지구가 황도를 따른다고 생각해서 계산을 하고 태양은 우주의 중앙에 위치하고 있다고 여겼다. 그런데 천체의 운행되는 범위가 어찌 이처럼 달라짐이 있었겠는가. 옛날이나 지금이나 배열된 것이 일정하여 변함이 없었겠지만 사람들이 보고 규명해낸 것이 각기 달라서 결과적으로 이 동정(動靜)하고 운전함이 서로 뒤바뀌는 일이 있었던 것이다. 그렇지만 후세인이 절충하고 논박하여 이를 바로잡음에 있어 증명할 만한 실제의 증거가 없었다. 해, 달, 별의 가리움과 일식, 월식, 년, 월, 일의 절후(節候)에 대한 이러저러한 법칙은 능히 그 대략을 계산하여 정할 수는 있으나 만약 분초의 차이라도 생겨난다면 어찌 이러한 것을 가지고 법칙을 세울 수 있을 것인가. 마땅히 후세에 더욱 밝혀지기를 기다려야 할 것이다.

—《기학》, 손병욱 번역본, 여강출판사, 63쪽

이처럼 최한기는 근래에 와서 자연세계에 대한 올바른 지식체계가 알려지게 되었음을 힘주어 말하면서, 그 내용이 완전히 채워진 것이 아니라고 했다. 즉 자연세계와 인간세계에 관한 기학의 세부적인 내용은 앞으로 후학들에 의해서 계속 채워져야 한다는 뜻이다. 그 작업은 방대한 프로젝트이기 때문에 여러 사람이 협력해야만 이루어낼 수 있다.

마지막으로 최한기는 실측으로 밝혀지거나, 또는 밝혀질 수 있는 자연세계의 물질성과 그 법칙을 인간세계에까지 확장하고자 했다. 다시 말해서 자신의 궁극적인 관심사인 '인간세계의 진보'와 '인류의 대동(大同) 협력'이라는 사회관을 정당화하기 위해 인간세계보다 한 차원 높은 자연세계의 물질성과 법칙성을 탐구했던 것이다.

주공(周公)과 공자(孔子)가 백세의 스승이 되는 까닭은 주공과 공자의 존호(尊號)에 있
지 아니함은 물론이고, 또한 용모와 위의나 신채(神彩)에 있지도 아니한데, 하물며 그
들의 거처·동작이나 의복·궁실 또는 살고 있었던 시대에 있겠는가. 이는 진실로 강
기(綱紀)를 세우고 윤리를 밝히며 몸을 닦고 나라를 다스리는 방도에 대하여, 고금(古
今)을 참작하고 문질(文質) 강상(綱常)과 제도문물(制度文物)을 손익(損益; 시대 상황
에 맞도록 조화시키는 것)하여 그 도(道)를 밝히고 그 의(誼)를 바로하여, 후세 사람들
에게 하늘과 사람이 떳떳이 행하는 올바른 도리를 준수할 것을 가르친 데 있으니, 이것
이야말로 그들이 백세의 스승이 되는 까닭이다. 후세에 주공과 공자를 배우는 사람은
오직 참작하고 손익한 것이 무엇인가를 알고 그것을 배워야 할 것이니, 어찌 참작과 손
익이 들어 있지 않는 것을 배우리요.

나라의 제도나 풍속은 고금이 각각 다르고, 역산(曆算; 천문·일력(日曆) 등을 가리킨
다)과 물리(物理)는 후세로 올수록 더욱 밝아졌으니, 주공과 공자가 통달한 대도(大道)
를 배우는 자는 주공과 공자가 남겨준 형적이나 고집스레 지키고 변통하지 않아야 되
겠는가, 아니면 장차 주공과 공자가 통달한 대도를 본받아서 지킬 것은 지키고 변혁할
것은 변혁해야 하겠는가.

대개 천지와 인간 만물의 생성은 모두 기(氣)의 조화(造化)에 말미암는 것인데, 이러한
기에 대해서는 후세로 올수록 열력(閱歷)과 경험으로 점점 밝아졌다. 그러므로 이치를
궁구하는 사람은 준적(準的)이 생겨 분란을 종식시키게 되었고, 수행(修行)하는 사람
은 진량(津梁; 나루와 다리로 수행의 수단을 비유한 것)이 생겨 거의 어그러지고 잘못

155

되는 일이 없게 되었다. 기(氣)의 체(體)를 논하여 신기통(神氣通)을 짓고 기의 용(用)을 밝혀 추측록(推測錄)을 지었는데, 이 두 글은 서로 표리(表裏)가 되는 것이다. 이 기는 사람의 일용(日用)과 상행(常行)에 함육(涵育)되고 발용(發用)하는 것이므로 비록 이 기를 버리고자 해도 버릴 수 없으며, 지식을 발췌(拔萃)하는 것도 이 기를 통달하는 데서 나오지 않는 것이 없다.

기를 논한 글은 여기에서 대략 그 단서를 열어놓았다. 두 글을 합하여 편찬하였는데, 《추측록》이 6권이고 《신기통》이 3권으로 총 9권이다. 이것을 이름 하여 《기측체의氣測體義》라 하였다. 그러면 이 글을 읽는 사람은 주공과 공자의 도를 배우는 데 어떠한 도움이 있겠는가. 주공과 공자의 학문은 실리(實理)를 좇아 지식을 확충하고 이로써 나라를 다스리고 천하를 평화롭게 하는 데 나아가기를 바라는 것이니, 기는 실리의 근본이요 추측은 지식을 확충하는 요법(要法)이다. 그러므로 이 기에 연유하지 아니하면 궁구하는 것이 모두 허망(虛妄)하고 괴탄(怪誕)한 이치이고, 추측에 말미암지 아니하면 안 다는 것이 모두 근거가 없고 증험할 수 없는 말일 뿐이다. 따라서 근고(近古)의 잡학(雜學)이나 이단의 학설은 제거하지 않아도 자연히 제거될 것이다.

정실(精實)은 스스로 확립되며 광명(光明)은 스스로 나타나는 것이라, 고금(古今)을 참작하고 피차(彼此)를 변통함에 있어서 자연히 그 방법이 있게 된다. 예전에 밝혀지지 않았던 것이 간혹 지금에 와서 밝혀지기도 하고, 옛시대에 합당하던 것이 지금 세상에는 어그러져 맞지 않기도 하며, 지금 숭상하는 것이 혹 전보다 못하기도 하고, 지금 분명한 것이 혹 옛사람이 버린 것에서 나오기도 한다. 이것을 들어 주공과 공자의 도를 배우는 데 통하면, 고금이 다를 것이 없고 참작이 충분히 갖추어지며, 몸을 닦고 나라를 다스리는 도리를 궁구하여 밝히면 이로 말미암아 성실(誠實)의 이치가 쉽게 따를 차서를 갖게 되고, 윤강(倫綱)의 상도(常道)가 부식(扶植)될 방법이 있게 된다.

주공과 공자 같은 백세의 스승의 성대한 덕업(德業)은 과연 후세에 밝혀지기를 기다리는 것이 있는지라, 실용(實用)에 도움이 되면 비록 나무하는 초부(樵夫)의 말이라도 취해 쓰는 것이요, 후세에 말한 것이라는 이유로 모두 버려서는 안 된다. 그러나 만약 주공과 공자의 도에 도움이 없는 것이라면 아무리 교묘하고 번드르한 말이라 하여도 취하여 쓸 수 없다.

진실로 학문이 하늘과 사람의 마땅함[天人之宜]이 궁구한 경지에 도달하면 신기와 추측이 기대하지 아니하여도 스스로 이를 것이며, 주공과 공자의 도를 기대하지 않아도 스스로 주공과 공자의 도에 들게 될 것이다.

도광(道光; 청 선종[清宣宗]의 연호) 16년 병신(1836) 맹동(孟冬)에 최한기(崔漢綺)는 쓴다.

―《기측체의》서

*민족문화추진회 번역본 참조

지금에 와서 대기운화를 반복하여 미루어 밝히는 것이 백성을 살리는 민생의 도리에 무슨 보탬이 될 것인가를 생각해보자. 대체(大體)를 말한다면, 근본이 밝혀지지 않았더라도 다만 능히 실행하고 쓸 수는 있으나 어찌 본말(本末)을 통찰하여 수시로 조처함과 같겠는가? 그 다음은 이미 마땅히 준수해야 할 대도(大道)가 있으니 이단(異端)의 잡설(雜說)에 흔들려 뜻을 빼앗기지 않게 된다. 그 다음은 도량(度量)이 넓고 커서 힘써 노력함을 기다리지 않아도 사해동포의 혈맥이 관통하게 된다. 그 다음은 세계가 변화해나갈 앞 뒤의 일을 미리 헤아려서 사후(事後)의 사업을 생전에 이룰 수 있다. 그 다음은 일상생활의 떳떳한 행실이 스스로 법도를 이루어 헛되이 힘을 낭비함이 없이도 뒤를 이을 학자들을 열어주는 바가 있게 된다. 그 다음은 수화기(水火器; 물과 불의 힘을 이용한 기계)를 사용하는 데서 미묘한 작용을 즐거워하고 儀匠(의장; 공계품 등의 색채, 무늬, 모양 등에 대한 고안)의 제작에 독창적인 생각을 내어볼 수 있다. 이상은 그 대강을 뽑아든 것일 뿐, 어찌 그 함축된 것을 다 들 수 있으리오?

—《기학》, 손병욱 역. 여강출판사, 1992, 144쪽

역수학(歷數學)은 지구를 근본으로 삼는다. 지구가 아직 밝혀지지 않았을 때는 역수학 역시 분명하지 못했다. 지구가 점차 밝혀지자 역수 역시 자세해졌다. 사람이 대지 위에서 증험해서 밝히고 시험해서 통하게 해야 할 것은 지구의 역수이다. 해와 달에 대해 높고 낮음, 멀고 가까움, 남과 북, 접근함과 멀어짐, 차고 기움, 일식 월식의 현상 등은 미루어 계산할 수 있지만 아직도 미진한 것이 많다. 토성, 목성, 화성 등에 대해서도 운행의 느리고 빠름, 나타나고 사라지는 시기조차 분별되지 않고 여러 가지 현상들에 대해 갈라진 견해의 차이도 좁혀지기엔 너무 다양하기만 하다. 하물며 경성이야 어떻겠는가? 우주에 꽉 찬 기의 운화하는 신묘한 공효가 여러 별들이 번갈아 운행하는 것으로써 그 작용의 큰 테두리로 삼는다면 비록 계산법에 미진한 점이 있다고 해도 어찌 기의 운화를 따르는 것을 손상케 하겠는가?

물류학(物類學)은 수화(水火), 금석(金石), 곡채(穀菜), 초목, 금수, 곤충 등을 종류에 따라 모으고, 무리에 따라 구분 분류하고, 모양, 색깔, 기미 등을 비교, 측험하는 것뿐만 아니라 적당한 것을 골라서 활용하는 것이다. 여러 종류의 일의 성패와 이해, 인류의 지혜로움과 어리석음, 현명함과 우매함이 조목마다 달라서 일정하지 못한 것도 기화이고, 처음과 끝을 관통하는 것도 역시 기화(氣化)이다. 한쪽의 기화를 참고하여 다른 쪽의 기화를 밝히고 사물의 기화를 미루어 사람의 기화를 헤아리면 저절로 모두를

통합하는 기화가 생길 것이다. 처음에는 물류(物類)의 기화를 밝히고, 끝에 가서는 천지의 기화를 밝힌다.

기용학(器用學)은 사실 기를 쓰고 지키고, 증험하고, 시험하고, 저울질하여 헤아리고, 변통함에서 나온 것이다. 다른 학파가 기는 어떤 방식으로든지 따를 수 없다고 말하는 것과 비교하면 이는 통쾌하게 방략을 제시하고 이용하고 후생(厚生)하는 면이 있다. 어떤 것을 삶거나 볶고 굽는 데는 솥의 화기를 이용하고, 모으고 덜고 담고 싣는 데는 그릇의 담는 기운을 이용한다. 의복과 주택은 외기가 침입하는 것을 막고 안에 품은 기를 지킨다. 음식은 물과 땅의 정기를 불어넣어 주고 오장육부의 혈기를 보충해 준다. 농사기구는 사계절의 기에 따라 각각 다르고 날마다 쓰는 기구는 낮과 밤의 기에 따라 움직이기도 하고 멈추기도 한다. ……열기 조습기(燥濕器) 등은 각각 증험하는 바가 있다. 설수기(물을 끌어 올리는 기구), 생화기(生火器; 불을 피우는 기구) 역시 각자의 기능을 가지고 있다. 의기(儀器; 천체의 운행을 측량하는 기구)로 기의 멀고 가까움, 높고 낮음을 헤아리고 저울로는 기의 가볍고 무거움, 많고 적음을 분별하는 등 이미 많은 종류의 기를 이용하는 방법과 각종 도구의 다양한 제도가 있으니 변화시켜 통달하게 하거나 또는 통달하여 변화시키는 것이 오직 사람에 달려 있다. ……이처럼 기용학은 참으로 기화에 있어 근간이 되니 어찌 공인(工人)이나 장인들의 익힘이라고 소홀히 할 수 있겠는가?

—《기학》, 손병욱 역, 여강출판사, 1992, 195쪽

중국의서와 서양의서는 모두 각 지방의 경험을 통하여 전습된 지 이미 오래되었으나 아직도 밝히지 못한 부분이 있다. 서의(西醫)는 해부를 통해 세부사항을 아는 데 까지 이르러 전체의 맥락 부위를 밝게 밝혔으나, 부위가 밝지 않은 데가 있고, 병의 근원이 분

명치 못하다. 병의 근원이 분명치 못하면 치료법 역시 분명할 수 없다. 병의 근원을 미루어 눈으로 목도할 수 있으면, 치료법이 거의 처방을 얻은 것이다. 이 법과 중국의서의 법을 비교하면, 중국의서는 부위가 망매함이 많고 오행이 혼미를 더하게 한다. 중의(中醫)의 치료법을 서양과 비교하면, 온량보사(溫凉補瀉)가 스스로 토의(土宜)와 재료에 맞는 바가 있어 탕제를 습용한다. 각각 그 연혁이 있으나, 신기운화에 이르러서는 종맥(種脈)으로 인해서 형질을 이루고, 질병이 일어나고 사라지는 것 또한 신기운화로 말미암아서 전이된다. 그러한즉, 중국의서나 서양의서 모두 아직 발명되지 않은 부분이 있다. 이제 전체신론, 내과. 외과, 부영(婦嬰), 의치(醫治)를 취하여 그 맥락에 따라 법을 베풀며, 운화로서 조화토록 하여 한 의서를 지으니 이름 하여 《신기천험》이라 한다.

—《신기천험》서문

최 한 기   연 구 사

최한기 의 사상은 방대하면서도 전통적인 학문과 서양과학을 잘 융합시킨 것이 특징이다. 현대 한국사상사 학계에서 비상한 관심을 가지고 최한기를 연구하는 이유도 그런 이유 때문이다. 최한기 사상의 가치에 주목한 것은 북한학계가 먼저. 1960년에 나온 《조선철학사(상)》에서 저자 정성철은 최한기를 유물론적 사상의 발전에 크게 기여한 인물이라고 평가했다. 남한학계에서는 1965년 박종홍이 〈최한기의 경험주의〉라는 논문을 발표한 이래 그에 대한 관심이 높아졌다. 논문에서 박종홍은 최한기를 "경험을 중시한 근대적 인식론의 주창자"로 높이 평가했다. 누구보다 최한기를 대중에게 널리 알린 사람은 도올 김용옥이다. 그는 '기학을 읽는다' 는 의미의 《독기학설讀氣學說》(1990)이란 책에서 최한기의 사상이 오늘날에 왜 절실한지 풀었다. 이후 그는 신문과 방송 등의 매체에서 최한기 사상의 현대적 가치를 역설했다. 1990년대 이후 소장학자들이 대거 최한기 연구에 참여하면서 한국사상사 연구의 붐이 일었다. 붐을 아울러 한국과학사 쪽에서도 깊이 있는 연구결과가 계속해서 나오고 있다.

우리 과학의 수수께끼 2

주1 안광복, 〈고교독서평설〉 2003년 11월호
주2 이 내용은 권오영의 논문 〈최한기의 기설과 우주관〉(한국학보)의 머리말을 참조했다
주3 김용운, "최한기의 수학과 수리사상", 〈과학사상〉 30호, 1999, 224쪽
주4 이원순, 〈최한기의 세계지리 인식의 역사성〉
주5 여인석, "최한기의 의학", 〈과학사상〉 30호, 152~153쪽
주6 신동원, "최한기의 농학", 〈과학사상〉 30호, 179~180쪽
주7 최한기가 천문학 분야에서 어떤 오독을 했는지는 전용훈의 논문 〈전지주의적 몽상: 최한기가 해석한 서양과학〉(제49회 전국역사학대회 과학사부 발표집)에 자세히 나와 있다
주8 최한기의 천문학에 관한 지식은 위의 논문 외에 권오영의 〈최한기의 기설과 우주론〉(〈한국학보〉 65집, 1991), 《조선말 실학자 최한기의 철학과 사상》(최영진 등저, 철학과현실사, 2000), 박권수의 〈최한기의 천문학 저술과 기륜설〉(〈과학사상〉 30호, 1999) 등에서 얻었다.

풍수지리는 과학인가?

우리는 역사적 고찰을 통해
풍수지리를 기능적으로
이해하려고 한다.
그런 점에서 풍수지리가 집을 짓거나
묘를 쓸 때 있을 수 있는
여러 가지 상황에 대한
가이드라인 구실을 했다는 점에
주목한다.

모든 집에 거의 예외 없이 남쪽으로 큰 창이 나 있는 것은 한국의 독특한 주거문화이다. 엄밀히 말하면 북쪽으로는 큰 창을 내지 않고, 동쪽으로 나 있는 것은 꽤 있으며, 간혹 서쪽으로 나 있는 것도 있다. 이는 한국 근대화의 상징인 서양식 아파트를 비롯해 거의 모든 주택에 적용되는 일반 원리이다.

남향 창은 한국인에겐 너무나 자연스러운 일이어서 하나의 독특한 건축문화임을 깨닫기 힘들다. 그러나 서양의 여러 나라를 가서 북쪽으로 큰 창이 마구 나 있는 건물을 보면 묘한 차이를 느끼게 된다. 중국의 거대한 아파트에서도 낯선 느낌을 받는다. 남쪽뿐 아니라 네 방향 똑같이 큰 창이 나 있기 때문이다.

풍수지리가 언제부터 한국의 건축 문화를 지배하게 되었는지는 단정할 수 없다. 풍수지리에 관한 최초의 기록은 《삼국사기》에 등장하는 탈해이사금(재위 AD 57~80) 이야기다. "탈해이사금은 학문에 깊고 지리(地理)에 밝아 양산 밑에 있는 호공의 집을 바라보고 그 터가 길지(吉地)라고 하여 거짓 꾀어 이를 빼앗아 살았으니 후에 월성이 그곳이었다." 이 글을 보면 땅을 좋은 곳과 나쁜 곳으로 나누는 관념이 잘 드러나 있다.

고려시대에는 풍수지리에 관한 기록이 훨씬 풍부해지는데, 한 가지 공통점은 거시적인 지형을 논하고 있다는 것이다. 즉 큰 절이나 궁궐 터를 찾을 때 풍수를 활용했지만, 어느 지역이 좋다는 차원이지 세세한 건축원리를 설명하진 않는다. 따라서 고려시대에도 미시적인 차원에서 풍수를 활용했는지는 불분명하다. 또 민간에서 얼마만큼 풍수의 원리를 집 건축에 적용했는지 알기 힘들다. "개경의 덕이 쇠했으므로, 평양으로 천도해야 한다"는 묘청의 천도설처럼 고려의 풍수지리는 거시적 측면에서 중시되었다.

그 후 조선시대 들어 풍수지리를 구체적으로 건축에 이용한 예가 다양한 사료에 등장한다. 대표적인 것이 홍만선(1643~1715)의 《산림경제》다. 이 책은 사대부가 벼슬에서 손을 뗀.후 시골로 가서 살 때 꼭 필요한 것들을 가려 모은 것이다. 예컨대 건강관리를 어떻게 하고, 어떤 농사를 짓고, 밭을 어떻게 관리할 것인가 등의 정보를 담고 있다. 더불어 이보다 먼저 언급하는 것이 집을 어떻게 지어야 하는가이다. 마루는 어떻게 내고, 방은 어떻게 정하며, 부엌은 어디에 두고, 우물은 어디에 내고, 문은 어느 방향으로 내며, 측간은 어디에 두어야 하며, 담장과 울을 어떻게 둘러야 하는지 일일이 지시하고 있다. 풍수의 원리가 세세한 곳까지 침투해 있음을 알 수 있다. 물론 산을 등지고 물을 앞두는 곳이 터로 좋고, 볕이 잘 드는 곳이 좋다는 말도 실려 있다.

터 잡기, 집짓기와 관련된 생활정보가 《산림경제》에서 처음 보이는 것은 아니다. 광해군 때의 유명한 인물인 허균(1569~1618)은 《한정록》에서 한거한 운둔 생활을 꿈꾸며 터 잡기, 집짓기를 논했다. 이보다 앞서 세종 때의 박흥생(1374~1446)도 산림에 은거하길 갈망하면서 터 잡기와 집짓기에 관심을 보였다. 박흥생의 《촬요신서撮要新書》는 탄생에서 죽음까지 사대부의 일상생활에 필요한 정보를 모았다. 터 잡기와 집짓기도 그중 하나다.

조선시대 들어 이런 책이 편찬되었다는 것은 고려 말 조선 초 신흥사대부 계층의 등장과 밀접한 관련이 있음을 짐작할 수 있다. 조그만 규모의 향촌이 그들의 생활터전이었으며, 그 배경에는 검약을 중시하는 유학의 이념이 내재되어 있었다. 게다가 그들은 송 이후 원대와 명대 초까지 중국 사대부들이 편찬한 생활서인 《산거사요山居四要》(1320)나

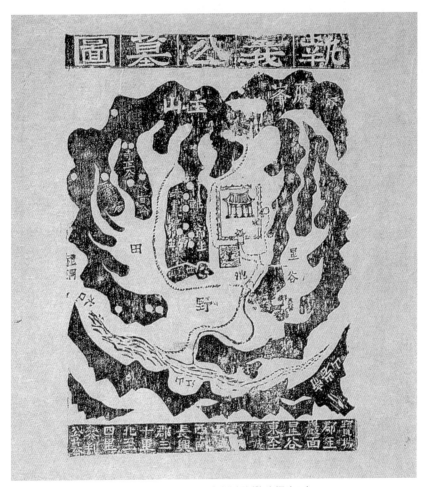

풍수지리적 관점에 따라 묘지를 그린 것(墓圖)으로 전남 보성군 옥암면에 위치한 집의공의 묘지.

《거가필용居家必用》(명 초)에서 많은 지식을 빌려왔다. 신흥사대부들의 풍수지리 지식은 《청오경靑烏經》,《금낭경錦囊經》 따위의 전문적인 풍수지리서에서 비롯한 것이지만, 이론적 논의보다는 "어떨 때 어떻게 하라"는 생활 지침이 주를 이룬다. 즉 보급과 확산이 주 목적이었다고 할 수 있다.

죽은 자가 머무는 묘지의 선정 방식도 집터를 잡는 것과 비슷한 원칙을 따른다. 그것이 언제부터 시작되었는지도 불분명하다. 중국에서는 후한 때 곽박의 《장경葬經》에서 음택풍수 논리가 확립된 것으로 본다. 우리나라에서 묘자리 잡는 것이 중요해진 것은 유교식 묘제가 뿌리를 내리면서다. 우리는 고려 때 주요 인물들의 묘에 대해서 잘 모른다. 시간도 많이 지났지만, 무엇보다 현재 우리가 익숙한 산소 쓰기가 고려 때는 조선 때만큼 일반화되어 있지 않았기 때문이다. 그 이유는 고려의 핵심 문화가 불교 문화였다는 것과 무관하지 않을 것이다. 하지만 고려 말 사대부층이 형성되면서 그런 상황이 변화하기 시작했다. 박흥생의 《촬요신서》에서도 묏자리를 잘 써야 한다는 이른바 음택풍수 관련 내용이 적지 않은 부분을 차지한다. 음택풍수는 조선 초기까지만 해도 민간에 확실히 뿌리를 내리지 못했으나, 중기부터 널리 확산되어 조선 후기에는 일반적인 문화로 정착했다.

우리는 역사적 고찰을 통해 풍수지리를 기능적으로 이해하려고 한다. 그런 점에서 풍수지리가 집을 짓거나 묘를 쓸 때 있을 수 있는 여러 가지 상황에 대한 가이드라인 구실을 했다는 점에 주목한다. '어떻게 하라'는 지침서의 방침을 따르면 터를 잡고 묘를 쓰는 일에 질서가 생겨난다. 그 질서를 지키면 지침서에 나온 대로 정말 '좋은 일'이 많이 생겨났다기보다는, 그 자체가 한 사회의 절도를 보여주는 것이다. 물론 절도의 근본 배경은 그 어려운 풍수지리의 전문 지식에서 비롯한다.

불안하고 모호한 자연세계와 인간사에 대한 지침을 준다는 점에서 음양학이나 운명을 점치는 사주팔자와 궁합, 관상술 따위도 풍수지리와 비슷한 성격을 띤다. 전부 그럴싸한 전문지식으로 포장되어 있으며, 그와 관련된 각종 어려운 책이 난무한다. 게다가 나라에서는 그런 일을 하는 사람을 교육하고 공인한다. 그 일이 맞느냐 아니냐에 대한 판단은 일반인이 쉽게 알지 못하는 전문지식이라는 블랙박스에 담겨 있다.

역설적이지만 그것은 현대사회의 어려운 과학지식과도 유사한 구조를 보인다. 일반인들이 손쉽게 상대성이론이나 빅뱅, 하다못해 뉴턴이 보편중력을 의심하고 증명하려 들겠는가. "그렇다더라" 하는 데 권위가 담겨 있었다. 한 시대와 사회의 믿음을 같이 하는 패러다임의 대전환이 과학혁명임을 논파한 토마스 쿤의 논리를 빌리자면, 풍수나 음양학은 사회의 질서를 유지하는 일종의 패러다임 구실을 하는 것이다.

유교 사회인 조선은 합리성을 추구했다. 귀신의 놀음이나 무질서의 혼돈에 인간사를 맡겨두기를 거부했다. 인간사의 모든 면에 '반드시 참이 아니라도' 질서를 부여하려고 했다. 이사 가는 길일을 잡고, 장사가 잘되는 방위를 헤아리고, 부모의 무덤으로 쓰기에 좋은 땅을 찾아 나서고, 대청마루에 좋은 방향을 결정지었다. 자연철학, 천문학, 지리학, 의학 등의 자연학이 좋은 땅을 찾는 논리 계발에 총동원되었다. 그런 행위가 다 길흉화복에 휩싸인 미신이라는 일부 냉철한 이성을 지닌 유학자의 비판이 없지는 않았지만, 대다수 사람들은 음양학이나 풍수지리에 대한 비판을 심각하게 받아들이지 않았다.

다수가 동일한 원칙을 따르는 것은 독특한 문화로 굳어졌다. 그것은 대를 이어 계승되면서 오늘날까지 이어졌다. 그 결과 모든 아파트가 남으로 창을 냈다. 혹은 내고 싶어한다.

풍수지리는 미신이다?

풍수지리란 산세, 수세, 지세를 이용하여 인간의 길흉화복을 점치는 전통 학문이다. 즉 사람들이 살기 좋은 땅, 살기 쉬운 땅을 찾는 이론이다. 사람이 살아가는 데 가장 중요한 문제인 의, 식, 주를 해결하기 위해서 시작된 것이라고 할 수 있다. 주변의 산, 물 등을 보며 살기 좋은 땅을 찾고 그곳에서 어떻게 하면 편하고 행복하게 살 수 있을지 고민하는 것이 바로 풍수지리다.

그런데 한국의 전통과학 가운데 풍수지리는 좀 특별하다. 조상으로부터 전해 내려온 과학유산이라고 하면 일반적으로 떠올릴 수 있는 거북선, 측우기, 《칠정산》, 금속활자, 《자산어보》 등은 적어도 세 가지 측면에서 '과학'의 특징을 보인다. 첫째, 눈에 보이는 유형유산이며, 둘째로 확실한 측정 체계를 가지고 있어서 현대에도 재현할 수 있다. 셋째, 현재의 기술력으로 축적된 데이터와 비교해 과거의 과학 유산이 얼마나 '과학적인지', '훌륭한지' 파악할 수 있다. 예컨대, 측우기의 강우량 기록과 강우 분석이 현대의 데이터와 거의 일치하는 걸 확인해보고 그 치밀한 과학성을 판단할 수 있다. 즉 그것이 현대 과학에 얼마나 부합하는지 수치 혹은 정확도로 판단 가능하다. 이와 달리 풍수지리는 '측정 불가, 재현 불가, 통일된 체계가 없다'는 것이 특징이다. 많은 사람들이 풍수지리를 미신이라고 생각하는 것도 그 때문이다.

이런 상황에서 풍수지리의 역사와 개념, 현재 풍수지리에 대해 널리 퍼진 일반인의 통념을 점검해보고, 과연 풍수지리가 미신일 뿐인지 아니면 과학성을 띤 학문인지 따져보기로 했다. 우선 웹사이트를 검색하여 풍수지리학회의 자료들을 찾았고, 국회도서관과 한국과학기술원 도서관에 있는 관련 논문 20여 편을 읽고 토론하면서 풍수지리의 과학성에 대해 논의했다. 아울러 〈KBS〉 '역사스페셜' 등의 프로그램을 시청하면서 전문가들의 의견을 들었다.

조선시대 왕릉의 선정은 어떻게 이루어졌을까? 직접 사료를 보면서 알아보자.

《조선왕조실록》을 보면 왕이 승하한 후 왕릉을 선정하기 위해 나라에서 이름을 떨치는 지관들이 모여서 논의하는 장면이 나온다. 그중 1468년 9월 세조가 승하한 후 왕릉을 쓰기 위해 조정에서 논의하는 대목을 살펴보자. 우선 풍수지리상 좋다는 능침 후보지 둘을 일부 종친과 영의정 등이 추천했다. 일부 종친은 광주 이직의 분영이 능침에 적당하다고 했고, 영의정을 비롯한 또 다른 종친은 정흠지의 분영이 좋으리라 추천했다. 이에 예종은 9월 18일 신숙주에게 명하기를 상지관(相地官)과 함께 가서 정흠지의 무덤을 살펴보라고 했다. 상지관은 문자 그대로 땅의 형상을 보는 일을 맡은 관상감에 속한 관직으로 안효례, 최호원, 조수종 등 세 명이 뽑혀 후보지를 답사했다.

열흘 남짓 지난 10월 1일 왕릉을 어디에 쓸 것인가 결정하는 어전회의가 열렸다. 회의에는 종친, 공신, 고위관리 38명과 도승지, 승지 등이 참석했다. 그중에는 정인지, 신숙주, 한명회, 서거정, 성현 등 우리에게 친숙한 인물들이 다수 포함되어 있었다. 회의에서는 상지관을 차례로 불러 의견을 들었다.

너희들이 "어제 본 정흠지(鄭欽之)의 묘자리에서 그 산세(山勢)의 길흉(吉凶)을 숨김없이 다 아뢰라" 하니, 안효례(安孝禮)·최호원(崔灝元)은 대답하기를 "산세가 능침(陵寢)에 적당하나 다만 주혈(主穴)이 기울어져서 보토(補土)하여야 쓸 수 있습니다" 하고, 홀로 조수종(曹守宗)은 말하기를 "백호(白虎) 안에 작은 언덕을 없애면 더욱 좋습니다" 하니, 임금이 좌우에게 묻자 모두 말하기를 "없애는 것이 좋습니다" 하고, 안효례 등은 아뢰기를 "있어도 무방합니다" 하였다.

이처럼 상지관들이 자기가 본 것을 임금에게 아뢰었다. 상지관 둘은 주혈(무덤의 뒤쪽으로 이어지는 산)이 기울어 있어서 흙을 쌓아 보완해야 한다고 했고, 다른 한 명은 "서쪽 안에 있는 작은 언덕을 없애면 더욱 좋을 것"이라는 의견을 냈다. 그들 사이에 의견이 엇갈린 것이다. 대신들도 이에 대해 아래와 같이 각기 다른 입장을 보였다.

서거정과 임원준에게 묻기를 "상지관의 말한 바가 경들의 뜻에 어떠한가?" 하니, 모두 말하기를 "산세가 매우 기이하여서 바로 원릉(園陵)에 적합합니다. 그 국내(局內)의 작은 언덕의 길흉은, 청컨대 여러 책을 상고하여 계달하게 하소서" 하니, 임금이 말하기를 "옳다" 하였다. 또 종친과 재추(宰樞)들에게 말하기를 "오늘 경들을 인견(引見)한 것은 품은 뜻을 진술하게 하려고 한 것이니 각각 모두 말하라" 하니, 어효첨 · 김예몽이 대답하기를 "신 등도 이 산이 매우 아름답다고 들었습니다. 작은 언덕을 없애지 아니하는 것이 도리어 좋은지를 어찌 알겠습니까?" 하니, 정인지에게 묻기를 "경이 좋지 못하다고 한 것은 무엇 때문인가?" 하니, 대답하기를 "광평대군(廣平大君) · 평원대군(平原大君) 두 대군(大君)과 문종(文宗)의 묘자리를 살펴볼 때에 신이 산을 보니, 청룡(靑龍) 밖에 산수(山水)가 등을 져서 흐르고 주혈(主穴)이 기울었으며 또 돌이 많기 때문에 쓸 만하지 못하다고 생각하였습니다" 하니, 임금이 말하기를 "산릉은 내가 이미 정하였으니, 27일 후에 친히 가서 보겠다" 하였다.

작은 언덕을 없애는 문제는 책(풍수지리 전문서)을 좀더 자세히 살핀 후 결정하는 것으로 의견이 모아졌으며, 주혈이 기운 점을 우려하는 정인지의 견해에 대해서는 예종 스스로 "마음을 정했다"며 물리쳤다.

이 어전회의를 보면 모든 대신이 왕릉을 결정하는 데 풍수지리를 활용하는 것에 동의하고 있으며, 적지 않은 대신이 풍수지리에 관한 전문 지식과 그에 근거한 자신의 입장을 가지고 있었음을 알 수 있다. 왕 또한 예외가 아니다. 그들 모두 풍수지리에 관해 전문가 수준의 지식을 가지

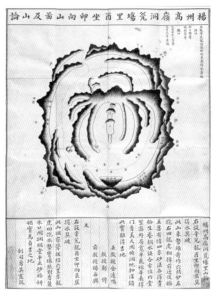

양주고령동옹장리산론. 양주군 백석면 옹장리 상운산에 있는 숙빈 최씨의 묘에 대한 산도(山圖) 및 산론(山論). 이렇듯 옛 풍수서적에서는 실례를 통해 명당의 위치를 논했다.

고 있었다. 이처럼 왕릉 터는 천하제일의 고명한 지관이 독단적으로 선정한 것이 아니었다. 지관들끼리 의견이 엇갈리자 어느 곳이 진정한 명당인지 논쟁도 벌였다. 지관들은 저마다 다른 해석을 내놓았다.

왕릉 선정 과정을 통해 조선시대의 '풍수지리'라는 학문이 무덤을 결정하는 데 가장 중요한 지식의 원천으로 작용했다는 점과 다소 논쟁의 여지가 있는 점을 확인했다. 아울러 문제가 생겼을 때 그들이 풍수지리 전문서를 참고했다는 점도 알 수 있었다.

지관은 누구인가?

조선시대에 풍수지리 전문가를 지관(地官)이라고 했는데, 이 관직은 왕의 능을 만들 때 지리를 헤아리는 직책을 뜻했다. 위에 나오는 상지관이 그들이다. 하지만 차츰 지관이라 하면 특별히 관직을 가지지 않은 사람이라도 풍수지리에 능한 일반인을 가리키는 말이 되었다. 풍수지리 전문가 중에서 왕릉 선정에 참가하는 지관, 곧 상지관은 최고의 대접을 받았다. 마치 내의원에 딸린 어의(御醫)가 모든 의원 가운데 최고 대접을 받은 것과 같았다.

실제로 조선시대에는 모든 왕이 지관의 말에 따라 집을 정하고, 궁 터를 잡았으며 왕이 묻힐 자리도 지관의 말을 항상 유념하며 그에 합당한 방법으로 선별했다. 궁궐의 일뿐 아니라 양반은 양반 수준에서, 평민은 평민 나름대로 풍수지리적 입장에서 좋은 땅을 고르려고 했다. 지관 노릇을 하는 사람은 매우 전문적인 지식을 갖춘 인물부터 약간의 지식을 갖춘 동네의 촌로까지 다양했다.

조선시대 때 지관은 공식적인 기구에 속해 있었다. 《서운관지》(1818)에는 조선시대 관상감의 운영 전모가 상세히 적혀 있다. 지관이 있는 지리학 분야는 관상감이 맡은 천문학, 명

기산풍속도 가운데 〈상인구산〉. 함부르크 민족학박물관 소장. '상인구산(喪人求山)' 이란 좋은 묏자리를 찾는 일을 말한다. 상가의 사람이 지관을 모시고 산으로 가는 장면이다. 상제는 삿갓을 쓰고 손에는 상장으로 대나무 지팡이를 들었다. 갓에 도포차림의 지관이 무언가를 설명하고 있다.

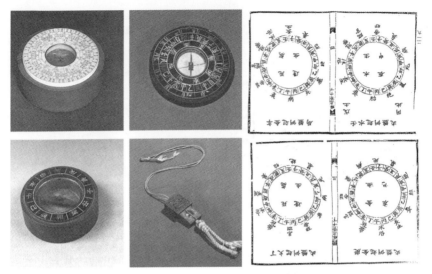

지관들이 썼던 나침반. 윤도(輪圖)라고 한다.

나침반의 방위.

과학(命課學)과 함께 삼학(三學)으로 분류되었다. 이 세 분야 중 가장 중요한 것은 달력 제작과 별점을 맡은 천문학이었고, 다음으로 사주팔자나 날짜 택일 등을 맡은 명과학이었으며, 그 다음에 지리학이 위치했다. 관상감에서 지리학을 맡은 관직으로는 종6품의 지리학 교수 한 명, 정9품의 지리학 훈도 한 명 외에 별정직인 별선관 10명이 있었다. 교수와 훈도는 지리학 분야의 생도 10명의 교육을 담당했으며, 별선관 10명은 아마도 전문적인 상지관이었을 것이다.

지리학을 공부한 사람이 관직을 얻기 위해서는 관상감의 지리학 분야 생도가 되어 정해진 교육과정 기간 동안 성적이 출중하거나, 음양과(陰陽科)라는 과거에 합격해야 했다. 과거는 초시 때 네 명을 뽑았으며, 복시 때에는 그 절반인 두 명을 뽑았다. 관직에 입문한 후에도 계속 시험을 봐서 성적이 출중해야 승진할 수 있었다.

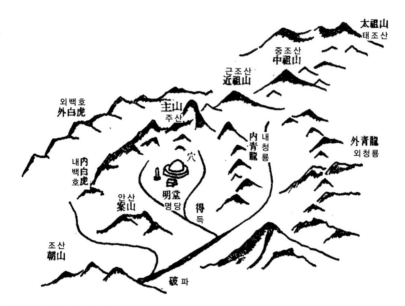

풍수개념도. 바람을 막고 물을 얻는다는 풍수의 개념을 표시한 그림이다. 멀리 태조산으로부터 이어진 기는 중조산, 근조산, 주산을 타고 묏자리인 혈과 명당에까지 이어진다. 혈과 명당자리는 좌청룡·우백호가 내외 겹으로 싸고 있으며, 묏자리 앞에 안산이 있으며, 묏자리 주변에 물이 흘러 만나는 형국을 띠고 있다.

'동아시아 과학'의 정의

풍수지리는 그 자체가 체계를 가진 이론이지만 우리는 그것을 '풍수지리 사상'이라고 부른다. 사람들은 풍수지리가 과학유산이라는 명제에 의문을 품는다. 풍수지리는 미신이지 과학이 아니라고 말하는 사람도 있다. 이렇듯 풍수지리는 사상이며 하나의 믿음 체계일 뿐 과학적 정밀성과는 거리가 멀다는 인식이 퍼져 있다. 오늘날의 과학의 정의에 따른다면 "재현과 측정이 가능해야 하고, 유형의 증거를 가져야 하며, 통일된 학문체계"를 이루어야만 과학의 영역에 포함된다. 풍수지리는 이 세 요건 중 어느 한 가지도 만족시키지 못하고 있다. 일단 풍수지리학적

명제들을 측정할 수 있는 방법이 없
다. 풍수지리학에서는 기의 흐름을
얘기하고 음양오행의 원리를 가지고
명당을 찾는데, '기'나 '음양오행'을
측정하고 재현할 수 있는 방법은 현
재 없다. 그런 점에서 유형의 증거가
전혀 없다. 다만 구전이나 기록으로
전해 내려오는 "이러하면 이러하더
라"하는 믿음만 있을 뿐이다. 또한
풍수지리는 포괄적인 체계는 잡혀 있
지만 통일된 원칙을 가진 학문 체계
가 세워져 있지 않다. 어떤 지형에 대
해 하나의 명확한 결론이 나와야 하

사신사(四神砂) 개념도. 산소 주변에 청룡, 백호, 주작, 현무 등 4신의 둘러쌈을 표현한다.

는데 앞의 왕릉 선정 사례에서 보듯 지관들이 꼽는 명당은 제각각이다.

　이처럼 오늘날 과학의 정의로 볼 때 풍수지리는 과학이 아니다. 그러나 현재
중국과학사 분야의 최고 권위자인 네이선 시빈(Nathan Sivin)은 '동아시아의 과학'
을 현대의 '과학'과 달리 정의해야 한다고 주장한다. 그는 동아시아의 전통사회에
서는 자연을 연구해온 오랜 전통이 곧 '과학'이라고 정의했다. 그런 관점에 입각
해서 풍수지리를 보자. 우선 풍수지리는 땅이라는 자연 대상을 탐구하여 고도의
이론 체계를 만들어냈다. 구체적으로 기, 음양, 오행, 8괘 등 동아시아 자연학의 개
초 개념을 통해 땅의 지형과 위치, 산과 물의 위치와 함께 산 자를 위한 거주지와
죽은 자를 위한 묏자리의 위치를 논했다. 그 활동이 일정한 교육시스템을 통해 전
수되어 해당 분야의 전문가를 길러냈으며, 전문가들은 그것을 더욱 발전시켰다.

그렇게 보면 풍수지리는 네이선 시빈이 말한 '과학'의 요건을 충족시킨다.

그렇지만 풍수지리는 역사적으로 길과 복을 끌어들이고 흉과 화를 멀리하려는 인간의 욕망과 지나치게 깊숙히 관련되어 있다. 단지 주거와 관련된 일상생활, 장례의식 등에 일정 지침을 주는 정도에서 나아가 선악과 길흉이라는 종교적 믿음 체계의 일부가 된 것이다. 천문학, 수학, 의학, 양생술 등 동아시아의 다른 과학과 견주어볼 때 풍수지리는 가장 기복의 성격이 강하다.

오늘날에는 풍수지리에 깃든 기복적 성격을 떨쳐내고 생활의 '과학'으로 재해석하려는 움직임이 일고 있다. 전통과학에 기반을 둔 풍수지리가 자연과 인간의 공존을 지향하는 생태학적 가치가 높고, 그것이 파괴에 익숙한 현대 개발논리의 실천적 대안이 될 수 있다고 보는 것이다. 자연 공간 속에 마을을 형성하고, 마을 안에 집들을 짓고, 집 안 공간을 배치하는 일까지 전통 풍수이론은 기존의 토목, 건축과 색다른 미학적·심리적 편안함을 제공하는 측면이 있다. 풍수지리는 현재 국내 대학의 학과로 정착될 정도로 비교적 성공적인 제도화의 길을 걷고 있다.

조선시대의 4대 풍수지리서

조선시대 지리학 교과목은 고려 때의 과목과는 전혀 달랐다. 고려시대에는 인종 5년(1127)부터 과거에 지리업(地理業)을 두었는데, 이것이 국내 지리학 과거의 효시다. 고려와 조선의 지리학 과목이 다른 이유는 고려 때는 나랏일과 관련 있는 궁궐 건축 등 양택풍수(陽宅風水)를 중시한 반면, 장례를 중시한 조선은 묏자리를 잡는 음택풍수에 더 많은 관심을 두었기 때문으로 해석되기도 한다.

조선시대 시험과목을 살펴보면 《경국대전》이 만들어진 조선 초기의 지리학 교재는 19종이었다. 조선 후기에는 거기에 《청오경靑烏經》,《금낭경錦囊經》,《명

산론明山論》, 《호순신胡舜申》, 《동림조담洞林照膽》의 5종과 새로 《탁옥부琢玉斧》 1종을 추가하여 시험을 치렀다. 승진시험 과목은 《청오경》, 《금낭경》, 《명산론》, 《호순신》의 4종으로 조선시대 4대 풍수지리서라 할 수 있다. 이 4종이 대체로 조선시대의 풍수지리를 지배했으며, 이보다 심화된 내용으로 《동림조당》, 《탁옥

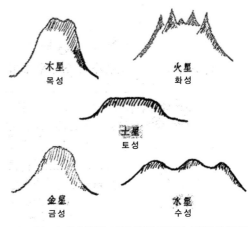

산의 오성의 모습. 산의 형상을 오성의 성질에 비유했다. 금성은 원, 목성은 섬, 수성은 굽음, 화성은 뾰족함, 토성은 네모남을 뜻한다.

부》 등의 교재가 쓰였다. 앞의 4종 가운데 가장 중요한 기초를 다룬 《청오경》과 《금낭경》은 모든 수험생이 달달 외워야 하는 과목이었으며, 《명산론》과 《호순신》은 책을 놓고 뜻풀이를 하는 과목이었다. 그보다 더 전문적인 내용을 다룬 서적도 있었으나 이는 제한된 사람들만 이용했다.

4대 풍수지리서 가운데 먼저 《청오경》은 동아시아 풍수지리학의 원조로서 후한 때 저술된 것인데 후대의 위작이라는 설도 있다. 이 책은 음양과 생기(生氣), 산의 형상 등을 간결하게 기술한 것으로, 문장 한 구 한 구를 비결이나 격언처럼 열거해놓아 읽는 것만으로는 뜻을 이해하기 어렵다. 이런 난해함이 후세의 학자들에게 자유로운 해석의 여지를 제공했다.

《금낭경》은 중국 진(晉)나라 때 사람인 곽박(郭撲 · 276~324)이 《청오경》을 인용하여 저술한 책으로 알려져 있지만, 당대나 송대의 인물이 썼다는 얘기도 있다. 흔히 《청오경》을 장경(葬經), 《금낭경》은 장서(葬書)라고 부른다. 《금낭경》은 전체

내용이 2000여 자로 간결하면서도 다루는 범위가 매우 넓고 설명에 군더더기가 없어 풍수지리 고전 가운데 최고로 친다. 《금낭경》은 《청오경》을 인용하여 논의를 더욱 확장한 것이다. 이 책에 '경왈(經曰)'이라 표현된 것은 바로 《청오경》을 가리킨다. 책은 기감(氣感)·인세(因勢)·평지(平支)·산세(山勢)·사세(四勢)·귀혈(貴穴)·형세(形勢)·취류(取類)의 8편으로 구성되어 있다. 그 내용은 땅 속에 생기가 있어 묻혀 있는 시신에 작용하는데 그것은 오행의 원리, 땅과 산의 굴곡이나 험세 등의 따라서 좋은 땅과 나쁜 땅이 결정되며 그것이 후손에게 복이나 흉으로 작용한다는 것이다. 조선의 과거시험에서 풍수 과목 문제 대부분이 《금낭경》과 《청오경》에서 출제되었다.

《호순신》이라는 책은 원제가 《지리신법호순신》이다. 호순신은 원래 중국 명나라 때 인물로 《지리신법地理新法》이라는 책의 저자다. 이 책은 상하 2권으로 이루어져 있는데 상권에서는 음양오행, 포태법(胞胎法) 및 구성론을 바탕으로 하는 풍수이론을 전개했고, 하권에서는 곽박의 《장서》에 소개한 산의 형세론을 더욱 확충, 발전시켰다.

《명산론》은 명대의 북암 거사 채성우(蔡成禹)가 지리에 통달했던 어느 선인의 저작을 교정, 보충한 것으로 조선 초에 수입되어 과거과목의 하나로 자리잡았다. 형세론적 관점을 발전시켜 용, 명당, 혈 등 땅 보는 방법을 도식적으로 전개하여

《명산론》. 규장각도서

풍수를 이해하기 쉽게 만든 책이다.

조선시대 풍수지리에 관한 일반적인 지식은 대체로 이 네 가지 책에서 나온 것이었다. 따라서 왕이든, 대신이든, 촌로든, 지관이든 모두 공통적인 개념과 어휘를 구사하며 상호 소통할 수 있었다. 그런 점에서 풍수지리 서책은 거대한 학문을 이루는 한편 온갖 실례의 기준이 되는 틀로도 작용한다. 그것은 마치 오늘날의 과학지식이 온갖 과학적 현상에 대한 설명을 제공하는 것과 흡사하다. 차이가 있다면 풍수지리 텍스트가 오늘날의 과학지식보다 훨씬 모호하다는 점이다. 또각 텍스트들 간에 상충하거나 모순되는 부분이 수없이 존재한다. 실제로 좋은 땅을 고르는 현장에서는 텍스트의 내용 자체보다도 지관의 직관이 더 중요하다. 땅의 기운과 지관의 기운 사이에 한줄기 섬광 같은 감응이 필요하다고나 할까. 그런 점에서 풍수지리는 오늘날의 과학지식과는 성격이 전혀 다르다.

'생활 속 과학'으로 정착하다

'배산임수', '좌청룡·우백호', '남향', '명당'의 네 가지는 일반인들도 알고 있는 풍수지리의 상식이다. 사실 이 네 가지는 풍수지리 지식을 압축하고 또 압축하여 가장 원형적인 모습을 보여주는 것이라 할 수 있다. 이보다 더 압축하면 '풍수'라는 단어 하나만 남는다.

풍수지리는 이 네 가지에서 시작해서 세세하게 들어가면 전문가만이 알 수 있는 지식까지 기다란 스펙트럼이 존재한다. 우리가 눈으로 볼 수 있는 산과 물을 비롯한 지형이 더욱 복잡해지고, 눈으로 확인할 수 없지만 산과 산으로 이어지는 곳까지의 흐름, 땅의 표면에서 땅 속 깊숙한 곳의 흐름까지 고려 대상으로 들어온다. 기, 음양, 오행, 오성, 간지, 8괘, 24방위 등의 개념이 눈에 보이는 형상과 그렇지 않은 부분까지 해석하는 데 동원된다. 《청오경》이나 《금낭경》 같은 서적은 물론 《명산론》과 《지리신법》 같은 책들도 웬만한 사전지식 없이는 해독하기 힘들다. 예를 들면 《금낭경》에 나오는 "경에 이르기를, 외기(外氣)가 횡행하여 모양을 만들고, 내기(內氣)가 멈추어 생(生)한다고 한다. 높은 산의 뼈든지, 척박한 땅의 뼈 없음 모두 기를 따른다" 같은 내용은 전문가의 친절한 설명 없이는 이해하기 힘들 것이다.

　현장에 나가보면 더욱 복잡해서 교재 유형대로 딱 맞아 떨어지는 곳이 흔치 않다. 전문가의 해설을 듣고 그러려니 할 뿐이다. 여기서 내용이 복잡할수록 전문가에 대한 의존성과 그들에 대한 신뢰도가 더 높아지는 묘한 함수관계가 성립된다.

　풍수지리 지식과 천문학이나 의학 등의 전통과학 사이에는 공통점과 다른 점이 존재한다. 먼저 공통점은 비슷한 개념 도구를 사용하며, 궁극적으로 추구하는 기본 원리가 같다는 점이다. 풍수지리도 천문학이나 의학처럼 '기'의 흐름을 중시한다. 또한 다른 분야처럼 음기와 양기의 좋은 화합을 최선으로 친다. 좋은 화합에 오행의 상생, 상극의 기운이 작용한다고 보는 것도 동일하다. 하늘의 좋은 기운이 왕의 정치와 연결되고, 자연계의 좋은 기운이 인체의 장수무병과 관련되며, 단을 제련하는 솥 안에서 납의 음기와 수은의 양기가 신묘하게 조화를 이루어 '단(丹)'이 만들어지듯, 땅의 좋은 기운은 그곳에 살거나 묻힌 사람, 또는 앞으로 태어날 후손에게 작용하여 좋은 영향을 미친다. 이런 관계를 감응이라고 한다. 연단술에서는 단을 만들어내는 변화무쌍한 두 존재로 수은인 용(龍)과 납인 호(虎)를 비유적으로 쓰고 있는데, 풍수지리에서는 산을 변화무쌍한 존재로 보아 그것을 용호라고 표현한다.

　다른 점은 명확하다. 풍수지리보다 오래된 학문인 천문학과 의학을 예로 들어 보자. 하늘에는 해와 달이 있고, 다섯 행성이 있으며, 온갖 별들이 있다. 그중 일부의 움직임은 규칙적이지만, 어떤 것들은 갑작스럽게 나타나기도 한다. 천문학은 해와 달이 지나는 길을 탐구해 달력을 만들고, 일식과 월식을 예측한다. 또 하늘에

나타나는 수많은 현상을 관측하여 정치적으로 해석한다. 의학에서는 오장육부의 관계를 오행으로 파악하며, 몸 표면에 흐르는 기를 혈과 경락의 개념으로 정리했다. 병이란 몸을 지키는 정기와 몸을 해치려는 사기의 투쟁으로 이해하기도 하며, 병의 발생과 치료를 음양이론, 오행의 상생, 상극의 이론으로 해석하기도 한다.

땅을 다루는 풍수지리는 땅의 가장 두드러지는 두 특징, 곧 산과 물을 중심으로 이야기를 전개한다. 의학에서 정기와 사기의 개념을 썼듯이, 풍수지리에서도 특정 지역의 나쁜 기운을 막고 좋은 기운을 북돋운다는 개념을 쓴다. 천문학에서 온갖 별의 의미를 해석하듯, 풍수지리에서는 산에 보이는 형상이나 물굽이 등의 의미를 해석한다. 의학에서 모든 병을 음양, 허실, 한열, 표리 등 여덟 가지 병증으로 귀납시켜 병증을 이해하듯, 풍수지리에서는 눈앞에 펼쳐진 온갖 형세를 수십 개의 형국(形局)으로 귀결시켜 이해하려고 한다.

특명! 혈과 명당을 찾아라

'풍수지리'에서 풍수란 '바람과 물'을, 지리란 '땅의 결'로서 땅에 대한 이치를 뜻한다. 풍수(風水)는 곽박이 쓴 '장풍득수(藏風得水)'의 준말로 본다. 여기서 '장풍'이란 '바람을 막는다' 또는 '바람 때문에 땅의 생기가 흩어지지 않도록 한다'는 뜻이다. '득수'란 '물의 기운을 얻는다'는 의미다. 이 둘을 결합시켜 곽박은 음인 '산의 기운'과 양인 '물의 기운'이 한데 잘 어울리게 하는 것이 풍수의 요체라고 했다. 좌청룡·우백호란 집을 짓거나 무덤을 쓸 곳의 왼쪽 지역에 청룡에 해당하는 산이 있고, 오른쪽에 백호에 해당하는 산이 있어 '바람을 막는(장풍)' 것을 뜻한다. 좌청룡·우백호는 4신 가운데 각각 동쪽과 서쪽을 맡은 것들이며, 나머지 둘은 남쪽을 맡은 주작, 북쪽을 맡은 현무이다.

산을 등지고(背山), 물에 접한다(臨水)는 것은 음양의 기운이 혈 근처에 잘 어울리는 형태로 있는 것을 의미한다. 보통 배산임수라고 하면 북쪽에 산이 있고, 남쪽에 물이 있는 경우를 말한다. 서울의 창덕궁을 예로 들면 북쪽에 북한산이 있고 남쪽에 한강이 흐르는 것과 같다. 또 강에 이르기 전에 바로 물에 닿지 않고 안산(案山)이 있는 것을 더 좋게 보는데, 남산이 이 안산에 해당한다. 일반적으로 남쪽이 좋다고 하지만, 풍수지리는 특정 혈을 중심으로 주변의 형세를 복합적으로 고려하기 때문에 항상 남쪽이 좋은 것은 아니다. 풍수를 볼 때 방위를 중시하는 만큼 나침반은 필수도구다. 나경(나침반)이 지관의 트레이드마크가 된 것도 이런 이유 때문이다.

좌청룡, 우백호, 배산임수의 세 요소를 가지고 집터나 무덤을 쓸 대략의 장소까지 정할 수 있다. 딱 그곳이라는 점을 찍는 것이 혈(穴)과 그 앞 땅인 명당(明堂)이다. 골프에 비유하면 명당은 그린이며, 혈은 홀이라 할 수 있다. 그린에 골프공을 올리는 일처럼 명당을 찾아내는 일 또한 쉽지 않으며, 퍼팅이 힘들듯 혈을 찾는 것은 더욱 힘들다. 일단 명당을 찾아내고 그곳을 기준으로 혈을 결정한다. 혈은 풍수의 핵심으로 생기가 넘쳐 흐르는 곳이다. 무덤인 경우 죽은 자의 시신이 생기를 얻는 곳이며, 집이라면 살아서 그 생기를 받는 곳이다. 혈을 찾는 것이 어렵기 때문에 풍수학에서는 혈을 결정하

〈명당도〉. 온양민속박물관 소장

우리
과학의
수수께끼
2

는 방법에 진력을 기울인다. 따라서 풍수서적의 많은 내용도 혈을 결정하는 방법에 할애되어 있다.

풍수지리학의 등장 배경

옛사람들은 왜 풍수지리라는 학문을 만들어냈을까? 먼저 하늘, 땅, 인간에 관한 비슷한 학문이 있다는 사실에 주목하자. 우주의 삼라만상이 기(氣)로 이루어져 있고, 그것이 음양오행 등의 법칙을 따른다는 굳은 믿음을 갖고 있었기에 천, 지, 인을 기본으로 하는 동아시아의 자연관에서는 그중 어느 하나도 학문화의 대상에서 빠뜨릴 수 없었을 것이다. 천문역법은 시간을, 풍수지리는 공간을, 의학과 연단술은 인체를 학문의 대상으로 삼아 그것들에 질서를 부여했다. "좋고 나쁨" 또한 동아시아 자연학을 관통하는 개념이었다.

천문학은 국가 정치의 좋고 나쁨을, 풍수지리는 넓게는 나라에 좁게는 일가에 좋고 나쁨을, 의학은 한 몸에 좋고 나쁨을 다뤘다. 하지만 의학의 좋고 나쁨은 대부분 실제 병의 악화 또는 치료와 관련된 것이었으며, 천문학의 좋고 나쁨은 왕도정치라는 다분히 추상적이고도 상징적인 차원에 머무른 데 비해, 풍수지리의 좋고 나쁨은 길흉화복이라는 종교적 측면과 깊은 관계를 맺었다는 점이 달랐다.

이 때문에 풍수지리는 인간의 욕심과 결합되어 천박한 학문으로 추락할 가능성을 내포하고 있었다. 이런 우려는 관상감 운영을 담은 《서운관지》의 〈감여堪輿〉에도 잘 드러나 있다. 그 내용을 대충 살펴보자.

풍수지리설은 중국 고대에는 없던 것이다. 주나라 때 주공이 단지 장사 지낼 자리와 날짜를 점쳐서 정했을 뿐이다. 공자도 거처와 무덤을 편안히 모신다고 했을 뿐, 길흉화복을 말하지 않았다. 하지만 한나라 이래 풍수지리를 비롯한 술수

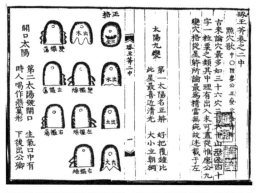

태양9변. 풍수지리 중 혈자리를 정하는 방법이며 혈자리 위치를 지세의 오행을 따져 논했다.

설이 나와 혹세무민했고, 당송을 거치면서 더욱 유행하게 된다. 물론 유학자인 정자와 주자 모두 풍수지리의 길흉화복설을 취하지 않았다. 정자의 말처럼 "거처를 따지는 것은 땅의 아름다움과 그렇지 않음을 뜻하는 것이지, 땅의 방위를 가리거나 날의 길흉을 정하는 것이 아니"었던 것이다.[주1]

이런 유학자들의 인식과 달리 조선 사회에서도 풍수지리는 복을 얻으려는 수많은 사람들의 약한 심성을 파고들어 엄청나게 유행했고, 결국 하나의 관습으로 굳어졌다. 《조선왕조실록》이나 정약용의 《흠흠신서》 등의 책에는 조상의 무덤을 둘러싸고 벌어진 수많은 송사(訟事)가 기록되어 있다.

역설적이게도 당시 사람들이 좋은 땅을 차지하려고 애쓴 이유는 복을 받기 위해서라기보다 왕가나 가문의 능력을 과시하기 위해서였다. '최상급 묏자리를 찾기 위해 수고를 무릅쓰고 돈을 들이는 것은 좋은 묏자리가 곧 가문의 위세와 연결되기' 때문이다. 봉분의 크기나 설치 부속물의 크기와 다른, 풍수 지식의 관리라는 차원에서 자기 가문의 위세를 드러낸다. 죽은 자가 자신이 빛나리라는 것을 어떻게 알 것이며, 또 그것을 얼마만큼 자랑스럽게 여길 것인가! 이와 달리 산 자는 칭송과 비난의 대상이 된다.

풍수지리에는 이와 다른 측면도 있었다. 일상생활에서 건축에 풍수지리 지식이 널리 활용되었다. 조선시대 선비들은 과거에 급제하면 서울로 올라가 벼슬을 하

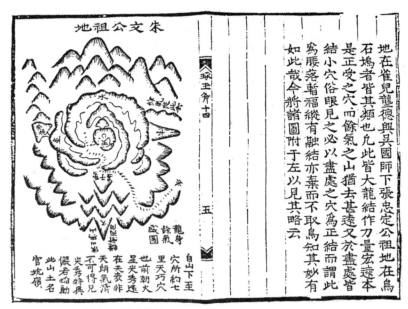

地在崔兒龍德與吳國師下張忠定公祖地在鳥
石塢者皆其類也凡此皆大龍結作刀量宏遠本
是正受之穴而餘氣猶去甚遠又於盡處皆
結小穴俗眼見之必以盡處之穴為正結而謂此
為腰落暫福縱有融結亦棄而不取烏知其妙有
如此哉今將諸圖附于左以見其略云

《采玉斧十四》

五

自山下至
穴所約七
里天万穴
也前朝火
星尖秀遠
在天奚非
天朗氣清
不可得兄
尖秀特異
偃者熵動
此山土名
官坑願

龍身
餘氣
啟圖

주문공묘소. 명당이 왜 명당인가 하는 것을 논했다.

다 임기를 마치면 고향으로 돌아가 살았다. 서울에서 벼슬하다 낙향한 이들을 독자로 하는 책들이 많은데 유명한 이중환(1690~1756)의 《택리지》는 낙향해 살기 좋은 지역을 선택하기 위한 책이다. 이 책의 〈사민총론〉에서는 사농공상의 유래, 사대부와 백성의 구실과 살 만한 지역에 관한 내용을 기록했고, 〈팔도총론〉에서는 우리나라의 산세와 위치, 8도의 위치와 역사적 배경, 도별로 자연환경·인물·풍속·생활권을 파악하여 각 지역의 특색을 종합 정리했다. 또 〈복거총론〉에서는 당시 조선사회의 취락과 거주지의 이상적인 조건과 각종 풍수적인 조건들을 제시했다.

이 외에 조선 후기의 베스트셀러였던 홍만선(1643~1715)의 《산림경제》에서는 집짓기에 관한 매뉴얼을 제시한다. 홍만선은 책을 쓴 이유를 〈복거卜居〉 편서에 다음과 같이 적었다.

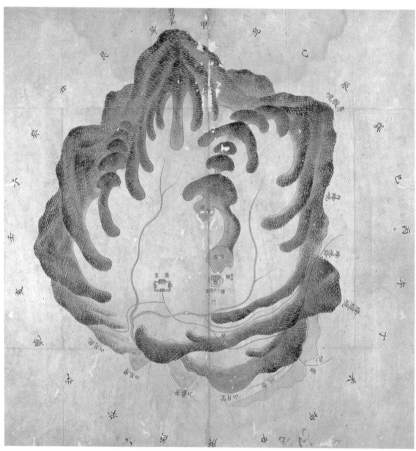

명릉도(明陵圖). 숙종과 계비 인현황후 민씨, 그리고 제2 계비인 인원황후 김씨의 능을 그린 산릉도로 철저히 풍수지리에 입각하여 그려졌다. 24방위를 사용하고 산들은 내맥과 지세가 잘 드러나도록 외반된 형태를 보이며 중심부에는 버섯모양의 혈을 그리고 명릉이라고 적어 능침이 있는 곳임을 표시했다.

대개 선비는 조정에 벼슬하지 아니하면 산림(山林)에 은퇴하는 것이다. 그러니 진실로 마련해 둔 한 뙈기의 땅과 몇 칸의 집이 없다면 어떻게 그 몸을 의지하여 생업(生業)을 편히 할 수 있겠는가. 그러나 복축(卜築; 터를 가려 집을 지음)을 계획하고 있는

사람은 경솔하게 살 곳을 결정할 수는 없는 것이다. 그것은 만약 전지를 다듬고 원포(園圃)를 만들어 꽃과 나무를 심어 놓은 뒤에 거기를 살 곳으로 정하지 않고, 버리고 다른 곳으로 간다면 많은 공력만 헛되게 허비한 결과이니, 어찌 아깝지 않겠는가. 그러니 반드시 그 풍기(風氣; 지세[地勢]의 기운)가 모이고 전면(前面)과 배후(背後)가 안온(安穩)하게 생긴 곳을 가려서 영구한 계획을 삼아야 할 것이다. 그래서 복거(卜居)에 대한 방법을 기록하여 제1편을 삼는다.

홍만선은 일상생활에서 마주치는 수많은 문제들을 고려하여 집짓기에 대한 세세한 부분까지 지침을 정했다. 그 절대 원리는 "나쁜 기운을 물리치고 생기를 원활하게 한다"는 풍수의 일반론과 같다. 무덤을 쓰는 것이 '화복'의 성격이 짙었다면, 《산림경제》의 내용은 집짓기의 방향을 이끄는 '생활의 지혜'라는 성격이 짙다.

이런 집짓기 내용은 《산림경제》만의 특별한 것이 아니라, 조선시대 생활백과사전의 필수항목이자 하나의 관습이었다. 예를 들면 "방의 머리맡에는 궤(櫃)를 두지 말고 방 양쪽 벽에는 창(窓)을 만들지 말아야 한다", "무너진 부엌 위를 밟으면 사람이 부스럼을 앓게 된다", "우물과 부엌이 서로 마주보고 있으면 남녀가 문란해진다" 등 상당히 많은 내용이 속담이나 격언 비슷하게 민간에 퍼졌으며, 일부 내용은 오늘날까지 남아 전한다.

진짜 명당은 존재하는가?

우리나라 사람들은 명당을 찾기 위해서 어떤 노력도 불사한다. 널리 퍼진 풍수설화를 보면 사람들이 명당을 얼마나 중요하게 생각하는지 알 수 있다. 사람이 선한 일을 하면 미물이라도 은혜를 갚기 위해서 명당을 점지해주고 그 명당에 부

《조선왕조실록》으로 읽는 한양 천도

풍수지리는 죽은 자가 묻힐 곳을 고르는 음택풍수와 살 곳을 정하는 양택풍수로 이루어져 있다. 양택풍수를 대표하는 사례로는 조선 초의 한양 천도를 들 수 있다. 조선은 건국 직후 고려의 수도인 개경을 떠나 한양, 곧 지금의 서울로 수도를 옮겼다.

당시 수도를 옮기고, 옮긴 후의 공간 배치를 풍수지리설에 따랐다고 알려져 있다. 즉 한양은 풍수지리적으로 명당의 형국을 지닌 것으로 파악되었다. 한반도의 조종산인 백두산으로부터 내려온 지맥이 조산인 북한산에 이어지고, 그 맥이 주산인 북악산으로 연결되었다. 주산 북악산의 왼쪽에는 좌청룡인 인왕산, 오른쪽에는 우백호인 타락산(지금 대학로 뒤편의 낙산)이 위치하며, 북악산의 남쪽에는 안산인 목멱산(지금의 남산)이 위치하여 내사산(內四山)을 이룬다. 또한 물의 흐름은 외수(外水)로서 한강이 동에서 서로 흘러가고, 내수(內水)인 청계천이 서쪽에서 동쪽으로 흘러들어 명당수를 이룬다. 서울의 핵심 도시공간은 이 내사산 사이에 위치해 있다.

그러나 한양 천도에서 풍수지리설이 중시되긴 했지만, 그것이 모든 상황을 지배하는 일반 원리는 아니었다. 천도에는 권력 기반을 송두리째 바꾼다는 정치적 의미도 있었고, 또 풍수지리에 반감을 가진 유학자들도 있었다. 이 셋이 함께 작용해 새 수도 서울이 건설되었다. 이런 내용을 실록을 통해 살펴보면 풍수에 대한 당시 사람들의 인식과 논리를 파악 알 수 있다. 천도는 태조 때(1393) 우선 계룡산을 검토했다가 한양으로 대상지가 바뀌었으며, 정종 때(1400) 다시 개경으로 되돌아왔다가 태종 때(1405) 최종적으로 한양으로 확정되었다.

계룡산이 수도로 부적절한 이유에 대해 하윤(河崙)은 다음과 같이 말했다. "도읍은 마땅히 나라의 중앙에 있어야 될 것이온데, 계룡산은 지대가 남쪽으로 치우쳐서 동면·서면·북면과 서로 멀리 떨어져 있습니다. 또 신(臣)이 일찍이 아버지를 장사하면서 풍수 관계의 여러 서적을 대강 열람했사온데, 지금 듣건대 계룡산의 땅은 산이 건방(乾方)에서 오고 물이 손방(巽方)에서 흘러간다 하오니, 이것은 송(宋)나라 호순신(胡舜臣)이 이른 바, '물이 장생(長生)

우리의 수학과 수학에 끼 2

을 파(破)하여 쇠패(衰敗)가 곧 닥치는 땅'이므로, 도읍을 건설하는 데는 적당하지 못합니다." 또 한양으로 옮겨야 하는 이유에 대해 태종은 다음과 같이 밝혔다. "《음양서陰陽書》에 이르기를, '왕씨(王氏) 500년 뒤에 이씨(李氏)가 일어나서 남경(南京; 한양)으로 옮긴다' 하였는데, 지금 이씨의 흥한 것이 과연 그러하니, 남경으로 옮긴다는 말도 믿지 않을 수 없다. 또 지난번에 궁궐터를 정할 때도 말하는 자가 분분하여 결정되지 않으므로, 내가 몸소 종묘에 나가 점쳐서 이미 길한 것을 얻었고, 이궁(離宮)이 이미 이루어졌으니, 천도할 계획이 정하여졌다. 장차 10월에 한

首善全圖

북한산
인왕산
북악산
낙산
경복궁
남산
청계천
남산
한강

김정호의 수선전도

양으로 옮기겠으니 본궁에 거처하지 않겠다." 이에 반해 정종은 "지금 참위(讖緯) 술수(術數)의 말이 이러쿵저러쿵 그치지 않아 인심을 현혹하게 하니, 서운관에 명하여 술수(術數)·지리(地利)에 관한 서적을 감추도록" 명령했다.

— 고동환,《조선시대 서울도시사》, 태학사, 2007, 55~70쪽 참조

모의 묘를 모신 후 자자손손 부귀영화를 누리면서 잘산다는 내용의 풍수설화는 우리 조상들의 의식에 깊이 새겨진 명당에 대한 욕망을 보여준다.

그렇다면 과연 명당은 효과가 있는가? 풍수지리는 정말 효과가 있을까? 아직까지 이 질문에 대한 속 시원한 대답은 찾지 못했다. 풍수지리에 관한 수많은 논문과 자료들을 찾아봐도 모두 "알 수 없다"는 대답만 반복하고 있다.

몇 년 전 〈EBS〉의 한 프로그램에서 이 문제를 다뤘다. 풍수지리가 과연 효과가 있는지를 조사한 것이다. 제작진은 실제로 풍수지리에 문제가 있다는 곳을 찾아가 분석했다. 처음 간 곳은 A라는 한 시골 마을이었다. A 마을은 암, 정신질환, 우울증 등 각종 질병의 발병률이 타 지역의 몇 배가 넘는 특이한 곳이었다. 한 집 걸러 한 집에 병자들이 있고, 희한하게 이사 올 때 멀쩡했던 사람들도 이 마을에만 들어서면 시름시름 앓는다고 했다. 그런데 마을 사람들은 한 가지 믿음을 갖고 있었다. 원래 이 마을은 풍수지리학적으로 최고의 집터 조건을 갖추고 있는데 큰 송전탑이 산 위에 들어서면서 중요한 혈을 눌러버려 마을 사람들이 해를 입고 있다는 것이다. 전문가로 구성된 분석 팀은 이 마을에 질병을 일으킬 만한 여러 가지 경우의 수를 찾기 시작했다. 풍수지리학적인 이유 말고 질병을 일으킬 만한 폐기물, 물의 오염, 전자기장 등 있을 수 있는 모든 가능성 대해 과학 장비를 동원하여 역학조사를 실시했다. 조사 결과 이 마을에는 다른 지역과 비교해서 눈에 띄는 특기할 만한 원인이 전혀 없는 것으로 나타났다. 결국 마을 사람들이 말하는 풍수지리학적 문제점을 빼고는 말이다.

다른 B 마을도 마찬가지였다. 송전탑이 들어선 후 사람들은 질병의 고통을 호소하고 있지만 송전탑으로 인한 문제점은 없는 것으로 판명되었다. 그럼에도 사람들은 송전탑이 풍수지리학적 혈을 눌러서 문제가 되고 있다며 철거를 요구하고 있었다.

이 두 사례에서 전문가들은 과학적인 방법으로는 측정 불가능한 제3의 가능성이 있다는 결론을 내렸다. 이처럼 특정 지형이 어떤 이로움을 주는지는 구체적으로 밝혀지지 않았다. 다만 풍수지리학적으로 좋은 땅이라는 믿음이 생기면 심리적인 '피그말리온 효과'를 낼 수도 있지 않을까 상상해볼 수 있을 뿐이다. 사람들은 좋은 일이 생기면 당장 명당에 살기 때문이라고 믿고, 나쁜 일이 생겨도 명당에 있기 때문에 곧 상황이 좋아질 것이라고 믿을 가능성이 높다. 그런 점에서 실제 지형의 특별한 효과라기보다는 최소한 이런 심리적 '믿음'과 '편안함'이 긍정적 효과를 낼 수도 있다는 것이다.

모든 땅은 명당이다?

앞에서 언급한 〈EBS〉의 "풍수지리의 현대적 해석"이라는 프로그램 팀은 명당에 대해 인상적인 해석을 내놓았다. 즉 모든 땅은 명당이라는 것이다. 그 근거로 치마바위 형태와 땅과의 관계를 들었다. 치마바위는 들쭉날쭉한 구조로, 음과 양이 고루 혼합되어 실제 집터나 묘지, 농지로 이용하기에는 적합하지 않다. 과거의 전통적인 풍수지리학으로 해석하자면 쓸모없는 땅이라고 할 수 있다. 그러나 현재는 그 부근에 유원지나 숙박시설을 마련하게 되면, 매우 높은 수익을 거둘 수 있다. 즉 과거에 쓸모없었던 땅이 훌륭한 땅으로 이용될 수 있는 것이다. 관점에 따라 모든 땅이 명당이 될 수 있다는 해석은 풍수지리의 의미를 되새기게 한다. 풍수연구자 노병한 교수는 이런 생각을 다음과 같이 오행론적으로 해석했다.

생명을 가진 자는 모두가 목(木)에 속하므로 모든 생물은 목의 주체인 것이다. 그래서 물이 있고 목이 발생하는 땅에서는 생물의 세계를 형성하는 것이다. 그러나 생물이 없는 땅과 황무지에 생기와 밝은 빛을 불어넣는 것은 생명을 가진 목이다. 목은 흙[土]의 임자이고 숨통인 것이다. 즉, 목이 나타나기 전까지 토는 죽은 듯이 고요하게 임자 없는 땅으로서 버림받은 채 잠든 상태로 코를 골고 잠들어 있다. 이렇게 잠든 흙[大地]을 흔들어 깨우는 것이 하늘의 입김이고 숨소리인 바람[風]이다. 바람은 조물주의 생기로서 생명을 창조하는 역할을 한다. 그러므로 나무[木]가 우거진 산[土]에는 물[水]이 흐르고 온갖 새와 짐승들이 모여드는 명산으로서 부(富)함을 이룬다. 오곡백과[木]가 무성한 기름진 땅[土]에는 천하의 농사꾼들 즉 비즈니스맨들이 모여들어 우수한 농장을 가꾸고 부를 이룬다. 인구[木]가 밀집하고 장사꾼들이 모여들어 법석대는 장터[土]에서도 시장으로서의 부를 형성한다. 정치와 경제가 주류를 이루는 대도시에서도 천하명당으로서 부귀를 양산해내는 것이다. 천하의 부귀를 생산해 내는 노다지를 명당이라고 하는데 이처럼 명당은 木이 창조해 만들어내는 것이다.

노 교수는 "명당은 우리가 새로이 만들어내는 것"이라 했다. 어디서 새로운 혈자리를 찾는 게 아니라 현재 살아가면서 적합한 형태의 땅에 적합한 용도로 쓰는 것이 요즘의 새로운 명당의 조건이 되겠다. 전처럼 좌청룡, 우백호를 이용한 과거의 풍수지리가 살기 좋은 땅을 찾는 방법이었다면, 요즘은 기술의 발전으로 인해 어떤 환경이라도 사람들이 개척하여 살기 좋게 됨으로써 그 땅을 적합한 용도로 이용함에 따라 새로운 명당이 생기는 것이다. 거주의 명당이 과거의 형태라면 지금은 새로운 산업과 관광, 지하자원 채취 등 여러 목적으로 사용할 땅을 찾는 것이 진정한 명당 찾기이다. 그러므로 현재의 관점에서 모든 땅은 명당으로서 이용가치가 있는 것이다.

미국, 영국 그리고 유럽 등지에서 풍수지리에 대한 관심이 크게 번지고 있다. 〈타임즈〉에 풍수지리에 따라 건물을 짓는다는 기사가 뜨는 것도 요즘은 그다지 센세이션한 일이 아니라고 한다. LA다저스의 부진이 구장이 풍수 지리적으로 좋지 않다는 말이 나온 것부터 시작해서 클린턴 대통령이 풍수지리 전문가의 도움을 받아 백악관 사무실을 개조했다는 이야기까지 미국에서의 풍수지리 열풍은 대단하다. 영국에서도 버진, 애틀랜타 항공사가 풍수지리에 따라 사무실 배치와 길일(吉日)을 정해 항공노선의 취항날짜를 정하는 등 풍수지리를 적극적으로 활용하고 있다.

우리나라에서는 풍수지리 사상의 한 갈래인 음택풍수(묘지)가 일반적으로 행해져왔지만 해외에서는 대부분 건축물의 길흉을 따지는 양택풍수가 퍼지고 있다. 외국에서는 주변 환경을 통해 생활공간의 길흉을 판단하는 양택풍수를 건강과 마음의 평화를 얻고 즐겁게 살아가기 위한 '환경학' 처럼 생각한다는 것이다. 미국에서는 풍수지리를 'Feng shui' 라고 부르는데, 풍수에 맞게 사무실을 꾸며놨다라고 하는 'I had my office fengshui' 라는 말이 자주 쓰일 만큼 보편화되었다고 한다.

풍수지리가 이용된 기사들의 예를 보자.

빌 클린턴 미 대통령이 각종 스캔들에 시달리는 이유는 백악관대통령 집무실의 풍수 탓이라는 주장이 나와 화제다. 뉴욕의 풍수가 편림은 최선의 해결책은 이사지만 그렇지 못하면 현 집무실의 형태를 바꾸고 그것마저도 불가능하다면 실내배치와 장식을 바꾸라고 권고했다.

— "클린턴 스캔들은 風水탓, 中전문가 집무실가구 재배치 주장", 〈중앙일보〉 1997년 2월 5일

미국 애틀랜타에 있는 코카콜라 본사가 각종 '괴담'으로 어수선하다. 이유는 경영실적 부진으로 구조조정을 단행한 뒤부터이다. 입에 가장 많이 오르내리는 소문은 회사가 지난 114년 동안의 애틀랜타 본사를 다른 도시로 옮긴다는 것이다. 이유는 "풍수지리에 따라 氣가 다했기" 때문이라는 것이다. 코카콜라는 소문을 수습하면서 본사를 옮기는 것은 아니고 관련 일부 부문을 뉴욕으로 옮길 계획이라고 설명했으며, 풍수전문가의 도움을 받은 것은 사실이고, 풍수전문가가 본사 사무실을 돌러 본 뒤 풍수에 맞지 않는 회장실을 새로 배치했다고 하였다. 체스넛 부회장은 "풍수지리는 동양의 오랜 전통사상인 만큼 충분히 존중할 만하다"고 말했다.

— "코카콜라 풍수괴담 뒤숭숭", 〈경향일보〉 2000년 10월 18일

미국의 풍수지리학자가 "2001년 2월까지 다저스타디움에 저주가 있다"며 LA다저스의 총체적 부진을 분석해 눈길을 끌고 있다. 6년간 풍수지리를 공부했다는 그 학자에 따르면 "금년 2월부터 2년 동안 다저스타디움의 운세가 좋지 않다"며 여러 가지 현상을 풀이했다. 현재 미국에서 부동산 등 여러 분야에 동양의 이론인 풍수지리가 유행처럼 번지고 있다.

— "다저스타디움에 저주가 있다", 〈한국일보〉 2001년 8월 4일

선생은 한(漢)나라 때 사람이니 지리음양의 술법에 정통하였는데 역사서에서는 그 이름을 빠뜨렸다. 진(晉)나라 곽박(郭璞)의 《장서葬書》에서 이 경서를 인용하여 이르기를 "증거가 되는 것이 곧 이 책이다" 하였다. 선생의 책은 간략하되 엄밀하며 요약되었으되 합당하니 참으로 후세 음양가 책의 시조가 된다. 태고에는 혼돈하였는데 기운이 싹터 (하나의) 커다란 질박한 상태로 되었다가 음으로 나뉘고 양으로 나뉘며 맑음이 되고 흐림이 되었다.

생로병사는 누가 실제로 주관하는 것일까? (처음에는) 그 시작이 없었으니 그 의론함도 없었으나, (나중에) 없을 수 없게 되자 길흉이 드러나게 되었다. '태초의 세상에는 음양의 학설이 없었으니 또한 화복을 의론할 수도 없었는데, 마침내 학설이 있게 되자 길흉이 감응하는 것이 마치 형체에 그림자가 따르는 것과도 같았으니 또한 피할 수 없는 일이 되었다' 하는 것을 이른다. 어떻게 그 없음보다야 났겠는가? 또한 어떻게 그 있는 것을 미워만 하겠는가? '나중 세상이 음양의 학설에 구애되는 것이 어떻게 아주 옛날에 그 설이 없었던 것이 더 나았던 것만 하겠는가? 그러나 이미 그 설이 없을 수 없게 되었는데 또한 어떻게 그것이 있는 것을 미워만 하겠는가?' 하는 것을 말한다.

깊고 그윽한 속에 숨어있으나 실제로는 길흉에 관계한다. 남에게 말하여 깨우쳐주려 한다면 마치 옳은 것을 그르다고 하는 것과 같아 보이지만, 끝에 가서는 여기서 벗어나는 일이 하나도 없다. 지리화복의 설로써 남을 깨우치려고 하면 마치 속임수와 같아 보이나 마지막의 효험은 털끝만큼의 작은 오차도 없다. 만약 소홀히 할 수 있다면 왜 나의 말을 들으려 하는가? 내말이 군더더기 같이 들릴지 모르나 이치는 이곳에서 벗어나지 않는다. 만일 음양의 학설을 소홀히 할 수 있으면 또한 어찌 나의 말을 들으려 하는가? 내 말이 쓸데 없는 것과 같이 들릴지 모르나 이치는 바로 이곳을 벗어나지 않는다.

산천이 이루어지고 높은 언덕과 내의 흐름이 끊이지 않으니 두 눈동자가 없는 듯하나, 오호라 그 구별됨이여! 복이 많은 땅은 온화한 모양으로 비좁지 않고 사방이 두루 돌아보이며 주객을 가릴 수 있는 곳이다. '온화한 모양으로 비좁지 않음'은 기상이 너그럽고 큼을 말한다. '사방이 두루 돌아보임'은 전후좌우에 비거나 빠짐이 없음을 말한다. 산은 마중하는 듯해야 하며 물은 맑아야 한다. 산은 고요함을 바탕으로 하되 움직이고자 하며, 물은 움직임을 바탕으로 하되 고요히 있고자 한다. 산이 내려오고 물이 돌아서 다니면 귀함을 재촉하고 재산이 많아지나, 산이 갇혀 있고 물이 흘러가 버리면 왕은 사로 잡히고 제후는 멸망한다. '귀함을 재촉한다는 것'은 귀하게 되는 것이 빠름을 말한다. 곽박이 인증하여 말하기를 "오래 살고 귀하게 되며 재산을 모은다" 하였으니 글자는 조금 다르나 뜻은 거의 같다.

산이 가지런하고 물이 굽어서 다니면 자손이 천억이 되나, 산이 달리고 물이 곧장 흐르면 남에게 빌어먹게 된다. 물이 서쪽에서 동쪽으로 향하면 재보가 끝이 없게 되고, 세 번 가로로 가고 네 번 세로로 가면 관직이 더욱 높아지게 되고, 아홉번 굽은 뱀과 같고 고만고만한 모래둑이 겹겹이 서로를 봉쇄하는 듯하면 더할 수 없는 관직과 재산을 얻게 될 것이다. 기운은 바람을 타면 흩어지고, 맥은 물을 만나면 멈추게 되니 숨어 있어서 뱀과 같이 굼틀거리고 가면 부귀의 땅이다. 곽박이 이르기를 "물을 경계로 하여 멈춘다" 하였으니 뜻인즉 같다.

—《청오경》.

*김관석 번역본 참조

진미공(陳眉公)은 이렇게 말하였다.

"명산(名山)에 복거할 수 없으면 곧 산등성이가 겹으로 감싸고 수목이 울창하게 우거진 곳에다 몇 묘(畝)의 땅을 개간하여 삼간집을 짓고, 무궁화를 심어 울을 만들고 띠를 엮어 정자를 지어서, 1묘(畝)에는 대와 나무를 심고, 1묘에는 꽃과 과일을 심고, 1묘에는 오이와 채소를 심으면 또한 노년을 즐길 수 있을 것이다."(《미공비급》)

왕면(王冕)이 구리산(九里山)에 은거하며 초가 삼간을 지어놓고 스스로 명제(命題)하기를 매화당(梅花堂)이라 하고, 매화 1천 그루를 심었는데, 복숭아와 살구가 반을 차지하였다. 토란 한 떼기와 파·부추 각각 100포기를 심었으며, 물을 끌어다 못을 만들어 물고기 1000여 마리를 길렀다.(《명야사휘》)

치생(治生 생활의 방도를 세움)을 함에 있어서는 반드시 먼저 지리(地理)를 가려야 하는데, 지리는 물과 땅이 아울러 탁 트인 곳을 최고로 삼는다. 그래서 뒤에는 산이고 앞에 물이 있으면 곧 훌륭한 곳이 된다. 그러나 또한 널찍하면서도 긴속(緊束)해야 한다. 대체로 널찍하면 재리(財利)가 생산될 수 있고, 긴속하면 재리가 모일 수 있는 것이다.(《한정록》)

양거(陽居; 주택지)는 다만 좌하(坐下; 집터의 판국)가 평탄하고 좌우가 긴박(緊迫)하지 아니하며, 명당(明堂)이 넓고 앞이 트였으며, 흙은 기름지고 물 맛은 감미(甘味)로워야 한다. 《택경宅經》에 이렇게 되어 있다. "산 하나 물 한 줄기가 다정하게 생긴 데는 소인(小人)이 머물 곳이고, 큰 산과 큰 물이 국소(局所)로 들어오는 데는 군자(君子)가 살 곳이다."

무릇 주택에 있어서, 왼편에 물이 있는 것을 청룡(靑龍)이라 하고, 오른편에 긴 길이 있는 것을 백호(白虎)라 하며, 앞에 못이 있는 것을 주작(朱雀)이라 하고, 뒤에 언덕이 있는 것을 현무(玄武)라고 하는데, 이렇게 생긴 곳이 가장 좋은 터이다.

무릇 주택에 있어서, 동쪽이 높고 서쪽이 낮으면 생기(生氣)가 높은 터이고(《거가필용》

에는 이 부분이 없다) 서쪽이 높고 동쪽이 낮으면 부(富)하지는 않으나 호귀(豪貴)하며
(《거가필용》에는 "부귀[富貴]하고 웅호[雄豪]하다" 하였다) 앞이 높고 뒤가 낮으면 문
호(門戶)가 끊기고(《거가필용》에는 "장유[長幼]가 혼미[昏迷]해진다" 하였다) 뒤가 높
고 앞이 낮으면 우마(牛馬)가 번식한다.(《거가필용》에는 "대대로 영웅 호걸이 난다" 하
였다) 무릇 주택지(住宅地)에 있어서, 평탄한 데 사는 것이 가장 좋고, 4면이 높고 중앙
이 낮은 데에 살면 처음에는 부(富)하고 뒤에는 가난해진다.

무릇 주택지에 있어서, 묘(卯; 동쪽)·유(酉; 서쪽)가 부족(不足)한 데는 살아도 괜찮지
만 자(子; 북쪽)·오(午; 남쪽)가 부족한 데에 살면 크게 흉(凶)하며(《거가필용》에는
"자·축이 부족한 데에 살면 구설수[口舌數]가 있다" 하였다) 남북은 길고 동서가 좁은
데에는 처음은 흉하나 나중은 길하다. 무릇 주택에 있어서, 동쪽에 흐르는 물이 강과
바다로 들어가는 것이 있으면 길하고, 동쪽에 큰 길이 있으면 가난하고, 북쪽에 큰 길
이 있으면 흉하며, 남쪽에 큰 길이 있으면 부귀하게 된다.

무릇 사람의 주거지는 땅이 윤기가 있고 기름지며 양명(陽明)한 곳은 길하고, 건조하여
윤택하지 아니한 곳은 흉하다. 무릇 주택에 있어서, 탑이나 무덤, 절이나 사당, 그리고
신사(神祠)·사단(祀壇), 또는 대장간과 옛 군영(軍營) 터나 전쟁터에는 살 곳이 못 되
고, 큰 성문 입구와 옥문(獄門)을 마주보고 있는 곳은 살 곳이 못 되며, 네 거리의 입구
라든가 산등성이가 곧바로 다가오는 곳, 그리고 흐르는 물과 맞닿은 곳, 백천(百川)이
모여서 나가는 곳과 초목(草木)이 나지 않는 곳은 살 곳이 못 된다. 옛길[古路]·영단
(靈壇)과 신사 앞, 불당 뒤라든가 논이나 불을 땠던 곳은 모두 살 곳이 못된다.

무릇 인가(人家)의 문전에 곡(哭)자의 머리 부분처럼 생긴 쌍못[雙池]이 있는 것은 좋지
않다. 서편에 못이 있는 것을 백호(白虎)라 하며, 문앞에 있는 것은 모두 꺼리는 것이다.
집안에 깊은 물을 모아두면 양잠(養蠶)을 하기 어렵다.

무릇 물을 방류(放流)함에 있어서, 양국(陽局)으로 생긴 터에는 양방(陽方)으로 내보내고 음국(陰局)으로 생긴 터에는 음방(陰方)으로 내보내야지 음·양이 섞이게 해서는 안 된다

무릇 주택에 있어서, 모름지기 황천살(黃泉煞)은 피해야 한다. 그 방법에 있어서는, 경향(庚向)·정향(丁向)은 곤방(坤方)의 물, 곤향(坤向)은 경방(庚方)·정방(丁方)의 물, 을향(乙向)·병향(丙向)은 손방(巽方)의 물, 손향(巽向)은 을방(乙方)·병방(丙方)의 물, 갑향(甲向)·계향(癸向)은 간방(艮方)의 물, 간향(艮向)은 갑방(甲方)·계방(癸方)의 물, 신향(辛向)·임향(壬向)은 건방(乾方)의 물, 건향(乾向)은 신방(辛方)·임방(壬方)의 물을 황천살이라 하는데, 이것이 이른바 사로황천(四路黃泉)·팔로황천(八路黃泉)이라는 것이다. 다만 이 12향(向)에 대해서 물을 내보내는 것만 논의되는 것이고 나머지 향은 꺼리지 않는다.

무릇 집을 지음에 있어서, 도리[架]와 간수를 짝수로 하지 말고 홀수로 해야만 크게 길하다. 지붕을 덮고 서까래를 걸침에 있어서 기둥머리와 들보 위에 닿게 해서는 안 되며 모름지기 양변(兩邊)이 들보에 걸터앉는 것처럼 해야 한다.

뽕나무를 집 재목으로 쓰는 것은 좋지 않으며 죽은 나무로 마룻대[棟]나 들보를 해서는 안 된다.

낙숫물이 서로 마주 쏘는 듯이 흐르면 살상(殺傷)이 주로 일어나며, 옥상(屋上) 머리에 하(廈; 지붕의 도리 밖으로 내민 부분)가 있으면 허약한 병이 이것으로 말미암아 생긴다.

무릇 새 집을 지음에 있어서 거꾸로 된 나무로 기둥을 만들거나 목수가 목필(木筆)을 기둥 밑에 버려두면 사람이 불길하게 된다.

집을 헐 때 지붕을 남겨두면 마침내 곡(哭) 소리가 끊이지 않고, 마룻대[棟]를 연속하여 집을 지으면 3년에 한 번씩 통곡할 일이 생기게 된다.

지붕을 너무 높게 하지 말아야 한다. 높으면 양기가 성하여 너무 밝다. 지붕을 너무 낮게 하지 말아야 한다. 낮으면 음기가 성하여 너무 어둡다. 그래서 너무 밝으면 백(魄)이 손상되고 너무 어두우면 혼(魂)이 손상된다. 거실 사면에 모두 창호(窓戶)를 설치하여 바람이 불 때는 닫고 바람이 멎으면 열어 놓으며, 앞에는 발을 드리우고 뒤에는 병풍을 쳐서 너무 밝으면 발을 늘어뜨려 실내의 빛을 조화시키고 너무 어두우면 발을 걷어 외부의 빛을 통하게 하여, 음기와 양기가 적중(適中)해야 하고 밝음과 어두움이 상반(相半)되어야 한다. 그리고 남향으로 앉고 머리를 동으로 두고 자면 몸이 편안하다.

— "어디에 집을 지으면 좋을까",《산림경제》1권
*민족문화추진회번역본 참조

감여의 술(術)은 날로 새롭고 달로 풍성하여, 사람의 화와 복이 다 분총(墳冢)에 매였다고 여기며, 지나치게 믿는 자는 혹 두세 번씩 파기도 하니, 이는 오직 길흉이 혹시 이로 인한 것이 아닌가 두려워서이다. 근세에 재신(宰臣) 모가 전주부윤(全州府尹)으로 있을 적에, 경기전(慶基殿) 부근의 사방 산은 오랫동안 거민(居民)들의 장지(葬地)가 되어 무덤들이 옹기종기 너무도 많으므로 파가게 할 것을 주청하자 조정에서 허락하였다. 부윤은 부하 장졸을 시켜 일일이 가서 광중(壙中)의 화복과 그 자손의 번다함을 살펴보게 한 바, 부호(富豪)한 자의 묘라 해서 반드시 좋지도 않고, 고단하고 빈약한 자라 해서 단정코 흉하지도 않았다는 것이다. 사람이 나에게 와서 그 자상한 내용을 일러준 일이 있었다.
옛날에 채서산(蔡西山)이 이 기술에 능하여 헌항(軒杭)에 오랜 산 이후에 대대로 경상(卿相)이 되니, 사람들은 서산(西山)이 묏자리를 가린 복이라고 이른다. 그러나 매양 향인(鄕人)과 더불어 장지를 가려서 고쳐 정해 준 것에 있어서는 그 길흉이 다 징험되지 않았다. 그가 도주(道州)로 귀양 갔을 적에 시를 준 자가 있어 이르기를,

남의 집안 좋은 묘를 다 파냈으니

원통한 넋 호소할 길 다시 없구려

선생이 소요부의 술 지녔다면

도주로 갈 날을 미리 말 못했는가

라 하였는데, 대개 그 전에 첨원선(詹元善)이 천(薦)하기를 그가 강절(康節)의 학(學)을 전수했다고 한 때문이었다. 사람으로 하여금 배를 잡고 웃게 한다.

— 이익, 〈감여堪輿〉,《성호사설》제9권 인사문.

*민족문화추진회 번역본 참조

대표적인 풍수지리 학자

최창조(1950~) 서울대 지리학과에서 박사학위를 취득했고, 청주사범대학, 전북대 및 서울대 지리학과 교수를 지냈다. 풍수지리는 전통과학의 핵심 분야이지만, 현대 과학의 관점에서 봤을 때 유사과학(Pseudo Science)의 성격이 강하다. 과학적 지리학을 전공한 학자가 풍수지리학을 연구한다고 했을 때, 학문의 상이함이라는 측면과 함께 학계 주변의 시선 때문에 커다란 난항을 겪었다. 하지만 최창조는 과감하게 풍수지리 학자의 길을 택했다. 그는 《한국의 풍수사상》(1984)에서 한국 풍수지리의 개념과 역사를 정리했으며, 1993년 대표적인 풍수지리서인 《청오경》과 《금낭경》을 번역했다. 이와 함께 서양학계의 풍수지리학 연구를 모은 《서양인이 이해한 생활풍수》(1993) 등을 내놓았다. 이후 풍수지리를 생태학적 관점에서 해석하는 방향의 연구를 수행하고 있으며, 《도시풍수─도시, 집, 사람을 위한 명당 이야기》(2007)도 그러한 작업의 소산이다.

정약전은 왜 물고기를 그리지 않았을까?

그런데 유배지에서
왜 하필 물고기 백과사전을 지었을까?
유배지 문학들이
대부분 양반의 체면을 손상시키지 않는
시와 글임을 놓고 볼 때
박물학 중에서도
물고기 책을 쓴 정약전의 선택은
분명 특이하다.

나는 정약전(丁若銓 · 1758~1816)이 《자산어보》를 가지고 자신을 시기해 머나먼 죽음의 땅 흑산도로 밀어 넣은 정계와, 그의 학문을 경계한 학계에 일타를 가한 것이라 본다. 정약전은 1790년 과거에 급제하여 전적 · 병조좌랑의 관직을 역임하면서, 서양 학문과 사상에 접한 바 있는 이벽(李檗) · 이승훈 등 남인 인사들과 교유하고 특별히 친밀하게 지내다 그들을 통해 서양의 천문학을 접했고, 더 나아가 천주교에 마음이 끌려 신봉하기에 이른다. 그러다 순조 1년(1801)에 신유사옥으로 천주교 박해가 시작되자 화를 입고 목포에서 한참 떨어져 있는 신지도를 거쳐 더 먼 섬인 흑산도로 유배되었다. 나는 유배지에서 정약전이 《자산어보》에서 구사한 학문 방법이 일찍이 그가 과거시험에서 물 · 불 · 공기 · 흙을 위주로 하는 이단적인 서양의 사행설을 답안에 적어내어 사람들을 깜짝 놀라게 했던 그 행위보다 더 대담하다고 본다.

오늘날의 시각으로는 이 책의 구성과 서술이 별 특징이 없어 보인다. 바다에 사는 생물을 있는 대로 모으고 분류하여 실었다. 꼼꼼한 관찰이 분류의 기준을 제시한다. 바다 생물을 바다 동물과 식물로 나누고, 동물을 비늘이 있는 것과 없는 것으로 나누고, 또 그것을 생긴 모습이나 생태가 비슷한 것끼리 모으고, 각 특징에 따라 이름을 붙였다. 고등생물학을 배우는 학생이라면 오늘날 중 · 고등학교의 분류생물학 수준이라고 낮춰 볼지도 모르겠다.

19세기 조선 학계의 눈으로 본다면 어떨까? 당시 시각으로는 너무도 낯선 방식이었다. 또 학자가 왜 이런 일을 해야 하는지 의문스럽기도 했다. 동식물, 광물에 관심을 갖는 이는 있었지만 어디까지나 약재로 활용하거나 화초나 동물 키우기라는 취미의 일환이었다. 더욱 이 미지의 동·식물의 모습이나 생태를 자세하게 관찰하는 일 따위에는 별 관심 없었다.

이런 상황에서 정약전은 오늘날 생물학에서 하는 방식과 비슷하게 흑산도 바다의 생물을 중심으로 해양생물을 연구했다. 사실관계만 놓고 본다면 '전근대' 사회에서 '근대적인' 학문을 한 셈이다. 정약전은 오직 관찰의 객관성을 중시했고, 필요하면 해부 지식도 활용했다. 현재의 유용성을 기준으로 거기에 포섭된 생물만을 연구하지 않고 흑산도 바다의 전 해중 생물을 대상으로 확장했다.

한국 최서남단에 위치한, 육지와 거의 완전하게 고립된 섬 흑산도, 쾌속정으로도 목포에서 2시간이나 걸리는 위치에 있는 이 섬에서 조선 최고의 지성 정약전은 자신이 처한 환경 속에서 자신이 할 수 있는 최대의 학문 활동을 했다. 그는 기존의 학문과 달리 새로운 학문 영역을 택해 새로운 방법론으로 승부를 걸었다. 그 결과물이 226종의 해양생물을 망라한 해양생물학 보고서 《자산어보》이다.

조선 박물학을 대표하는 이수광(1563~1628)의 《지봉유설》, 이익(1681~1763)의 《성호사설》, 이규경(1788~?)의 《오주연문장전산고》 등의 책자들이 자연의 이치를 탐구한 결과를 담고 있기는 하지만, 《자산어보》처럼 특정 분야를 체계적으로 파고들지는 않았다. 또 김려(金鑢·1766~1822)가 《우해이어보》(1804)에 진해 근해 어류의 생리, 형태, 습성, 번식, 효용성 등을 연구해 담았지만, 대상 생물이 70여 종에 그쳤고 체계적인 분류와 작명의 단계까지 나아가지는 않았다. 19세기 이전 조선의 학계에서 《자산어보》와 같은 부류의 학문방법을 철저히 구사한 박물학 책이 등장한 적이 없었다. 중국에서도 보이지 않는다. 그나마 서양학문의 직접적인 영향을 받은 일본의 경우는 18세기 이후 박물학 연구가 비교적 활발한 편이었다. 조선 박물학에서 《자산어보》와 견줄 수 있는 박물서로는 광물의 종류와 산지, 제법, 합금 등을 체계적으로 다룬 이규경의 《오주서종박물고변五洲書種博物考辨》(1834) 정도가 있을 뿐이다.

마지막으로 현재 '자산어보가 맞나, 현산어보가 맞나' 는 논쟁은 본질에서 벗어난 난센스임을 짚고 넘어가야겠다. 다산 정약용이 "흑산(黑山)이라는 뜻이 으스스하기 때문에 피하기 위해서" 형과 편지를 주고받으며 자신의 이름을 다산이라 한 것처럼 형을 지칭하는 이름으로 흑산 대신에 '玆山' 이라고 썼고, 그것을 책이름에도 그대로 붙여 〈玆山魚譜〉라고 한 것이다. 그러면서 정약용이 주석을 달기로 '玆' 는 '흑(黑) 과 같다고만 했을 뿐이다.[주1] 정약전도 책 서문에서 "'흑산(黑山)' 이 으스스해서 집사람들 사이의 편지에서 자주 '玆山' 이라 썼고, '玆' 가 검다는 뜻이라는 주석을 달았다. 이것이 '자산' 과 '현산' 과 관련된 발음 논쟁의 실체다.

문제는 우리가 흔히 알고 있는 '玆' 의 발음은 '자' 이지만, 뜻은 '검다' 보다는 '이것' 할 때의 '이' 라는 점이다. 전문적으로 깊이 들어가면 '검다' 는 뜻의 독음은 '현(玄)' 이기 때문에 '현산' 이 옳다는 것이다. 《현산어보를 찾아서》의 저자 이태원은 그 근거로 흑산도에서 공부를 한 유암(柳菴)이라는 인물이 흑산도를 '현주(玄洲)' 라고 표현한 것을 들었다. 유암은 정약전의 저술을 자신의 책에 필사한 인물로 그의 제자격인 이청과 친구였으므로, 이 '현주' 라는 것이 바로 정약전에서 유래한 '흑산' 의 다른 표현으로서 '자(玆)' 자를 '현(玄)' 으로 읽어야 한다는 주장이었다. 하지만 조선 후기의 대표적인 옥편인 《강희자전》이나 정조 때 편찬된 《규장전운》에 '검다' 는 뜻으로도 자(玆)라는 독음을 쓰고 있으므로[주2] '현' 으로 불렀다면 당연히 특별한 주석이 필요하다. 책 제목으로 정하면서 굳이 잘 모르는 발음을 택하는 것은 이상하지 않은가.

그보다 결정적인 증거가 있다. 정약용은 '玆山' 을 자산이라 부른 듯하다. 강진에 유배한 정약용은 그보다 남쪽 섬인 흑산도에 있는 형을 보려고 다산 뒤쪽 산인 보은산에 올랐다. 일행이 그 산의 속명이 우이산이라고 하자 정약용은 우이도에 유배 간 형과의 인연이 더욱 새삼스럽게 느껴졌다. 자신이 3년 동안이나 다산에 있으면서도 몰랐던 지명이었다. 형 있는 곳을 바라보며, 이런 공교로움을 떠올리며 정약용은 다음과 같은 시를 썼다.

나해(흑산도)가 있는 나주 바다와 탐진(강진)이 이백 리 거리인데,
험준한 두 우이산을 하늘이 만들었던가.
삼 년을 묵으면서 풍토를 익히고도,
자산(玆山)이 여기 또 있는 것은 내 몰랐네.
(흑산이라는 이름이 듣기만 해도 으스스하여 내 차마 그렇게 부르지 못하고 서신을 쓸 때마다 자산으로 고쳐 썼는데 '자'[玆]란 검다는 뜻이다.)

시적 의미로 볼 때 마지막 구절에서 자산(玆山)은 중의적(重義的)으로 읽힌다. 만일 따로 주석이 없다면 단지 이쪽, 저쪽 중 하나로 읽을 수 있고, 주석을 참조하면 구체적인 지명 곧 우이도(흑산도)로 대입하여 읽을 수 있다. 정약용은 《대동수경》에서도 '玆山'을 '자 산' 곧 '이 산'으로 읽은 바 있다. 이 책에서 정약용은 박제가의 〈청석령青石嶺〉이란 시 를 인용했는데, "오늘날 크게 흐르는 물은 옛날의 패수요, 이 산[玆山], 곧 청석령]이 마치 기(箕)의 영역 안에 있는 듯하구려"[3]라는 구절이었다.

또 다른 증거가 있다. 정약용은 《목민심서》의 〈공전육조工典六條〉 '산림' 조항에서 형 의 글인 '자산필담(玆山筆談)'을 인용했는데, 여기서는 '玆山'에 대해 '자(玆)'가 '흑 (黑)'이라는 뜻풀이조차 달지 않았다. "《자산필담》에서 말하기를, 배를 만드는 재료는 반드시 봉산에서 나오니, 마땅히 봉산에서만 배짓는 곳을 만들어 장인들을 모아 살도록 하여 배 만드는 일에 전념토록 한다"라고 했을 뿐이다. 이는 '玆山'이라는 글자를 관례 대로 읽었음을 뜻한다.

한 가지 사실을 더 들면 정약용은 자신의 저작에서 독음을 특별히 달아야 할 부분은 "어

떻게 읽어라"는 지침을 밝혀놓았다. 《아언각비》는 잘못 쓰고 있는 언어를 바로 잡기 위한 책이다. 싸리나무의 한자어인 '杻' 에 대해 어떻게 썼는지 살펴보자.

가만히 또 싸리(杻)의 글자 됨을 생각해보면 기계 이름으로 쓰일 때의 음은 축(丑)이고, 나무 이름일 땐 음이 뉴(紐)가 되는데, 지금 세상에서는 읽기를, 기계이름으로 쓰일 때면 음을 뉴(紐) '이른바 가뉴(枷杻)를 갖춘다' 라 하고, 나무 이름으로 쓰일 때면 음을 축(丑)또는 '그릇되게 입성으로 만들었다' 라 하니, 한 번 그릇되게 된 것이 많은 잘못을 가져오게 되었다.

이처럼 잘못된 음을 바로 잡기 위해 《아언각비》를 쓸 정도의 음운학자였던 정약용이 '玆' 의 뜻만 '검다[黑]' 라 밝히고 '현(玄)으로 읽어라' 라고 굳이 밝히지 않을 까닭이 있었을까. 민족문화추진회 홈페이지에서 《여유당전서》 중 '玆' 를 검색하면 총 445건이 나온다. 그중 '현' 으로 읽으라는 주석은 하나도 발견되지 않았다.

반면에 '玆' 를 '자' 로만 읽었다는 결정적인 증거가 있다. 정약용은 《경세유표》에서 진휼 때 받은 곡식을 되갚는다는 뜻인 '還上' 를 '환상' 이 아니라 '환차' 또는 '환자' 로 읽어야 한다고 밝혔다. 여기서 '차' 의 음으로 '次' 를 들었고, '자' 의 음으로 '玆' 를 들었다. 만약에 정약용이 '玆' 음을 '현' 으로도 읽었다면 별도로 그 사실을 밝히거나 '玆' 대신에 오직 '자' 음만 가진 다른 글자를 선택했을 것이다. 별도의 주석 없이 '자' 의 음으로 '玆' 를 선택한 데서 그가 '玆' 를 오직 '자' 로만 읽었음을 추정할 수 있다. "고려 때 의창(義倉)은…… 오늘날의 '還上' 와 같지 않다. 우리나라 이두문에서는 위에서 아래로 내리는 것을 일컬어 上下라고 하는데 上의 음은 '차(次)' 또는 '자(玆)' 라 한다."[주4]
이상에서 검토한 대로 '자산어보' 라는 명칭은 잘못된 것이 아니다. 그런데 이런 명칭 논쟁이 그렇게 널리 회자된 이유는 한국의 출판 상업주의와 무관치 않다고 본다. 독자의 관심을 끌기 위해 책제목을 도발적으로 뽑았고 저자 또한 그것을 강력히 주장했기 때문이 아닐까. 그것이 공중파방송을 타고 진실인 양 엄청나게 보급되어버려 돌이키기 힘들 지경이 되었다. 정약용의 말대로 "한 번 그렇게 된 것이 많은 잘못을 가져오게 되었다." 이처럼 새롭게 생겨난 오해는 누가 책임져야 할까? 따져보기 귀찮아하거나, 새롭게 밝혀진 정보를 접하지 못한 대중은 이제 "현산어보, 현산어보" 한다. 심지어 네이버 어학사전은 발 빠르게 '현산어보' 항목을 만들어 "자산어보의 원말"이라 정의했다. 이제는 "그거 아니요, 자산어보가 맞소이다!"라고 일일이 논거를 대며 방어해야 할 지경이 되어버렸다. 본말이 뒤집혀도 이만저만이 아니다.

그러다 보니 사실 여부를 떠나 '이게 그렇게 중요한 논쟁인가' 하는 생각이 들기도 한다. 나는 '자산'이냐 '현산'이냐 하는 것보다 "'자산어보'의 자산이 무엇을 뜻하는지"를 분명하게 하는 것이 더 의미가 있다고 본다. "자산이 정약전의 호 아닌가?" 언젠가 이런 답변을 내놓았다가 낭패를 본 적이 있다. "그게 아니고, 흑산도를 가리킨대?" "아, 그러니까《자산어보》란 흑산도의 물고기에 관한 보고서란 뜻이구나!" 하지만 이건 틀린 소리다. 정약전이 지은 어보라는 게 맞다. 정약전은 또 다른 책인《역간易諫》을 남겼는데, 그 이름에도 자산을 넣어《자산역간玆山易諫》이라 했다. 주석에 "중국에도 정씨의 역이 있으니, 이름 하여 정씨의 역간(丁氏易諫)이라 한다"고 했다.[75] 여기에는 흑산도를 다루지 않았는데도 자산이라는 명칭을 붙였다. 그 밖에 정약용은 정약전의 산림에 관한 글을 〈자산필담玆山筆談〉, 곧 '자산(선생)의 필담'이라 불렀다. 이런 예를 볼 때《자산어보》도 '흑산도 어보'가 아니라 '흑산도 유배객 정약전이 지은 어보'라 해석하는 것이 옳다. 흔히 흑산도를 뜻하는 '자산'이 들어 있기 때문에《자산어보》가 '흑산도 어보'로 해석되기도 하는데, 실제 내용을 보면 흑산도 어류를 중심으로 조선의 모든 해양 어류를 대상으로 삼겠다는 정약전의 야심이 엿보인다.

*이 글은 〈역사비평〉 2007년 가을호에 실린 것입니다.

《자산어보》는 첨성대, 거북선 등 다른 유산들에 비해 대중에게 익히 알려지진 않았지만, 과학사적으로 한국의 박물학을 대표하는 중요한 학술 저작이다. 《자산어보》는 정약전의 귀양지인 흑산도 앞바다를 중심으로 한 해양박물학 책으로 총 226종의 해양 생물을 소개하고 있다. 이 책이 주목받는 이유는 수많은 해양생물 종을 담고 있다는 점과 함께 조선학계에서 유래가 없던 관찰의 정확성 때문이다. 묘사된 물고기의 사실성을 볼 때 확실한 관찰의 결과물이지 그 이전의 책들처럼 추측이나 상상, 혹은 문헌에 의존한 것이 아니다. 실제로 살펴보면 겉모습에 대한 묘사가 매우 자세하다는 것을 알 수 있다. 《자산어보》의 아귀 부분을 보자.

아구어 큰 놈은 두 자 정도이고, 모양은 올챙이를 닮아 입이 매우 크다. 입을 열면 온통 빨갛다. 입술 끝에 두 개의 낚싯대 모양의 등지느러미가 있어 의사가 쓰는 침 같다. 이 낚싯대의 길이는 4~5치쯤 된다. 낚싯대 끝에 낚싯줄이 있어 그 크기가 말꼬리와 같다. 실 끝에 하얀 미끼가 있어 밥알과 같다. 이것을 다른 물고기가 따먹으려고 와서 물면 잡아먹는다.

대부분은 어부들이 잡아온 것을 해변에 나가서 관찰하면 얻을 수 있는 내용들이다. 반면에 심해생물인 아귀나 상어는 쉽게 관찰할 수 없다. 그렇다면 대표적인 심해생물인 아귀가 먹이를 잡는 모습은 어떻게 포착했을까? 이 외에도 상어의 교미나 출산과정이 구체적으로 묘사되어 있다. 상어 역시 수심 20~100미터에서 살기 때문에 직접 들어가지 않고 수면에서 상어의 교미 장면을 관찰하는 것은 불가능하다.

설마 책을 읽는 선비가 바다에 뛰어들었을 것 같지는 않다. 여기서 바다에 들어갈 수 있는 사람, 해녀의 존재를 생각해볼 수 있다. 정약용이 당시 지은 시 중에 〈아가노래〉라는 것이 있다.

〈아가노래〉

아가 몸에 실오라기 하나도 안 걸치고
짠 바다 들락날락 맑은 연못같이 하네
꽁무니 높이 들고 곧장 물에 뛰어들어
(중략)
홀연히 머리 들어 물쥐처럼 나왔다가
휘파람 한 번 불고 몸 한 번 솟구치네
바닷가 손바닥만 한 큰 전복은
(후략)

아마도 해녀가 잠수하여 전복을 캐는 모습을 묘사한 듯하다. 이 시로 볼 때 수심이 깊은 곳에 사는 해양생물에 대해서는 해녀들에게 묻지 않았을까 추측할 수 있다. 게다가 흑산도는 대한민국에서 유일하게 남자 해녀(보자기)가 활동하는 곳이므로 체통 있는 양반인 정약전으로서는 정보를 얻기가 좀 더 수월했을 것이다.

그런데 보통 아귀는 70~250미터에서 서식한다. 해녀들은 몇 미터까지 들어갈 수 있을까? 일반적으로 20~30미터는 거뜬히 들어갈 수 있다고 하고, 현재 기네스북에 올라 있는 이탈리아의 지안루카 제노니의 맨몸 잠수 세계 기록은 125

미터이다. 그렇다면 매우 경험이 많은 해녀들은 20~30미터보다는 더 깊이 들어갈 수 있었을 것이고, 아귀가 항상 깊은 수심에서만 사는 것은 아니므로 해녀들이 아귀를 관찰했을 가능성이 없지는 않다.

직 접 물 고 기 를 해 부 했 을 까 ?

물고기의 겉모습과 생태 묘사는 해녀들의 도움을 받았다고 하더라도 내장과 같은 내부 묘사는 어떻게 한 것일까? 《자산어보》에는 상어에 대해 다음과 같이 묘사해놓았다.

대체로 물고기가 알을 낳은 것은 암수의 교배에 의해서가 아니다. 수컷이 먼저 정액을 쏟으면 암컷은 이 액에 알을 낳아 수정, 부화되어 새끼가 된다. 그런데 유독 상어만은 태생이다. 잉태에 일정한 시기가 없다는 것은 물속에 사는 생물로서는 특별한 예다. 수놈에는 밖으로 두개의 콩팥이 있고, 암놈은 배에 두 개의 태가 있다. 태속에는 또 각각 4~5개의 태가 있다. 이 태가 성숙해지면 새끼가 태어난다. 새끼상어의 가슴 아래에는 각기 하나의 태와 알이 있다. 크기는 수세미와 같다. 알이 없어지면서 태어난다. 알은 사람의 배꼽과 같다. 그러므로 새끼상어의 배 안에 있는 것은 알의 즙이다.

여기서 정약전이 상어의 내부를 직접 관찰했음을 짐작할 수 있다. 그것도 매우 자세히 보았다. 실제로 새끼를 낳는 상어의 암놈은 몸 속의 좌우에 하나씩 자궁을 가지는데 이는 '두 개의 태가 있다' 라는 내용과 정확히 일치한다. 또한 "태보 속에는 4~5개의 태가 있다"고 한 것은 한꺼번에 4~5마리씩 총 8~10마리의 새끼를 낳는다는 말인데, 상어는 한 번 출산할 때 10마리 정도 낳는 것이 보통이 므로 정확한 묘사라고 할 수 있다. 새끼가 가슴에 달고 있는 알은 영양분인 난황 을 의미하고, 알을 태아에 양분을 공급하는 탯줄에 비유하고 있다.

또한 요리 등의 다른 용도 때문에 물고기를 자르던 과정에서 우연히 발견한 내 용을 가지고 쓴 것이 아니라, 내부 구조를 자세히 파악하기 위해 일부러 해부를 했 다는 사실은 불가사리 등 잘 먹지 않는 수중생물에 대한 내용에서 확인할 수 있다 는 것을 〈KBS〉 '역사스페셜' 에서 지적한 바 있다.[76] 실제로 확인해보면 정약전은 불가사리[楓葉魚]를 개부전이라 명명했는데 이에 대한 설명의 하나로 "배 안에는 장이 없는 것이 오이 속과 비슷하다"라고 적고 있다. 물론 먹지 않고 잘라서 다른 용도로 사용했다고 생각할 수도 있지만 지금까지 불가사리가 음식은 물론 그 어떤 용도로도 쓰였던 전통이 없기 때문에 그럴 가능성은 희박하다.

이런 기록들과 사실을 놓고 볼 때 물고기 해부가 이루어진 것은 분명한데 정 약전이 직접 했는지는 확실치 않다.

《자산어보》의 해부는 현대 생물학의 해부와 근본적으로 차이가 있다. 현대 생물학에서 해부는 생물 내부 기관의 모습과 위치만 보는 것이 아니다. 우선 내 장의 한 부분을 없앤 다음 물고기가 어떻게 움직이는지 확인해서 그 부분의 기능 을 파악하는 것을 목표로 한다. 이에 비해 《자산어보》의 해부는 물고기 속이 어 떻게 생겼는지 관찰하여 기록하는 것을 주 목적으로 하고 있다. 현대의학에서 말 하는 해부에는 세 종류가 있다. 사람의 정상적인 구조를 조사하는 '정상해부', 내장·신경·감각기 등 각 계통으로 나누어서 상세히 조사하는 '계통해부', 사 망 전의 병상이나 그 경과를 확인하고 병의 원인이나 변화를 조사하는 '병리해 부' 다. 이런 관점에서 볼 때 정약전의 해부는 '정상해부' 에 속한다. 그러나 현대 생물학에서는 해부를 통해 내부의 기능을 관찰해야 한다는 점에서 정약전식 해부를 완전한 해부라고 보기는 힘들다. 정약전은 어족의 모양과 형태 관찰에 중점을 두었으므로 해부 행위도 내부 모습을 들여다보는 관찰의 연장선으로 이해하는 것이 정확할 것이다.

흑산도 근해의 해양생물을 총망라하다

《자산어보》 서문을 보면 정약전은 이 책이 병을 고치고, 글 짓는 소재를 제공하며, 재산을 불리는 데 도움이 될 것이라 했다. 즉 실용성을 앞세운 것이다. 대체로 동아시아의 전통적인 박물학이 의학과 농학 등 실용적인 목적 위주였음을 상기할 때 정약전 역시 그런 목적에 충실했음을 짐작할 수 있다. 《자산어보》에는 실재 용도를 밝힌 구절들이 많이 있다. 이를테면 "대면(大鮸)이라 이름 붙인 물고기의 간은 상처를 잘 아물게 하고, 쓸개는 흉통, 복통을 다스린다고 한다", "만성 복결병이 있는 사람은 홍어 삭힌 것으로 국을 끓여 먹으면 더러운 것을 배출하고 숙취를 해소하는 데 매우 좋다"는 내용은 질병 치료와 관련된 것이다. 그 밖에도 "오징어 먹물은 글씨 쓰는 데", "굴 껍질은 바둑알을 만드는 데" 이용한다는 실용적인 설명이 종종 등장한다.

그러나 실용성만이 전부는 아닌 듯하다. 실용적인 목적만이라면 226종이라는 방대한 해양생물을 담아낼 필요가 없었을 것이다. 226종은 현재의 어류도감과 비교해도 손색이 없는 양이다.

명정구 박사의 《우리바다 어류도감》에는 334종이 등장한다. 가장 많은 어종을 담은 것은 2001년에 나온 《한국의 바닷물고기》라는 책으로 총 937종이 실려 있다. 《자산어보》의 226종은 당시 흑산도 근해를 중심으로 한 해양생물을 망라한 것이다. 정약전은 실용성 여부를 떠나 자신의 손길이 미치는 모든 곳에서 가

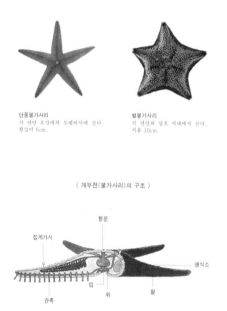

단풍불가사리
각 연안 조간대의 모래바닥에 산다.
팔길이 6cm.

별불가사리
각 연안의 암초 지대에서 산다.
지름 10cm.

〈 개부전(불가사리)의 구조 〉

항문
집게가시
생식소
입
위
팔
관족

불가사리의 모습과 구조. 《상해 자산어보》(신안군 출간)

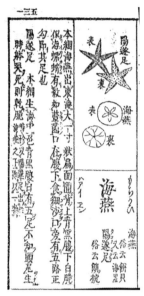

일본의 《왜한삼재도회》에 실린 불가사리 그림과 설명.

능한 모든 종을 조사하고자 했고 또 소기의 성과를 거뒀다. 이런 사실은 별 것 아닌 듯하지만, 실용성을 동식물 분류의 거의 절대적인 기준으로 삼아왔던 동아시아 박물학에서 탈피했다는 점에서 주목할 만하다.

《자산어보》에서 엿보이는 태도는 현대 생물학과 매우 비슷하다. 사실 생물학자들이 연구하는 것 중에는 주제 자체로는 아무 쓸모없는 경우도 많다. 예를 들어, 한 종의 DNA를 모두 분석했다고 해도 그것만으로는 무의미하다. 어떤 유전자가 무슨 작용을 하는지 밝혀서 나쁜 과정이면 막고, 몸에 이로운 과정이면 확대하는 방법이 결부되어야 비로소 가치가 있다. 정약전은 각각의 해양생물이 어떻게 생겼는지, 교배는 어떻게 하고 다른 생물과의 차이점은 무엇인지 등 생물학적인 관찰을 중시했다. 그런 점에서 정약전이 현대 과학적 사고방식과 가치관을

우리
과학의
수수께끼
2

어느 정도 가지고 있었음을 부인할 수 없으며, 바로 그 점 때문에 현대의 학자들은《자산어보》의 과학성에 열광하는 것이다.

독특한 분류와 명명법

정약전은 당시로서는 획기적인, 생물학적 특징을 기준으로 삼은 자신만의 분류법을 창시해냈다. 동아시아 박물학 사상 이처럼 독창적인 분류법을 내세운 일은 매우 드물었으며, 조선에서는 더 말할 것도 없다. 정약전은 해양생물 226종을 비늘이 있는 '인류(鱗類)', 비늘이 없는 '무린류(無鱗類)', 딱딱한 껍질을 가진 '개류(介類)', 그리고 앞의 세 분류에 들어가지 않는 '잡류(雜類)'의 네 가지로 나눴다. 잡류는 다시 바다 벌레인 해충, 바다 새인 해금, 바다 짐승인 해수, 바다 풀인해초의 네 가지로 나누었다. 이런 분류 방식은 당시까지 동아시아 박물학의 최고봉인 명나라 이시진의 《본초강목》(1578)과 비교해보면 의미가 분명해진다.

해양생물과 관련된 두 문헌의 분류 체계 비교

문헌	분류						
	인류 (鱗類)	무린류 (無鱗類)	개류 (介類)	잡류(雜類)			
				해충 (海蟲)	해금 (海禽)	해수 (海獸)	해초 (海草)
자산어보	인류 (鱗類)	무린류 (無鱗類)	개류 (介類)	해충 (海蟲)	해금 (海禽)	해수 (海獸)	해초 (海草)
본초강목	인부 (鱗部)		개부 (介部)	없음	금부 (禽部)	수부 (獸部)	초부·채부 (草部·菜部)

정명현, 〈정약전의 '자산어보'(玆山魚譜)에 담긴 해양 박물학의 성격〉, 서울대학교 이학석사학위논문, 25쪽

위의 표에서 보듯《본초강목》의 '인부'와 '개부'에서만《자산어보》의 인류,

219

무린류, 개류에서 인용한 어류를 다루고 있다. 또한 《자산어보》의 '잡류'에서 다루는 해금, 해수, 해초를 《본초강목》에서는 각각 금부, 수부, 초부, 채부에서 다루는 등 해양생물이 여기저기에 분산되어 실려 있다. 게다가 《자산어보》의 해충에 해당하는 항목은 아예 포함되지 않았다. 정명현은 기존 문헌에서도 어류와 잡류가 모두 포함된 해양생물 전체를 한곳에 모아 수록하는 전통이 없었음을 밝힌 바 있다.

《자산어보》의 분류법에서 무엇보다 주목할 만한 특징은 '상위 범주'와 '하위 범주'를 나누는 방식이다. 정약전은 인류에 20류, 무린류에 19류, 개류에 12류, 잡류에 4류까지 모두 55류를 배속했다. 이들 하위 범주를 다시 비슷한 종끼리 묶어 각각 72종, 43종, 66종, 45종으로 세분화했다. 이처럼 상위·하위 범주를 나누는 분류체계를 통해 55류 226종을 적절히 배치하여 어떤 종이 어떤 류에 속한다는 것을 명확하게 보여줄 수 있게 했다.

독특한 분류법과 함께 자기만의 명명법도 창시했다. 정명현의 연구에 따르면 전체 226종 가운데 기존의 이름을 그대로 기록한 종은 63종(약 28퍼센트) 정도이며 32종(14퍼센트)은 방언의 의미를 되살려 한자어로 역번역한 것이다. 결국 131종(약 58퍼센트)에 이르는 해양생물의 이름을 새로 지은 것이다. 머리말에서 "자산의 해중어족은 매우 풍부하지만, 그러나 그 이름이 알려진 것은 적다. 마땅히 박물학자들은 살펴보아야 할 것이다"라고 말한 것은 자신이 곧 박물학자로서 해양생물의 이름을 창명하겠다는 의지의 표현이라고 볼 수 있다.

《자산어보》이외의 다른 고문헌에서는 저자가 직접 작명을 한 경우를 거의 찾아보기 힘들다는 점에서 획기적인 시도였다. 정명현의 다음 설명처럼 정약전은 비슷한 형태나 특징을 지닌 어류를 모아서 작명하고, 공통된 속성이 이름에서도 나타나게 해서 사람들이 이름을 보며 좀더 쉽게 그 물고기를 떠올릴 수 있기를 바란 것이다.

정약전의 분류에 의하면 인류의 '접어류' 의 대표 종은 '접어' 이다. 그리고 접어와
비슷한 나머지 일곱 종의 이름은 모두 'O접' 또는 'OO접' 으로 끝나고 있다. 이 중
'전접' (누린내 나는 광어)은 맛이 누린내가 나기 때문에 지어졌고, '수접' (수척한
광어)은 몸뚱이가 수척하다고 해서 지어졌으며 '우설접' (소의 혀만 한 광어)은 그
길이가 소의 혀와 아주 비슷하다고 해서 만들어진 이름이다. 이와 같이 어떤 한 종
의 이름을 알게 되면 그것이 어떤 류에 속하는지, 그리고 어떤 특징을 가지고 있는
지를 알 수 있도록 해양생물의 이름이 만들어졌다. '접어류' 의 경우 기존의 명칭을
수용한 '접어' 를 제외한 7종을 모두 정약전이 창명한 것으로 보인다.

— 정명현, 〈정약전의 자산어보에 담긴 해양박물학의 성격〉, 30쪽

그런데 정약전의 창명 시도는 처음부터 문제점을 안고 있었다. 조사한 생물
가운데 60퍼센트 가까이 되는 해양생물의 명칭을 자신의 판단이나 흑산도 어종
에 밝은 조력자 장창대의 의견을 듣고 새로 짓는 것은 박물지식을 확대한다는 점
에서 의도는 좋았지만 상식적인 방법은 아니었다. 물론 그가 지은 어류 이름들은
모두 나름의 근거가 명확했다. 예를 들면 '위돈' (蝟魨: 고슴도치 복어), '풍엽어'
(楓葉魚; 불가사리) 등 어족의 생김새를 보고 그와 비슷한 사물의 이름을 빌려 쓴
다거나, '해사' (蟹鯊; 게를 주로 먹는 상어), '조사어' (釣絲魚; 아귀, 실로 낚시하듯
먹이를 잡아먹는 물고기) 등 어족의 생태적 특성에 착안한다거나, '박순어' (薄脣
魚; 입술이 얇은 물고기), '흑립복' (黑笠鰒; 까만 삿갓모양의 전복), '자채' (紫菜;
김, 자색을 띤 나물), '대면' (大鮸; 큰 민어) 등 어족의 외형적 특성에서 힌트를 얻
어 이름을 지었다.

문제는 오랜 세월을 거쳐 입에서 입으로 전해지며 자연스럽게 형성된 것을 선택하거나, 많은 사람들의 동의를 거쳐 그 이름이 자연스럽게 널리 퍼질 수 있도록 고려하지 않았다는 것이다. 도미나 고등어처럼 당시에도 비교적 널리 알려진 이름조차 거부하고 각각 '강항어'(목이 강하다는 뜻)와 '벽문어'(푸른 무늬가 있다고 해서 지음)로 창명하는 식이었다.

정약전은 물고기 이름을 한자로 옮길 때 방언을 소리 나는 대로 옮기지 않고 뜻까지 통하게 했다. 덕분에 후세의 사람들은 그 물고기가 무슨 고기인지 쉽게 알 수 있지만 당시에는 그다지 큰 효과가 없었다. 일반 백성들이 쓰기에 한자어로 된 물고기 이름이 너무 어려웠기 때문이다. 본인은 실용적인 측면을 강조했다고 했지만, 정작 어려운 한자 때문에 대중의 외면을 받은 것이다. 그가 지은 물고기 이름이 몇몇 실학자들의 저서에만 보이고 여태껏 쓰이는 경우가 없는 것만 봐도 그런 사실을 확인할 수 있다.

《자산어보》에 사는 인어 이야기

인어 하면 '인어공주'를 떠올리는 사람이 많다. 그리고 인어에 관한 서양의 많은 전설과 신화로 인해 인어는 서양인들만의 것이라고 생각하기 쉽다. 하지만 동양 사람들의 상상 속에도 인어는 존재한다. 중국의 전설에는 '능어'라는 반인반어의 괴물이 존재했다고 하며, 위엔커의 《중국신화전설》에서는 교인이라 불리는 인어를 다음과 같이 묘사하고 있다.

남해에는 교인이라고 하는 인어들이 살았다. 그들은 바다 속에 살고 있었지만 자주 베틀에 앉아 옷감을 짜곤 했다. 파도 한 점 없는 깊고 고요한 밤, 별빛과 달빛만

이 흐르는 밤에 바닷가에 서 있으면 때때로 깊은 바다 속에서 부지런한 교인들이 옷감 짜는 소리를 들을 수 있었다. 교인들은 사람과 같이 감정이 있어서 울기도 했는데, 이들이 울 때마다 눈에서 흐르는 눈물방울이 모두 빛나는 진주로 변했다고 한다.

— 《중국신화전설》(이태원, 《현산어보를 찾아서》에서 재인용)

교인에 대한 전설은 우리나라에도 있다. 《자산어보》에도 인어가 명확히 언급되어 있다. 그 밖에 일본에서도 기린과 인어에 대한 전설이 전해 내려온다고 한다.

인천 장봉도에서 전해 내려오는 전설에 따르면 옛날에 흉어기가 3년이나 될 때가 있었다. 그러던 어느 날 장봉도 앞바다 날가지섬에서 고기를 잡던 어부는 우연히 인어를 잡았다. 마음씨 좋은 어부는 불쌍한 인어를 놓아줬고 며칠 후부터 고기가 많이 잡히기 시작했다.

동서양을 막론하고 인어에 대한 많은 전설이 전해 내려온다는 점과 이러한 전설이 적지 않다는 점, 그리고 정직한 관찰의 결과를 적은 《자산어보》에도 인어가 명시되어 있다는 사실로 볼 때 당시 사람들이 사람과 비슷하게 생겼다고 생각할 만한 어류가 존재했음을 추측할 수 있다.

《자산어보》에서는 인어에 대한 설 5가지를 설명하고 있다. 위에서 살펴 본 인어와는 전혀 다른 제어, 예어, 역어, 교인, 부인이며 구전이나 글로 전

《왜한삼재도회》에 나오는 인어의 모습

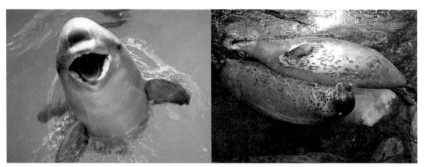

정약전이 사람과 비슷한 인어라고 언급한 상광어(왼쪽). 오늘날의 상괭이. 사람과 비슷한 인어로 언급한 옥붕어(오른쪽)는 물범으로 추측되고 있다.

해지는 설들을 모아놓은 것이다. 그리고 끝에 직접 관찰한 인어에 대해 적고 있다.

지금 서남해에는 두 종류의 인어가 있다. 그 하나는 상광어로서 모양은 사람과 비슷하여 젖이 두 개 있다. 즉 《본초》에서 말한 바 있는 해돈어이다. 또 하나는 옥붕어로 길이가 여덟 자나 되며, 몸은 보통사람 같고 머리는 어린이와 같으며 머리털이 치렁치렁하게 늘어져 있다. 그 하체는 암수의 차가 있고 남녀의 그것과 비슷하다. 뱃사람들은 옥붕어를 매우 꺼려한다. 어쩌다 어망에 들어오면 불길하다 하여 버린다. 이것은 틀림없이 사도가 본 것과 같은 종류일 것이다.

여기서 상광어는 현재의 상괭이와 같은 종이다. 상괭이는 물돼짓과로서 돌고래 무리 가운데 가장 작은 편이며 등지느러미가 없고 머리가 둥글다.
옥붕어라고 불렸던 어류는 현재의 어떤 물고기를 지칭하는지 명확히 밝혀진바 없지만 묘사된 형태로 보아 물범으로 추측되곤 한다.

정약전은 왜 물고기를 그리지 않았을까?

현대에 나오는 어류도감과 달리 조선 최고(最高)의 어류 백과사전이라는 《자산어보》에는 그림이 없다. 왜 그림이 없을까? 정약전의 그림 솜씨가 형편없어서? 아니다. 정약전이 남긴 그림에서 확인할 수 있듯이 그의 그림 솜씨는 매우 뛰어났다.

그는 그림을 그릴 때 철저하게 실제 모습을 그대로 담는 것을 목표로 했다. 화조도나 영모도를 비롯한 여러 작품들을 살펴보면 그 섬세함에 놀라게 된다. 마치 사진을 보는 듯한 느낌을 받을 정도다.

사실 그는 처음에 그림을 넣은 해양생물 백과사전을 만들려고 했다. 책 이름을 '해족도설'로 잡고 글을 쓰다가, 중간에 결국 그림을 넣지 않은 《자산어보》를 저술하게 된다. '해족도설'을 포기하고 그림을 뺀 이유에는 여러 가지가 있을 수 있겠지만 대부분의 학자들은 정약용이 정약전에게 보낸 편지 한 통에 나오는 일화를 가장 큰 이유로 꼽고 있다. 다음은 그 편지의 일부다.

> 책을 저술하는 일은 절대로 소홀히 해서는 안 되니 반드시 십분 유의하심이 어떻겠습니까? 《해족도설》은 무척 기이한 책으로, 이것은 또 하찮게 여길 일이 아닙니다. 도형은 어떻게 하시렵니까? 글로 쓰는 것이 그림을 그려 색칠하는 것보다 나을 것입니다.
>
> — 《여유당전서》 제1집 集詩文集第二十卷 ○ 文集 書 上仲氏 281_437b

정약용이 이런 편지를 보낸 이유는 무엇일까? 그림을 그리는 데 역량을 낭비하기보다는 글에 신경을 집중하여 더욱 알찬 내용을 담은 책을 쓰라는 조언이었

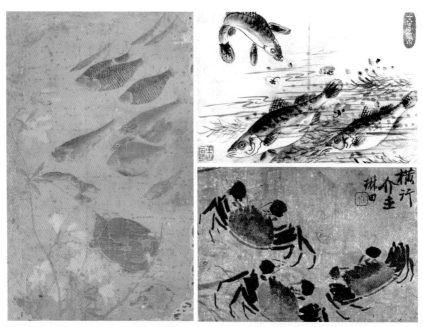

작자미상의 어해화 국립중앙박물관 소장(왼쪽). 〈장한종필궐어도〉 국립중앙박물관 소장(오른쪽 위). 조정규의 〈횡행개사〉

을까? 그렇게 해석하기에는 정약용의 말투가 너무 심각하다. 더욱 근원적인 이유가 있다는 어투다. 이런 정약용의 마음을 이해했기에 정약전은 그림을 그리지 않았다. 단순히 시간이나 노력의 문제였다면 유배지에서 집필생활만 하던 정약전이 해결하지 못했을 리가 없다.

그가 그림을 그리지 않은 원인을 설명하려면 당시의 회화 풍습을 이해할 필요가 있다. 당시에는 물고기와 갑각류 등 물 속 생물들을 그린 그림을 어해화라고 했다. 어해화로 유명한 인물로는 16세기의 신사임당, 17세기의 김인관(金仁寬)이 있고, 18세기 이후에 크게 성행했다.

어해화로 유명했던 임전 조정규(趙廷奎·1791~?)가 그린 〈횡행개사〉라는 작

우리의
과학의
수수메끼
2

품을 보면 조선시대 어해도의 특징이 잘 나타난다. 그 외에 〈취화선〉이라는 영화로 유명해진 오원 장승업(張承業 ·1843~1897)도 10곡 병풍 속에 어해를 그려 넣었다.

많은 화가들이 어해를 그리긴 했지만 위의 그림들에서 보듯이 민물고기나 소라, 조개류, 자라, 게 등 그림에 등장하는 어류 종류가 한정되어 있었고, 그 전통은 계속 이어졌다. 또한 어해화를 그린 목적도 대부분 부부 금실을 기원하거나, 경축용이었다. 그런 이유로 조선의 어해화는 국한된 어류에 한해서 실력의 증진이 이루어졌고, 김홍도 등의 화풍을 가미하여 배경에 신경 쓰는 정도로만 발달한 것이다.

정약용이 그림보다는 내용에 충실하라고 한 이유는 이런 척박한 환경에서 그림에까지 정신을 분산하지 말고 정약전이 잘할 수 있는 글에 혼신의 힘을 기울인다면 더욱 좋은 결과물을 얻을 수 있으리라고 여겼기 때문이 아닐까? 어류를 그리는 화풍이 없었던 것은 아니지만 박물학적 도감의 전통이 미약한 상태에서 제대로 그려낼 수 있을지 우려한 것이다. 실제로 정약전이 일일이 그림을 그렸다면 중국의 도감인 이시진의 《본초강목》

오원 장승업의 10곡 병풍 중 어해 부분.

(1578)이나 일본의 《왜한삼재도회》(1713) 수준으로 만드는 것조차 쉽지 않았을 것

이다. 정약전이 그림을 잘 그렸다고 해도 이전에는 전혀 본 적 없는 200종이 넘는 어류를 모두 정확하게 표현해낸다는 것은 거의 불가능했으리라. 더욱이 유배지에서 그림 그릴 재료도 구하기 어려웠을 것이다. 만약 그림에 욕심을 냈다면 글의 내용도 부실해지고, 세밀함이 아주 많이 요구되는 물고기의 그림들은 서로 구분하기도 힘들지 않았을까? 서문에 쓴 "이제까지 미치지 못한 점을 알고 부르게 되는 등 널리 활용되기를 바랄 뿐이다"라는 목적에도 오히려 악영향을 끼쳤을 수 있다. 그런 사실을 정약전도 깨달았기 때문에 그림을 추가하지 않고 대신 세세한 부분까지 글로 묘사한 듯하다.

왜 하필 물고기 백과사전인가?

정약전은 다산 정약용의 둘째 형으로 조선 후기 최고의 지성이었다. 어릴 때부터 재주가 남다르고 총명했으며 작은 일에 얽매이지 않는 성격으로 매사에 거리낌이 없었다. 소년 시절부터 이익(李瀷)의 학문에 심취했으며, 그 후 권철신(權哲身·1736~1801)의 문하에서 학문에 더욱 매진했다. 정조 7년(1783)에 사마시에 합격하여 진사가 된 후에도 안주하지 않고 학문에 열중하여 1790년 증광문과에 응시, 병과로 급제했다. 그 후 전적·병조좌랑의 관직을 역임하게 되었다. 순조 1년(1801)에 신유사옥으로 유배된 후 흑산도에서 16년간 살다가 그곳에서 59세의 나이로 세상을 떠났다.

그런데 유배지에서 왜 하필 물고기 백과사전을 지었을까? 유배지 문학들이 대부분 양반의 체면을 손상시키지 않는 시와 글임을 놓고 볼 때 박물학 중에서도 '물고기' 책을 쓴 정약전의 선택은 분명 특이하다.

먼저 정약전의 스승인 이익이 조선 박물학의 걸작인 《성호사설》을 저술해 성

리학 위주의 학풍에 변혁의 바람을 몰고 온 인물임을 상기하자. 《성호사설》은 백과사전적인 포괄적 구성에 학문 분야를 폭넓게 잡아 세계와 사회를 총체적이고 구체적으로 인식하려는 문제의식이 잘 드러나 있다. 정약전의 박물학에 대한 관심은 그런 스승의 인연과 무관치 않다.

그중에서도 해양생물을 주제로 잡은 것은 유배지가 섬이었다는 이유도 있었겠지만, 상대적으로 연구가 미진한 분야였기 때문이 아닐까 싶다. 왕을 제외한 내륙의 일반 사람들에게는 생선이 매

《왜한삼재도회》에 등장하는 어류 그림들. 서양의 과학지식과 방법론을 흡수한 에도시대 일본의 어류도감은 서양의 것과 비교해도 손색없는 수준이었다.

우 귀한 음식이었던 시대에 정약전은 귀양 오기 전에는 알지 못했던 다양한 해양생물의 세계를 접했고, 당연히 호기심 넘치는 눈으로 바라보게 되었다. 《자산어보》의 서문에서 정약전은 자신의 심회를 다음과 같이 술회했다.

자산의 해중어족(海中魚族)은 매우 풍부하지만, 그러나 그 이름이 알려진 것은 적다. 마땅히 박물학자(博物學者)들은 살펴보아야 할 곳이다. 나는 섬사람들을 널리 만나보았다. 그 목적은 어보(魚譜)를 만들고 싶어서였다.

《자산어보》의 오징어(烏賊魚)에 대한 설명과《본초강목》의 오징어 그림

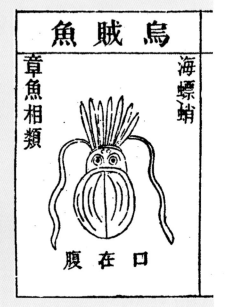

몸은 타원형으로서 머리가 작고 둥글며, 머리 아래에 가는 목이 있다. 목 위에 눈이 있고 머리 끝에 입이 있다. 입 둘레에는 여덟 개의 다리가 있어 굵기가 큰 쥐의 꼬리만 하며 길이는 두세 치에 불과한데, 모두 국제(菊蹄)가 붙어 있다. 이것을 가지고 앞으로 나아가기도 하고 물체를 거머잡기도 한다. 그 발 가운데는 특별히 긴 두 다리가 있다. 그 두 다리의 길이는 한자 다섯치 정도로 모양이 회초리와 같다. (중략) 가운데에 있는 주머니에는 먹물이 가득 차 있다. 만일 적이 나타나 침범하면 그 먹물을 뿜어내어 주위를 가리는데, 그 먹으로 글씨를 쓰면 빛깔이 매우 윤기가 있다. (후략)

　　정약전과 비슷한 처지에서 비슷한 일을 한 인물로 김려가 있다. 그가 쓴《우해이어보牛海異魚譜》는《자산어보》와 함께 한국 어류 연구서의 쌍벽을 이룬다. 1804년에 간행되었으므로《자산어보》보다 이른 조선시대 최초의 어보이다. 《자산어보》는 종수나 관찰의 치밀성, 분류와 작명이라는 측면에서《우해이어보》에서 한 걸음 더 나아간 것이라고 할 수 있다.

　　우해(牛海)는 경남 진해를 일컫는 말로, 김려 역시 자신이 갇혀 있던 섬에서 어부들과 함께 근해에 나가 물고기의 종류를 세밀히 조사하여 생리, 형태, 습성,

번식, 효용성 등을 연구하고 기록했다. 그때까지 나오지 않았던 어류 백과사전이 비슷한 시기에 귀양길에 올랐던 두 선비의 손으로 탄생한 것이다.

정약전의 도우미들

《자산어보》의 서문에서 썼듯이 정약전은 어보를 만들기 위해 섬사람들에게 물고기의 이름과 쓰임새, 생김새 등을 물었다. 그렇게 모은 지식을 바탕으로 《자산어보》를 쓰기 시작했다. 하지만 물고기 백과사전은 생각만큼 쉬운 게 아니었고 섬사람들만 알고 있는 지식도 많이 묻고 들어야 했다. 그래서 많은 사람과 만났고, 그중 절대적인 도우미 한 사람을 알게 된다. 바로 장창대(張昌大)였다. 그는 자연에 대한 통찰이 뛰어나고 지식이 상당한 젊은이였다. 정약전은 장창대를 만난 뒤, 계속 함께 기거하며 《자산어보》를 썼다. 장창대는 어부생활을 했던 경험에서 얻은 지식을 가지고 정약전에게 많은 정보를 제공했다.

《자산어보》 서문에 등장하는 장창대에 대한 이야기를 살펴보자.

섬 안에 장덕순, 즉 창대라는 사람이 있었다. 두문불출하고 손을 거절하면서까지 열심히 고서를 탐독하고 있었다. 다만 집안이 가난하여 책이 많지 못하였으므로 손에서 책을 놓은 적이 없었건만 보고 듣는 것은 넓지가 못했다. 허나 성격이 조용하고 정밀하여, 대체로 초목과 어조 가운데 들리는 것과 보이는 것을 모두 세밀하게 관찰하고 깊이 생각하여 그 성질을 이해하고 있었다. 그러므로 그의 말은 믿을 만했다. 나는 드디어 이 분을 맞아 함께 묵으면서 물고기의 연구를 계속했다.

장창대 외에 《자산어보》의 완성에 도움을 준 인물로 이청(李晴 · 1792~1861)

을 들 수 있다. 정약용의 제자였던 그는 귀양살이를 하던 약전과 약용 형제를 이어주는 심부름을 하면서 《자산어보》에 나오는 흑산도에 대해서도 자연스럽게 알게 되었다. 이청은 정약전이 죽은 뒤 《자산어보》에서 빠진 부분을 보완하고, 정약전이 미처 짚지 못한 부분을 '주'로 달아서 《자산어보》를 완성한 인물이다. 그 밖에도 정약전은 어부들과 해녀 등 흑산도에 살던 많은 사람들의 도움을 받았다.

목포에서 쾌속선으로 두 시간. 왜 흑산
도가 유배지가 되었는지 멀미를 하며 확
실히 느꼈다. 흑산도 선착장에서 사리
로 가는 마을버스를 기다리는 동안 선착
장 근처의 '자산문화도서관' 이라는 곳
을 관람했다. 흑산도에서 정약전과 《자
산어보》가 얼마나 큰 존재인지 확인할
수 있었다.

정약전이 살았던 집

1박 2일의 일정으로 정약전이 관찰한 물
고기들을 보는 것은 무리라고 판단한 우리는 정약전이 흑산도에서 어떻게 살았는지 알
아보는 데 초점을 맞추기로 했다. 먼저 사리의 민박집에 짐을 풀어놓고 곧바로 동네를
돌아다니며 정약전에 대해 마을 어르신들께 이것저것 여쭤보았다. 그리고 정약전이 살
던 집과 서당 등을 마을 중턱에서 볼 수 있었다. 사리마을은 지금은 비록 한적하지만 50
년 전만 해도 흑산도의 중심이었다고 한다. 그러나 정약전이 유배 왔을 당시에는 매우
작은 어촌이었다. 정약전이 살던 집에서 마을을 바라보았다. 정약전이 바다를 보며 갑
갑해 했을 생각에 조금 기분이 우울해졌다.

초가집 바로 앞에는 사리성당이 있었다. 흑산도에 천주교가 막 들어왔을 때에는 사리
성당이 교인들의 중심이었다고 한다. 천주교신자였던 정약전의 흔적이 있을까 찾아보
고 싶었지만 대문이 잠겨 있어 들어가보지 못했다. 일요일마다 미사가 있다고 하니 다

음 기회를 기약하기로 했다.

사리포구에는 배들이 몇 척 있었다. 아직도 어르신들이 바다에 나가서 고기를 잡아오신다고 한다. 우리가 갔을 때는 한 할머니께서 조개를 줍고 계셨다. 방해가 되지 않게 멀리서 바다를 구경하는데, 발밑에 게들이 몰려들었다. 심지어 구경하고 돌아오는 길의 시멘트 바닥 위에도 있었다. 왜 《자산어보》에 그렇게 많은 갑각류들이 등장하는지 알 만했다. 민박집에서 저녁을 먹으며 정약전 선생에 대해 물어봤더니 주인아저씨는 마치 정약전이 신인(神人)인 것처럼 말했다. 천기를 읽을 줄 알아서 마을 사람들이 배를 타고 나갈 날짜를 지정해주기도 했으며 날씨를 전부 맞추었다는 둥 다양한 이야기를 들려주었다. 책에서 읽었을 때는 별 감흥이 없었지만 현지에서 직접 들으니 기분이 묘했다. 그의 동생인 정약용을 비롯해 집안사람들이 모두 뛰어난 인재인 것은 알고 있었지만 기상예보까지 했을 줄은 몰랐다. 저녁을 먹은 뒤에는 밤바다를 보면서 산책을 했다. 가로등이 꺼져 있는 곳은 너무 어두워서 무서울 정도였다. 왜 정약전이 '흑산(黑山)'이라는 말을 쓰지 않았는지 알 수 있었다. 바닷물도 어두웠지만 밤의 흑산도는 완전히 암흑에 싸여 있었다. 그는 그런 분위기가 너무 싫었을 것이다.

다음 날 민박집에서 나와 흑산성당과 흑산면사무소에 들렀다. 천주교 신자였던 정약전에 대한 자료를 찾기 위해 흑산성당에 갔지만 사람이 없어 그냥 사진만 찍고 나왔다. 흑산면사무소에서 남해안 개발프로젝트와 맞물려 흑산도 일대를 유배지 공원으로 만들 계획을 세우고 있다는 소식을 들을 수 있었다. 흑산도에 유배된 인물이 55명이라고 하니 충분히 가능하리라. 면사무소에는 흑산도의 이름을 널리 알린 정약전을 위해서인지 《자산어보》를 한글로 번역한 책자도 있었다. 비록 한정상품이라 한 권밖에 얻을 수 없었지만, 뜻밖의 큰 소득에 기쁜 마음으로 흑산도를 나섰다.

자산(兹山)은 흑산(黑山)이다. 나는 흑산에 유배되어 있어서 흑산이란 이름이 무서웠다. 집안 사람들의 편지에는 흑산을 번번이 자산이라 쓰고 있었다. 자(兹)는 흑(黑)자와 같다.

자산의 해중어족(海中魚族)은 매우 풍부하지만, 그 이름이 알려진 것은 적다. 마땅히 박물학자들은 살펴보아야 할 곳이다. 나는 섬사람들을 널리 만나보았다. 그 목적은 어보(魚譜)를 만들고 싶어서였다. 그러나 사람마다 그 말이 다르므로 어느 말을 믿어야 할지 알 수 없었다. 섬 안에서 장덕순(張德順), 즉 창대(昌大)라는 사람이 있었다. 두문불출하고 손을 거절하면서까지 열심히 고서를 탐독하고 있었다. 다만 집안이 가난하여 책이 많지 못하였으므로 손에서 책을 놓은 적이 없었건만 보고 듣는 것은 넓지가 못했다. 허나 성격이 조찰하고 깊이 생각하여 그 성질을 이해하고 있었다. 그러므로 그의 말은 믿을 만했다. 나는 드디어 이 분을 맞아 함께 묵으면서 물고기의 연구를 계속했다. 이리하여 조사 연구한 자료를 차례로 엮었다. 이것을 이름지어 《자산어보》라고 불렀다. 그 부수적인 것으로는 바닷물새[海禽]와 해채(海菜)에까지 확장시켜, 이것이 훗날 사람들의 참고자료가 되게 하였다.

돌이켜보건대, 본인이 고루하여 이미 《본초(본초강목)》를 보았으나 그 이름을 듣지 못하였거나, 혹은 옛날에 그 이름이 없어 생각해 낼 수 없는 것이 태반이다. 단지 속칭에 따라 적었으나 수수께끼 같아서 해석하기 곤란한 것은 감히 그 이름을 지어냈다. 후세의 선비가 이를 수용하게 되면 이 책은 치병, 이용, 이재를 따지는 집안에 있어서는 말할 나위도 없이 물음에 답하는 자료가 되리라. 그리고 또한 시인들도 이들에 의해서 이

제까지 미치지 못한 점을 알고 부르게 되는 등 널리 활용되기를 바랄 뿐이다.

— 《자산어보》서문

*정문기 번역 참조

책을 저술하는 한 가지 일은 절대로 소홀히 해서는 안 되니 반드시 십분 유의하심이 어떻겠습니까. 《해족도설海族圖說》은 무척 기이한 책으로 이것은 또 하찮게 여길 일이 아닙니다. 도형(圖形)은 어떻게 하시렵니까. 글로 쓰는 것이 그림을 그려 색칠하는 것보다 나을 것입니다. 학문의 종지(宗旨)에 대해 먼저 그 대강(大綱)을 정한 뒤 책을 저술하여야 유용(有用)하게 될 것입니다.

대체로 이 도리는 효제(孝弟)로 근본을 삼고 예악(禮樂)으로 꾸미고 감형(鑑衡)·재부(財賦)·군려(軍旅)·형옥(刑獄)을 포함하고 농포(農圃)·의약(醫藥)·역상(歷象)·산수(算數)·공작(工作)의 기술을 씨줄로 하여야 완전해질 것입니다. 무릇 저술할 때에는 항상 이 항목을 살펴야 하는데 여기에서 벗어나는 것이라면 저작할 필요도 없습니다. 《해족도설》은 이런 항목으로 살펴볼 때 몇몇 연구가의 수요가 될 것이니 그 활용이 매우 절실합니다.

— 정약용, “중씨께 올림”, 《다산시문집》 20권

*민족문화추진회 번역 참조

(전략) 기미년 여름에 대사간(大司諫) 신헌조(申獻朝)가 조정에서 공을 논박하고자 하다가 엄명으로 파출(罷出)되긴 했으나, 이때부터 더욱 일이 뜻과 같이 되지 않았다. 다음해에 상이 승하하시니, 그 다음해 신유년 봄에 화(禍)가 일어나 나도 대계(臺啓)로 인하여 하옥(下獄)되고 공도 체포되었다. 대책(對策)의 일로 신문(訊問)하고 추고(推考)

하였으나 옥사(獄事)가 성립되지 않았으므로 대비(大妃)의 작처(酌處)를 입었다. 옥의(獄議 판결문(判決文)에, "정약전(丁若銓)이 처음에는 서교(西敎)에 빠졌으나 종당에는 뉘우친 것이 약용(若鏞)과 같고, 지난 을묘년 있었던 흉비(凶秘)한 일은 전해 들은 것에 불과할 뿐 참견한 흔적이 없으며, 또 약종(若鍾)이 어떤 이에게 보낸 편지에 중씨(仲氏; 약전)와 계씨(季氏; 약용)가 서학(西學)을 함께 하지 않는 것이 한스럽다고 하였으니, 약전이 뉘우치고 깨달은 것은 의심할 것 없을 듯하다. 그러나 처음에 서교에 빠져 바르지 못한 사설(邪說)을 널리 퍼뜨린 죄는 완전히 용서하기 어렵다" 하고, 또 "처음에는 비록 미혹되고 빠졌으나 중간에는 잘못을 고치고 뉘우쳤다는 사실을 증거할 수 있는 문적(文籍)이 있으니, 차율(次律)을 시행(施行)하라" 하고, 공을 신지도(薪智島)로, 나를 장기현(長鬐縣)으로 유배시켰다. 이해 가을에 역적 황사영(黃嗣永)이 체포되어 도천(滔天)의 흉계(凶計)가 담긴 황심(黃沁)의 백서(帛書)가 발견되자, 홍희운(洪羲運)·이기경(李基慶) 등이 모의하기를 "봄에 있었던 옥사(獄事) 때에 비록 많은 사람을 죽였으나 정약용 한 사람을 죽이지 않는다면 우리들이 죽어 장사지낼 곳도 없게 될 것이다"하고는, 자신들이 직접 대계(臺啓)를 올리기도 하고, 혹은 당로자(當路者)를 공동(恐動 위험한 말로 겁주는 것)하여 상소·발계(發啓)하게 하여, 약전과 약용을 다시 잡아들여 국문하고, 이치훈(李致薰)·이학규(李學逵)·이관기(李寬基)·신여권(申與權)도 함께 잡아들이기를 청하였으니 그 뜻은 오로지 나를 죽이는 데 있었다. 그들이, "저 여섯 사람은 역적과 매우 가까운 인척(姻戚)이니, 그 흉계(凶計)를 알지 못했을 리가 없다" 하니, 재신(宰臣) 정일환(鄭日煥)이 "저들의 이름이 역적의 초사(招辭)에도 나오지 않았고 흉서(凶書) 백서(帛書)에도 나오지 않았는데, 반드시 알지 못했을 리가 없다는 말로써 그들을 얽어 넣어서야 되겠는가?" 하였고, 상신(相臣) 심환지(沈煥之) 역시 그렇다고 하였다. 봄 옥사 때 이미 작처(酌處)가 내려졌는데도 이기경(李基慶) 등이 그 처분을 거두고 다시 잡아다가 국문하기를 청하니, 심환지가 이들의 계사(啓辭)를 윤허하기를 청하여 여섯 사람을 잡아들였다. 이것이 이른바 동옥(冬獄)인데, 사건을 조사하였으나 증거가 없어 옥사가 또 성립되지 않았다. 이때 벗 윤영희(尹永僖)가 우리 형제의 생사(生死)를 알려고 대사간 박 장설의 집으로 탐문하러 갔더니, 마침 이때 홍희운이 왔으므로 윤영희는 옆방으로 숨었다. 홍희운이 성질을 내며 주인 박장설에게 "천 사람을 죽인들 약용을 죽이지 않으면 무슨 소용이 있는가?" 하니 박 장설이 "사람의 생사는 본인에게 달린 것이어서 저가 살 짓을 하면 살고 저가 죽을 짓을 하면 죽는 것이니, 저가 죽을 짓을 하지 않았는데 어찌 저를 죽인단 말이오" 하였다. 희운은 나를 죽일 논의(論議)를 하도록 권하였으나 박장설은 듣지 않았다. 이튿날 또 대비(大妃)의 작처(酌處)를 입었다. 옥의(獄議)에 "자지(慈旨 대비(大妃)의 전교(傳敎))를 받들매 덕의(德意)가 매우 넓으시어 역적 황사영 흉서에의 관련 여부로써 살리고 죽이는 한계를 분명히 지시(指示)하셨으니, 신들은 머리를 조아려 자지를 읽고는 이루 말할 수 없는 흠모와 감동으로 급급히 자지를 받들어 따랐을 뿐 감히 복심(覆審)과 논란(論難)을 하지 않았습니다. 정약전 형제는 황사영의 흉서에 관여하지 않았으니 모두 감사(減死)하소서" 하고, 드디어 공을 흑산도(黑山島)에 유배하고 나를 강진현(康津縣)에 유배하였다. 우리 형제는 말머리를 나란히 하여 귀양길을 떠나 나주(羅州)의 성북(城北) 율정점(栗亭店)에 이르러 손을 잡고 서로 헤어져 각기 배소(配所)로 갔으니, 이때가 신유년 11월 하순이었다. 서로 헤어진 16년 뒤인 병자년 6월 6일에 내흑산(內黑山) 우이보(牛耳堡)에서 59세의 나이로 생애를 마치셨으니, 아! 슬프다. 공은 섬으로 귀양온 뒤부터 더욱 술을 많이 마시고 오랑캐 같은 섬사람들과 친구를 하고 다시 교만스럽게 대하지 않으니, 섬사람들이 매우 좋아하여 서로 다투어 주인으로 섬겼다. 간간이 우이보에서 흑산도로 나와, 내가 방면(放免)의 은혜를 입었으나 또 대계(臺啓)로 인하여 정지되었다는 소문을 듣고, "나의 아우로 하여금 나를 보기 위하여 험한 바다를 건너게 할 수 없으니 내가 우이보에 가서 기다릴 것이다" 하고 우이보로 돌아가려 하니, 흑산도의 호걸(豪傑)들이 듣고 일어나서 공을 꼼짝도 못하게 붙잡으므로 공은 은밀히 우이보 사람에게 배를 가지고 오게 하여 안개 낀 밤을 타 첩(妾)과 두 아들을 싣고 우이보를 향해 떠났다. 이튿날 아침 공이 떠난 것을 안 흑산도 사람들은 배를 급히 몰아 뒤쫓아와서 공을 빼앗아 흑산도로 돌아가니, 공도 어찌할 수 없었다. 1년의 세월이 흐른 뒤 공이 흑산도 사람들에게 형제 간의 정의(情誼)로 애걸하여 겨우 우이보로 왔으나, 이때 강준흠(姜浚欽)이 상소하여 형제의 상봉을 저지하니 금부(禁府)에서도 관문(關文)을 보내지 않았다. 공이 우이보에서 나를 3년 동안이나 기다렸으나 내가 끝내 오지 않으니 공은 한을 품고 돌아가셨다. 그 뒤 3년 만에 율정(栗亭)의 길로 운구(運柩)하여 돌아왔으니, 악인들의 불선한 행위가 이와 같았다.

내가 강진(康津) 다산(茶山)에 있을 때 흑산도와는 바다 하나를 사이에 두고 서로 바라보는 곳이었으나 그 거리는 수백 리 떨어져 있으므로 자주 편지로써 문안하였다. (중략) 아, 동복(同腹) 형제이면서 지기(知己)가 된 분으로는 세상에 오직 공 한 사람뿐인데, 공이 돌아가신 7년 동안 나만이 홀로 쓸쓸히 세상에 살고 있으니 어찌 슬프지 않겠는가. 공은 찬술(撰述)에 마음을 쓰지 않았기 때문에 저서(著書)가 많지 않고 《논어난論語難》 2권, 《역간易柬》 1권, 《자산어보玆山魚譜》 2권, 《송정사의松政私議》 1권만 있는데, 이는 모두 해중(海中)에서 지은 것이다. 배(配)는 풍산 김씨로 사서(司書) 서구(敍九)의 따님이고 총재(冢宰) 수현(壽賢)의 후손이시다. 아들 학초(學樵) 하나를 두었는데 학문을 좋아하고 경(經)을 연구하였으나 장가들고 나서 요절하였고, 딸 하나는 민사검(閔思儉)에게 시집갔다. 공의 첩(妾)이 학소(學蘇)와 학매(學枚) 형제를 낳았다. 공의 관(柩)은 나주(羅州)에서 옮겨와 충주(忠州) 하담(荷潭)에 있는 선영(先塋)의 동쪽 고총

(古塚) 옆 자좌(子坐)의 언덕에 장사지냈다.

— 《다산시문집》 제15권(선중씨[(先仲氏)]의 묘지명)

대 표 적 인 《 자 산 어 보 》 학 자

정문기(1898~1995) 《자산어보》가 한국의 전통과학을 대표하는 저작으로 자리 잡는 데 결정적인 역할을 했다. 1929년 일본 도쿄대학 수산과를 졸업한 이후, 평안북도 · 경기도 · 목포 · 부산 수산시험장장, 부산수산대학 학장, 농림부 수산국장, 동국대 교수 등을 역임하면서 한국 수산학사 연구의 길을 열었다. 그가 번역한 《자산어보》는 이 책에 대한 학계와 사회의 관심의 촉진제 구실을 했다. 저서로는 《조선어명보朝鮮魚名譜》, 《어류박물지》, 《한국어도본》, 《한국동식물도감 : 어류》, 《한국어류생태학》 등이 있다.

주1 《다산시문집》 제4권, 구일에 보은산 정상에 올라 강진현에서 북으로 5리 거리에 있음 우이도를 바라보며 지은 시
주2 김언종, "《자산어보》 명칭고", 〈한문교육연구〉 21호, 2003, 19~21쪽
주3 《여유당전서》 제6집 地理集第七卷 ○ 大東水經 其三 浿水, 286_379b
주4 《여유당전서》 제5집 政法集第十二卷 ○ 經世遺表卷十二, 地官修制倉?之儲一, 高麗代義倉. 285_230d
주5 《여유당전서》 제2집 經集第四十八卷 ○ 易學緖言卷四 玆山易東 283_631b
주6 〈KBS〉 역사스페셜 190회, "조선시대, 최신식 어류백과사전이 있었다!"

거북선은 철갑선이었을까?

인터넷에 떠도는 수많은 거북선 자료를 보면, 옥과 돌이 마구 섞여서 거북선과 전혀 다른 또 하나의 괴물을 만들고 있다. 우리는 당시의 사료, 후대의 기록, 근대적 관념의 형성, 현대인의 관심의 맥락을 구분함으로써 과거와 현재가 엉켜 있는 괴물을 해체하고 거북선의 원래 모습을 파악하고자 한다.

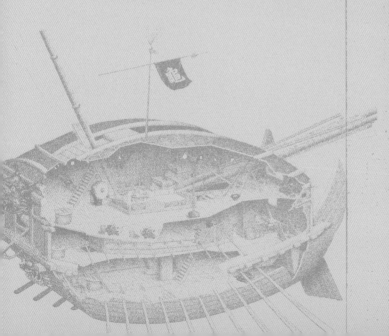

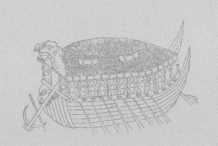

거북선은 대단한 창안이다. 대체 어떤 구조로 이루어져 있기에 그처럼 엄청난 활약상을 보일 수 있었을까? 과거 사람들은 독특한 덮개 구조, 거북 등에 심은 날카로운 송곳과 칼, 돌격용 용머리, 화포의 집중 사격 등을 통해 승리했다는 것 등 거북선에 대한 역사적 사실을 설명하는 데 관심이 있었다. 그런 점에서 조선이나 일본 측 기록의 목적이 똑같았다.

현대인의 관심은 그보다 한발 더 나아간다. 지휘관은 어디서 지휘했지? 용머리는 들락날락했을까? 배 안의 어둠은 어떻게 밝혔을까? 화장실도 있었을까? 이런 호기심 차원의 질문도 있다. 호기심과 더불어 다음과 같은 좀더 전문적인 질문도 있다. 철갑선이었다면, 어떻게 철갑을 설치했을까? 철갑을 설치하면 배가 가라앉거나 기동성이 떨어지지 않을까? 노를 저어 나아갔을까, 돛을 함께 사용했을까? 돛은 두 장이 보이는데 어떤 원리로 운영했을까? 노는 넓적한 보트용 노와 비슷했을까, 아니면 길고 가느다란 나룻배용 같은 노였을까? 전술과 배의 구조에 대한 질문도 있다. 노 젓는 격군과 총·포 쏘는 사수와 포수는 한 공간에 있었을까? 아니면 층을 나누어 격군은 1층에 있고, 사수와 포수 등 전투원은 2층에 있었을까?

이런 질문에 답하려면 거북선 관련 사료만 가지고는 턱없이 부족하다. 한국의 배, 더 나아가 세계의 배 전반에 대한 지식을 동원하여 풀어야 한다. 그런 문제들을 풀어가는 과정에서 거북선의 진위논쟁 자체와는 별도로 우리는 한국의 배 일반에 대한 지식을 얻게 되었다. 한국 배의 돛 운영 방식, 한국의 전통 배에서 사용하던 노의 구조의 특징, 밑바닥이 평편하며, 2층 구조로 대포를 탑재했던 판옥선의 구조와 특성, 활약상 등이 그것이다. 더 나아가 조선 배와 일본 배의 차이, 항해술의 차이 등도 알게 되었다. 뜻밖의 수확이다.

그렇지만 거북선에 대한 현대인들의 질문은 과거의 사료 너머의 영역에 속하는 것이기 때문에 우리가 알아낸 새로운 사실만 가지고 거북선 자체의 진위를 결정한다는 데에는 여전히 난점이 있다. 오히려 질문이 더 많아져 혼란스러워서 거북선 자체에 대한 역사적 이해의 걸림돌이 되는 측면도 있다. 인터넷에 떠도는 수많은 거북선 자료를 보면, 옥과 돌이 마구 섞여서 거북선과 전혀 다른 또 하나의 괴물을 만들고 있다. 우리는 당시의 사료, 후대의 기록, 근대적 관념의 형성, 현대인의 관심의 맥락을 구분함으로써 과거와 현재가 엉켜 있는 괴물을 해체하고 거북선의 원래 모습을 파악하고자 한다.

*이 글은 〈역사비평〉 2007년 가을호에 실린 것입니다.

《충무공행장》을 보면, "모습이 엎드려 있는 거북과 같으므로 이름을 귀선(龜船)이라고 한다"는 표현이 등장한다. 여기서 거북선을 귀선이라 불렀음을 알 수 있다. 귀선이란 명칭은 조선 초인 태종 13년(1413)부터 사료에 등장하며, 20세기 이전의 모든 표기는 예외 없이 귀선으로 되어 있다.

'귀(龜)'를 '거북'이라고 번역해 부르게 된 것은 '귀선'이란 단어를 대중이 이해하기 어려웠기 때문인 듯하다. 한글로 귀선이라고 써놓아도 즉각 거북이를 떠올리기 힘들다. 1890년대 후반 이후 순 한글판 신문에 '귀선'의 '귀'를 '거북'으로 번역해 쓴 것도 그런 이유에서였을 것이다. 당시 신문에서는 '귀선'이라는 단어를 발견할 수 없다.

우리가 찾아낸 가장 이른 번역 기록은 '거북비'였다. 〈대한매일신보〉(1907년 9월 20일자)의 '일본록아도에 있는 한국'이라는 기사에 이런 표현이 쓰였다. 국운이 완전히 기울어 일본의 식민지로 전락하던 당시 〈대한매일신보〉는 애국심 고취를 위해 임란 때의 영웅 이순신의 업적을 여러 차례 칭송했는데, 그 전투 장면에서 특별한 배인 '거북비'가 등장한다. 이 단어는 후에 이 신문에 한 차례 더 쓰였다(1909년 1월 26일자). 같은 신문에서 '거북비'가 아닌 '거북션'이라는 단어를 세 차례(1909년 7월 30일, 8월 1일, 8월 18일자) 찾아볼 수 있다. 그 후 일제강점기의 국한문 혼용 신문과 잡지 전반을 검색해봐도 '거북배'라는 번역어는 보이지 않는다. 대신 한문으로 '귀선'(〈동아일보〉 1928년 5월 24일자), '거북이' 부분만 한글로 해서 '거북船'(〈독립신문〉 1920년 2월 12일자), 혹은 이광수처럼 '거북선'이라고 썼다.(이광수, "이충무공행록", 〈동광〉 1931년 7월호). 즉 마지막엔 모든 번역어가 거북선으로 통일되었고, 오늘날에도 거북선이 가장 일반적으로 쓰인다.

한글 표현을 우선시하는 북한에서도 거북선이라고 쓴다.

　순수 한글 조합의 원칙만 따진다면 거북배가 맞지만, '배'라는 말이 사용된 나룻배, 거룻배, 놀이배 같은 순한글의 배 이름에서 떠오르는 이미지가 무적 전함과 잘 어울리지 않는다. 특히 거북선에는 오래전부터 철갑선의 이미지가 고착되었기 때문에 더욱 그렇다. 발음하기도 거북선이 거북배보다 편한 측면이 있다. 이처럼 언어의 진화를 결정짓는 요인은 여럿 있으며 그것이 복합적으로 작용하여 하나의 명칭으로 귀의한다. 거북선의 경우처럼.

'철갑을 두른 배'의 신화화 과정

　아이러니하게도 1930년대 〈조선일보〉 학예란에 연재했던 '조선상고사'에서 '거북선의 철갑선설'을 강하게 부정했던 신채호는 1908년 한국인으로는 가장 먼저 '거북선=철갑선'이라고 말했던 장본인 중 한 명이다. 그는 그해 4월 〈대한협회보〉의 '대한의 희망'이라는 논설에서 망국의 상황에 처해 있는 한국인의 애국심을 고취하기 위해 한국 역사상 위대한 업적을 들었다. 다음은 그중 이순신을 언급한 부분이다.

　철갑선을 창조한 이순신 씨도 유(有)하야 명예적 기념비를 역사상에 장수(長竪; 길게 세움)하얏스니, 피(彼) 서구에 강경 위대로 견칭(見稱; 칭하는)하눈 국인(國人)이라도 아(我) 민족과 역지이처(易地以處; 처지를 바꿔 생각함)하면 아(我)가 피(彼)보다 우과(優過; 더 뛰어남)하고 만일 교육이나 초진(稍進; 더 나아감)하야 지식이 점개(漸開; 더욱 깨우침)하면 현금 웅비 각국과 병가제구(并駕齊驅; 함께 말달려 나감)하기 불난(不難; 어렵지 않음)할지니 피(彼)가 아(我)의게 불급(不及;

미치지 못함)한 처(處)가 다유(多有)하도다. 명호(嗚乎; 슬프다) 아 국민이여 대가위(大可爲; 큰일을 할 수 있음)의 국민이 안인가. 대(大)하다 아한(我韓) 금일의 희망이며 미(美)하다 아한(我韓) 금일에 희망이여.

신채호에 앞서 일본 도쿄에서 결성된 유학생 단체인 태극학회의 부회장을 역임했던 최석하(崔錫夏)가 1906년 4월 〈태극학보〉의 '조선혼(朝鮮魂)'이라는 글에서 1905년 을사늑약으로 국운이 기운 상황에서 힘내자며 다음과 같이 부르짖었다.

임진변란에 수사제독 이순신이 철갑선을 창조하야 살기늠름ᄒ던 적국함대를 분쇄얏스니 시(是)가 조선혼이 아니고 하물(何物; 무엇)이며…… 조선혼을 발기ᄒ라. 차(此) 조선혼을 동포마다 발기ᄒ면 기실(旣失)ᄒ 정치권도 회부홀 슈 유(有)ᄒ고 기실(旣失)ᄒ 재정권도 회부홀 슈 유(有)ᄒ고 기실(旣失) 국제권도 회

일제시대부터 현대까지 일본의 다양한 이순신 관련 연구서들.

부홀 슈 유(有)ᄒ 다 ᄒ 노라.

이처럼 신채호, 최석하를 비롯한 개화기 애국지사들은 '망국'의 울분 속에서 역사상 빛나는 조상의 업적 가운데 하나로 이순신의 철갑선을 떠올린 것이다.

신채호는 이순신을 영국의 넬슨에 비유하기도 했다. 1908년 〈대한매일신보〉에 '수군의 제일 거룩한 인물 이순신전'을 연재했는데 거기서 "넬슨이 사후에는 육대주의 넬슨이 되었지만, 이 충무공은 중국 역사에 그 싸우던 일이 약간 기록되어 있을 뿐이고, 일본에서 그 위엄을 두려워할 뿐이며, 그 외에는 우리나라에서 꼴 베는 아이와 목동들이 노래하는 데 오를 뿐이고, 세계에 전파될 역사는 철갑선을 창조한 한 가지 일에 지나지 않아서 영웅의 명예가 그 나라의 위상에 따라 결정된다는 사실"을 안타까워했다. 신채호의 눈에는 이순신의 (세계 역사상) 해군 가운데 가장 유명한 사람이며, 철갑선을 창조한 인물이었다.

'철갑선 거북선'이 조선 혼을 일깨우는 차원에서 강조된 사실을 알 수 있다. 그런데 왜 철갑선인가? 이 점에 대해서는 신채호의 이야기를 좀 더 살펴볼 필요가 있다. 그는 당시 세계의 힘이 군함, 그것도 철갑선에서 비롯한다고 생각했다.

해외 유학자가 예기방장(銳氣方壯; 씩씩한 기운이 넘쳐)하야 신무대에 활연(活演; 활약)하랴 하다가 맹연히 안공(眼孔; 눈동자)을 대착(擡着; 떴다 감았다)하고 열강국을 주찰(周察; 두루 살핌)하니 미(美)하다 성읍이며 다(多)하다 군함이여. 금궁옥전(金宮玉殿; 빛나는 궁궐)에 인목(人目)이 현요(眩耀; 번쩍임)하며 수뢰철갑(水雷鐵甲)은 해상에 나열하얏스니 아한(我韓)은 기백년 후에나 여차(如此; 이와 같음)하랴난지. 강하다 국력이며 부(富)하다 민산(民産)이여. 모국(某國) 국기에난 태양(太陽)이 불몰(不沒; 지지 않음)한다 하며 모국 금력은 세계에 무량(無

우리
수학의
과
수
떠
2

이순신의 이미지는 식민시대 등불이 되기에 충분했다. 왼쪽부터 《이충무공실기》 1책과 《성웅이순신》. 아산 현충사 소장

兩; 끝이 없음)하다난대 아한(我韓)은 기천년 후난 여차하랴난지 명호(嗚呼; 슬퍼
라) 난의(難矣; 어렵다)라.

위 글에서 신채호가 군함과 철갑을 열강의 상징으로 파악했음을 확인할 수
있다. 특히 1895년의 청일전쟁, 1905년 러일전쟁에서 거둔 일본 철갑 군함의 혁
혁한 전과를 생생하게 기억하는 조선의 젊은 청년들에게 철갑선의 위용이 더욱
현실감 있게 다가왔을 것이다.

그런데 한말의 '철갑거북선론'에서는 세계에서 가장 오래된 철갑선 제조국
이라는 내용이 그다지 강조되지 않았다는 점에 주목할 필요가 있다. 이들은 임란
때 나라를 구한 철갑거북선을 떠올리며 역시 구국 혼을 일깨우려 했다. 최석하는
이순신을 고구려의 을지문덕이나 고려의 윤관에 빗대었고, 신채호는 임란 때 비
격진천뢰(飛擊震天雷)를 사용한 박진(朴晉 · ?~1597) 등과 같은 맥락에서 이순신

을 찬양했다. 신채호는 이순신이 세계에서 가장 먼저 철갑선을 창조한 인물이라 했지만, 초점은 국민이 아니라 이순신의 위대함에 있었다. 이런 관점은 1910년대 초반까지 이어졌다. 1915년 망명지인 상하이에서 박은식은 "고금수군의 제일위인, 세계철함의 발명시조"라는 부제가 붙은 《이순신전》을 펴내고 일본이 스승으로 삼을 정도로 뛰어났음에도 후손들이 그 정신을 계승하지 못한 안타까움을 표시하는 한편, 이순신이 넬슨보다 위대한 영웅임을 증명하고자 했다.[주1]

그런데 신채호나 최석하는 거북선이 철갑선이라는 근거를 어디서 얻었을까? 아마도 국내에서 이 주장을 처음 글로 표명한 사람은 유길준(俞吉濬 · 1856~1914)일 것이다. 유길준은 1895년에 출간한 《서유견문》에서 교서관의 금속활자와 함께 "이충무공의 거북선도 철갑선 가운데는 천하에서 가장 먼저 만든 것이다"[주2]라고 썼다. 그는 "만약 우리나라 사람들이 깊이 연구하고 또 연구하여 편리한 방법을 경영하였더라면, 이 시대에 이르러 천만 가지 사물에 관한 세계 만국의 영예가 우리나라로 돌아왔을 것이다. 그러나 후배들이 앞 사람들의 옛 제도를 윤색치 못하였다"면서 그 예로 철갑 거북선을 들었다. 조상의 빛나는 얼을 강조하기 위한 당대인의 분발이 조상들에 미치지 못했음을 안타깝게 여긴 것이다. 1881년 유길준은 신사유람단의 일원으로 일본을 방문한 적이 있으며, 《서유견문》은 일본의 사상가 후쿠자와 유키치(福澤諭吉 · 1835~1901)의 《서양사정》을 본받아 쓴 것이다.

그렇다면 유길준은 거북선이 철갑선이라는 정보를 어디서 얻었을까? 1831년 일본에서 가와구치 조주(川口長孺)가 펴낸 《정한위략征韓偉略》 또는 그 내용을 소개한 문헌에서 얻었을까? 《정한위략》은 제목이 말해주듯 '일본이 한국을 정벌한 위대한 업적의 핵심'을 담은 책이다. 책에는 임란 때 해전에서의 일본군의 패배를 다루면서 일본의 패장 도노오카가 남긴 회고록 《고려선전기高麗船戰記》에 실렸던 거북선 관련 내용을 재수록했다. 도노오카는 자신의 패전 이유를 밝히면

우 리 의 수 학 과 수 학 에 꺼 2

서 "큰 배 중에 세 척이 장님배(거북선)이며, 철로 요해(要害)하여" 무찌를 수 없었다고 했다. 가와구치는 "적선 중에는 온통 철로 장비한 배가 있어, 우리의 포로써는 상하게 할 수가 없었다"고 하여 거북선을 철갑선으로 간주했다. 일본에서는 거북선이 철선(鐵船)이라는 믿음이 비교적 널리 퍼져 있었는데, 《정한위략》이 그 점을 다시 분명히 한 것이다.

거북선이 철갑선이라는 주장이 외국 문헌에 등장했다는 것은 매우 중요하다. 우리만의 리그에서 자랑거리로 삼았던 게 아니라 국제적인 사실로서 '적국'으로부터 철갑선인 거북선을 인정받았다는 의미에서 그렇다.

헐버트(H. B. Hulbert)는 1899년 이전에 거북선이 세계 최초의 철갑선이라는 주장을 영국 잡지인 〈평론 중의 평론Review of Review〉에 투고했다. 그는 "조선이 금속활자, 갑철선함(甲鐵船艦), 조교(弔橋), 구포폭열탄(臼砲爆烈彈), 음운적 자모에서 모두 세계적인 수준의 발명을 일군 것"이라 썼으며, 그 후 1906년에 출간된 자신의 책 《대한의 멸망The Passing of Korea》에서도 이순신이 철갑 거북선을 발명했다고 썼다.[주3] 또 일본의 해군 대좌였던 사토 데쓰타로(佐藤鐵太郎·1866~1942)는 1908년 해군대학 강의교재였던 《제국국방사론》에 다음과 같이 썼다.

넬슨 같은 사람은 그 인격에 있어서 이순신과 도저히 견줄 수 없다. 그는 장갑함(거북선)을 창조한 사람이며, 300년 이전에 이미 훌륭한 해군전술을 가지고 싸운 전쟁지휘관이었다.[주4]

1920년대 식민지 조선 사회에서 철갑선이 등장한 맥락은 한말의 경우와 비슷한 듯하면서도 전혀 다르다. 한말에는 국운을 회복하기 위한 직접적인 동기의 발로로 이순신과 철갑선이 등장했지만, 이미 식민지로 전락하여 검열이 삼엄했던 식민지시대에는 조선민족문명론이라는 더욱 포괄적이며 추상적인 맥락에서였다. 1924년에 잡지 〈개벽〉에 실린 다음 기록을 보자.

> 물질문명으로로라도 결코 처음부터 떠러지엇든 것이 아니다. 다만 우리의 조선(祖先) 시대에 잇든 것을 우리가 천히여긴 까닭으로 잠간동안 소멸되엇슬 뿐이다. 그네들이 떠드는 비행기는 몃 백년전에 정평구(鄭平九)씨가 발명하엿든 것이고 그네들이 자랑하는 활자는 고려조에 우리 조선(祖先)이 쓰든 것이다. 이순신씨의 거복선은 세계철갑선의 원조이고 경주의 첨성대는 세계 최고(最古)의 천문대이다. 따라서 우리가 지금 힘쓸 것은 '어떠케 하여야 서양의 물질문명을 우리의 정신문명에 동화식히어 그의 일부분이 되게 할가?' 이다.
>
> — 양명(梁明), "우리의 사상혁명(思想革命)과 과학적(科學的) 태도(態度)", 〈개벽〉 43호

당시 조선 사회에 팽배했던 분위기가 잘 드러나 있다. "비행기 발명도 한국이 최초요, 금속활자도, 거북선도, 첨성대도 한국이 최초라는 생각"이 그것이다. '우리 전통이 가장 빛났다'는 뜻의 국수주의(國粹主義)라 이름 붙여도 무방하리라. 글쓴이는 "한국의 정신문명은 더 빛나며, 물질문명에서도 서양에 앞섰으며, 따라서 서양의 물질문명을 우리의 정신문명에 동화시켜야 한다"고 주장한다. 여기서 철갑선은 국난극복의 뜻을 되새기는 요소라기보다는 한국인의 정신적 우수성의 근거로 파악된다.

〈개벽〉의 또 다른 필자 권덕규도 이와 비슷한 맥락의 발언을 했다.

> 활자의 창제는 인쇄의 편리로 서적을 광포(廣布)하야 지식을 보급케 하는 그릇으로 그 생각해낸 자 — 누구냐 하면 조선사람이요 그 실용한 시대는 서기 1230년경이니

254

우리의
수학
과
수에끼
2

화란(和蘭; 홀랜드)의 코쓰터나 독일의 꾸텐뻬르흐 — 보다 앞서기 수백년 전이라. 활자의 공력이 크다 하면 이것의 최선 발명이 어찌 자랑이 아니랴. 벌서 4세기 전에 철갑선을 지어 썼는 것이 이미 세계의 공인된 사실이요. 아울러 최선의 발명이라는 것으로 자랑을 삼는다 하면 이것도 여간(如干)한 것은 아니겠느뇨. 고구려의 벽화 나 리조의 측우기나 고려의 자기, 경주의 석굴암이며 갓갑게 이동무(李東武), 이제 마의 사상설(四象說) 등을 낫낫이 들어 자랑을 채운다 하면 실로 적지 아니하려니 와…… 훈민정음이야말로 한 점도 티가 업는 가장 고등된 합리한 글자이다.

— 권덕규, "마침내 조선 사람이 자랑이어야 한다", 〈개벽〉 61호

위 글에는 오랫동안 어린이와 청소년들이 위인전을 통해 배워온 위인에 대한 인식의 원형이 고스란히 담겨 있다.

1928년 잡지 〈별건곤〉에는 철갑 거북선에 관련해 이전 글에서 볼 수 없던 새 로운 정보가 등장한다. "동아천지(東亞天地)를 호령하는 날의 조선해군"이라는 제목의 글로 "영국해군기록에 운(云)하되 조선의 철갑선은 세계에 최선(最先, 가 장 먼저) 발달한 것이라 운(云)"했다는 것이다.[75] 이전에 나온 모든 글이 세계 최 초라고 말하고 있지만 누가 그것을 인정했다는 내용은 없었다. 그런 사실을 염두 에 둘 때 〈별건곤〉의 기사는 "세계 최강의 해군이 그것을 공식적으로 인정했다" 는 점에서 매우 중요한 전환점이다. 기자는 이런 정보를 저명한 국학자인 안확 (安廓 · 1886~1946)의 미발표 초고인 〈조선해육군사초고朝鮮海陸軍史草稿〉에 서 얻었다고 했다. 또 이순신이 발명한 거북선은 세계 최초의 철갑선으로 동서양 모두가 칭송하고 있으며, 서양보다 59년 앞서 발명한 것이라고 했다. 여기서 동 양이란 앞서 데쓰타로가 언급한 내용을 가리킨다. 서양은 영국의 해전사(海戰史) 전문가로 해군중장을 지낸 발라드(G.A. Ballard · 1862~1948) 같은 인물이 언급한

내용이다. 발라드는 "이순신이 이 배에 철로 장갑된 거북 등판을 씌워 화력, 화살, 탄환을 무력화시켰다"고 썼다.[26]

《브리태니커 대백과사전》(1929)에서는 아예 "최초의 철갑 전함, 거북선"이라 못을 박았다.

〈별건곤〉의 기사는 그 후 줄곧 정설 비슷하게 받아들여졌다. 해방 이후의 〈국민보〉(1952년 5월 21일자)에서도 이 기사와 똑같이 "세계 최초의 철갑선이며, 동서양 모두의 칭송을 받으며, 서양보다 59년 앞서 만들어졌다"는 내용이 보인다. 세계 최초의 연도에 대해서는 또 다른 버전이 있었는데, "거북선은 실로 현대 잠함정(潛航艇)의 시조로 서양에서 가장 먼저 발명하엿다는 철갑선이 서력 1862년 미국 남북전쟁때 남군이 사용한 것이엇스니 충무공의 창함(創艦)은 이보다 압서기 실로 270년 전이엿다"는 것이다.[27] 여기서는 철갑선에서 더 나아가 잠함정이라 했으며, 서양 철갑선 제조 연대를 늦춰 잡아 그 격차를 270년으로 벌려놓았다. 1935년 일본인 학자 와타나베는 한 논문에서 임란 후 일본인의 회고록을 인

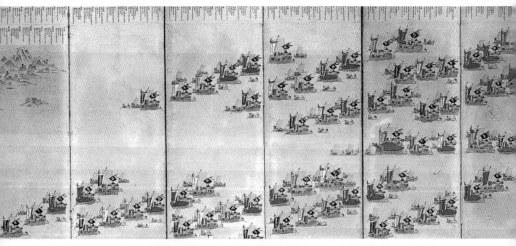

학익진을 그린 그림. 가운데 큰 판옥선이 기함이고 푸른 갑판의 배들은 거북선이다. 이 그림은 임진왜란 이후 통제영 훈련을 그린 것으로 이때는 거북선이 많았으나 실제로 한산대첩에 사용된 거북선은 두 척이다. 통영시 충렬사 소장

용하여 거북선이 세계 최초의 철갑선이라 주장했다.[78] 사학계의 정식 논문에서 이런 주장이 실린 것은 이 논문이 최초였다.

1930년대 중반 신채호의 거북선 시비 걸기는 이런 시대적 분위기 속에서 나왔다. 거북선이 철갑선이라는 당시의 주장에 지나친 국수주의가 내포되어 있음은 이미 양명이 지적했지만, 그는 단지 경향만 비판했을 뿐이다. 신채호는 그 근거를 들며 상세히 따졌다. 이런 점에서 그의 논쟁은 최초의 본격적인 문제 제기였다. 그는 영국사에 기재된 철갑선이라는 주장이 일본 측의 거짓 보고에서 비롯한 것으로 신빙성이 없으며, 거북선을 목판으로 장갑(裝甲)했다는 조선의 확실한 기록인 《이충무공전서》를 따라야 한다고 주장했다. 그가 보기에 세계 최초를 과장하기 위해 진실을 은폐하는 행위가 오히려 조선의 진화를 헝클어뜨리는 일이기 때문이었다. 신채호의 비판 이후 이런 인식은 한국의 거북선 이해의 또 다른 축을 형성하며 오늘날까지 이어지고 있다.

1920년대 후반 이후 거북선에 대한 본격적인 연구가 시작되었다. 위의 〈별건

곤)의 언급처럼 안확이 거북선을 연구하고 있었다.^{주9} 이 잡지에서도 《이충무공
전서》에 실린 거북선의 모습과 함께 그 내용을 자세히 소개했다. 이전의 가십성
기사와는 차원이 달라진 것이다. 1934년 언더우드의 책 《한국의 배Korean Boats
and Ships》는 최초의 본격적인 한국선박사 연구서로 거북선 논의가 진지하게 다
뤄졌다. 책에서 그는 다음 일곱 가지 질문을 던졌다.

1)거북선은 당시 다른 대부분의 배보다 컸는가?
2)다른 배보다 더 빠른 배였는가?
3)거북선은 탑승 선원 모두를 보호할 수 있는 구조였는가?
4)옛날부터 있었던 배인가?
5)유별나게 많은 화약과 화포를 실었는가?
6)거북 머리에서 유황 연기를 뿜어 적을 위축시켰는가?
7)철갑선이었는가?

이 주제들은 그 후 거북선 연구의 주요 테마가 되었다. 언더우드는 《이충무공
전서》 등에 실린 정보를 바탕으로 설득력 있는 대답을 내놓았다. 가장 신뢰할 만
한 《이충무공전서》를 비롯해 국내 저작에 철갑선에 관한 내용이 적혀있지 않다는
점을 들어 '철갑선설'에 회의적인 입장을 보였다.^{주10}

해방 이후 철갑선 논쟁은 국내 역사학자와 선박사 전문연구자들 사이에서 더
욱 본격화됐다. 1957년 김재근은 〈대학신문〉에서 철갑선설에 이의를 제기했고,
이듬해인 1958년 최영희는 국내외 문헌을 고증하여 철갑선 주장이 일본 측에서
나온 것이며, 국내에서는 관련 문헌 자료를 찾지 못했다고 주장했다. 1976년 한
국과학사학회에서 철갑선 여부를 둘러싸고 열띤 논쟁이 벌어졌다. 1977년에 서

울대 조선공학과 교수 김재근은
《거북선의 신화》라는 책자에서 거
북선이 철갑선이라는 주장은 신
화에 불과하다는 주장을 폈다.
1980년대 초반 서울공대 원자력
공학과 교수 박혜일은 철갑선이
아니라면 화공을 견뎌내지 못했
을 것이라는 가정을 세우고 그에

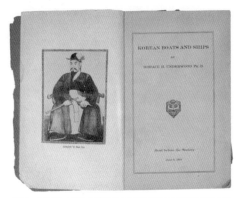

대한 증거로 국내 전승 이야기 여

최초로 거북선을 자세히 소개한 언더우드의 영문서적. 아산 현충사 소장

럿, 해군사관박물관에 소장된 〈귀선문도〉, 영조 24년(1748)에 경상좌도수군절도
사가 쓴 《인갑기록鱗甲記錄》을 찾아내 거북선의 철갑이 비늘과 같은 얇은 형태
의 철판이었을 것이라고 주장했다.

　전문연구가답게 이들의 연구는 단지 철갑의 문제뿐만 아니라 갑판의 구조, 용
머리 구조, 꼬리 구조, 돛의 구조, 노의 구조 등 선박기술사 전반에 걸쳐 이루어졌
다. 언더우드의 논의도 다시 논쟁의 무대로 올라왔다. 이런 활발한 연구 덕분에
단순한 철갑선 논쟁, 세계 최초의 논쟁을 뛰어넘어 배의 구조에 대한 과학적 논의
와 해전 전술 속의 거북선의 위상 등에 대해 폭넓게 고찰할 수 있게 되었다. 그럼
에도 자료와 유물이 부족하기 때문에 거북선 연구의 한계는 뚜렷이 남아 있다.

　한국과학사 책에서는 거북선을 어떻게 보고 있을까? 최초의 한국과학사 통사
인 홍이섭의 《조선과학사》(1946)에서는 거북선을 철갑선으로 보았지만[주11] 특별히
근거를 논하진 않았다. 한국과학사 책 가운데 가장 영향력이 컸던 전상운 교수의
《한국과학기술사》(1976)에서는 철갑선 문제에 대해 직접적인 판단을 내리지 않았
다. 다만 1935년에 일본인 학자 와타나베 요스케가 거북선을 세계 최초의 철갑선

이라 주장했다는 사실만 실었다.[주12] 또 다른 한국과학사의 권위자인 박성래 교수도 《한국인의 과학정신》(1993)에서 거북선이 서양보다 250여 년 앞서 건조된 최초의 철갑선이라고 썼다.[주13] 반면에 가장 최근에 나온 소장학자 문중양 교수의 《우리 역사 과학기행》(2006)은 철갑선설이 오히려 식민사관의 반영이라는 입장을 표명했다.[주14] 즉 일제의 학자들은 다른 배들에 대해서는 부정적으로 보면서 거북선만 철갑선으로 미화했는데, 그것이 조선수군의 막강한 해군력에 눈감게 하고 오직 기적으로서 거북선과 이순신을 숭배하게 하는 악영향을 낳았다는 것이다.

한편 북한에서는 최고지도자인 김일성이 거북선이 철갑선임을 공식 천명했다. "봉건통치배들이 사대주의에 물들어 유교경전이나 외우고 음풍영월로 세월을 보낼 때에도 인민들은 뛰어난 재능을 발휘하여 세계에 자랑할 만한 예술 작품들을 만들어냈으며 인민들과 기술자들은 세계 최초의 철갑선인 거북선과 같은 독특하고 위력한 병선을 개발해냈습니다."[주15] 이러한 입장에서 리용태는 《우리나라 중세과학기술사》(1990)에서 일본측 기록인 《정한위략》을 들어 거북선이 세계 최초의 철갑선이라 했다.[주16] 1996년에 나온 《조선기술발달사》에서는 1940년에 나온 일본어 문헌을 들어 거북선이 서양에서 만든 철갑선보다 약 200년 앞선 세계 최초의 철갑선이라 규정했다.[주17]

동아시아과학사를 총정리한 20세기 최고의 역작인 조셉 니덤의 《중국의 과학과 문명》에서는 어떻게 보고 있을까? 결론부터 말하자면 거북선을 철갑선으로 보고 있다. "배의 지붕에는 분명히 창과 칼이 꽂혀 있었으며, 비록 '이 배가 금속판으로 덮여 있었다는 당대의 문헌은 찾을 수 없지만, 17세기 초반으로 거슬러 올라가는 강한 지역적 전승 이야기가 이를 확인해준다."[주18] 철갑선으로 인정했지만 세계 최초라고 보지는 않았다. 니덤의 책에서는 실제 전투에서는 성공하지 못했지만 1585년 홀란드에서 배의 부분을 철판으로 덮었다는 기록을 최초의 기록으로 보았다. 아울러 1530년의 철갑선 건조 기록이 있지만 그 가능성을 낮게 보았고, 현대적 의미에서의 철갑선은 18세기에 등장했다고 적었다.[주19]

100년 철갑 거북선 논쟁사는 여러 측면에서 시사하는 바가 크다. 첫째, 철갑선이라서 승리를 거둔 것일까? 철갑선이어야 했던 필연적인 이유가 있는가? 둘째, 철갑선은 다 똑같은 철갑선인가? 거북선과 미국 전함 철갑선을 동일한 차원에서 논할 수 있는가? 셋째, 철갑선이라는 사실을 어떻게 입증할 수 있는가? 당대 조선의 기록만이 진실이고 엇비슷한 시기에 나온 일본의 기록은 거짓인가? 어떤 학자는 전자만 받아들이고, 어떤 이는 후자까지 받아들인다. 넷째, 누가 왜 어떤 이유에서 세계 최초 철갑선론을 받아들이고, 또 누가 왜 그것을 거부했는가? 신채호의 경우 망국 직전의 울분을 삭히고 '강대국'으로서의 자존심을 지키는 도구로 구국 영웅 이순신과 그의 세계 최초 철갑선설을 기정사실화했다. 그랬던 그는 철갑 거북선론이 극도의 국수주의의 상징으로 자리 잡자, 그런 인식이야말로 민족의 발전을 저해하는 요인이라고 말을 바꿨다. 만년의 신채호는 젊은 시절과 달리 뛰어난 기계인 철갑선과 세계 최초라는 맹목적인 자긍심이 민족을 진보시키는 게 아니라 '사실은 사실대로 거짓은 거짓대로' 밝힐 수 있는 철저한 실증 정신이야말로 사회를 발전시키는 원동력임을 굳게 믿었다. 젊은 신채호가 옳은가, 만년의 신채호가 옳은가? 아니면 그때는 그 말이 옳았고, 이때는 이 말이 옳았던 것인가?

거북이 등껍질의 작동 원리

이순신이 거느리고 있던 함대 하면 보통 무수히 많은 거북선이 학익진을 이루며 일본 함대를 무찌르는 모습을 떠올릴 것이다. 또한 그 거북선은 익히 여러 매스컴에서 접한 대로 전체적으로 거북이 모양을 하고 있으며, 불쑥 솟아 있는 용머리에서 뿜어내는 불과 연기로 적선을 불태우고, 등껍질이 철갑으로 이루어진, 말 그대로 무적의 모습일 것이다.

하지만 우리가 알고 있는 거북선의 이미지는 실제 임진왜란 당시의 거북선과는 상당한 차이가 있다. 무엇보다 당시에는 통제영, 전라좌수영, 경상우수영 각각 한 척씩 총 세 척밖에 존재하지 않았고, 함대를 이루고 있던 배는 '판옥선'이라는, 조선 수군의 핵심전력이 되었던 배였다.

임란 당시 거북선의 모습을 자세히 기록한 것은 다음 《선조수정실록》(1592년 5월 1일자)에 나오는 것 오직 하나다.

이에 앞서 순신은 전투 장비를 크게 정비하면서 자의로 거북선을 만들었다. 이 제도는 배 위에 판목을 깔아 거북 등처럼 만들고 그 위에는 우리 군사가 겨우 통행할 수 있을 만큼 십자(十字)로 좁은 길을 내고 나머지는 모두 칼 · 송곳 같은 것을 줄지어 꽂았다. 그리고 앞은 용의 머리를 만들어 입은 대포 구멍으로 활용하였으며 뒤에는 거북의 꼬리를 만들어 꼬리 밑에 총 구멍을 설치하였다. 좌우에도 총 구멍이 각각 여섯 개가 있었으며, 군사는 모두 그 밑에 숨어 있도록 하였다. 사면으로 포를 쏠 수 있게 하였고 전후좌우로 이동하는 것이 나는 것처럼 빨랐다. 싸울 때에는 거적이나 풀로 덮어 송곳과 칼날이 드러나지 않게 하였는데, 적이 뛰어오르면 송곳과 칼에 찔리게 되고 덮쳐 포위하면 화총(火銃)을 일제히 쏘았다. 그리하여 적선 속을 횡행(橫行)하는데도 아군은 손상을 입지 않은 채 가는 곳마다 바람에 쓸리듯 적선을 격파하였으므로 언제나 승리하였다.

내용은 이순신의 조카인 이분(李芬)의 《행록行錄》과 동일하다. 그 후의 역사서에 나오는 거북선의 기록은 거의 대부분 이 기록을 참조하고 있다. 내용을 보면 거북선의 구조적 특징을 여섯 가지로 요약할 수 있다. 먼저 (기존의) 배에 판목을 깔아 거북등을 만들었다. 두 번째로 군사가 통행할 수 있는 십자의 조그만 길을 제외하고는 모두 칼이나 송곳 등을 줄지어 꽂았으며, 그 부분을 전투 때 거적이나 풀로 은폐하여 올라탄 적에게 상해를 입혔다. 세 번째로 앞은 용의 머리로 대포 구멍으로 활용했고, 뒤에는 꼬리를 두었는데 그 아래 총구멍을 두었다. 다섯 번째로 좌우에 총구멍이 여섯 개 있으며, 마지막으로 네 방향에서 모두 대포를 쏠 수 있었다.

기록은 거북선이 특별히 맹위를 떨칠 수 있었던 구조에 초점을 맞추고 있다. 철저히 아군의 병력을 숨겨 보호하고, 적의 접근을 원천적으로 막는 것이 거북선 구조의 특징이다. 덮개를 씌운 것은 은폐·보호의 목적이었고, 칼이나 송곳을 꽂은 것은 배 위에 올라탄 적을 무력화하기 위한 것이었다. 머리와 꼬리, 배의 좌우에 나 있는 구멍은 화포와 총을 쏘는 용도다. 이순신은 한 달 후 '당포에서 왜군을 격파한 사건'을 장계로 올렸는데 내용을 보면 "별도로 거북선을 만들었는데, 앞에는 용머리를 두어 대포를 쏘도록 했고, 등에는 뾰족한 철을 심었다. 안에서는 바깥을 볼 수 있으나 바깥에서는 안을 볼 수 없었다. 비록 적의 배가 수백 척이라도 그 안으로 돌진해서 포를 쏠 수 있었다"고 나와 있다.[20] 즉 일본군의 장점인 조총과 백병전을 무력하게 만드는 구조였다. 바깥에서 안을 볼 수 없는 거북선을 보고 일본은 맹선(盲船; 장님배)이라고 불렀다고 한다.[21]

거북선의 크기는 판옥선만 한 것이었다. 임진왜란이 나기 한 해 전인 1591년 정월, 전라좌도 수군절도사에 임명되자 이순신은 일본군의 침입을 예상하여 전쟁준비를 하는 한편, 크기가 판옥선만 하고 엎드린 거북이 모양을 한 거북선을 만들었다.[22]

임진왜란 당시의 기록 가운데 거북선의 모습과 규모에 대해서는 더 상세한 기록이 없다. "크기가 판옥선만 하다"는 언급은 있지만, 판옥선의 규모 역시 자세히 적힌 것이 없다. 거북선이나 판옥선이나 배 젓는 격군(格軍)과 총·포 쏘는 사수를 합쳐 125명 규모였다는 사실만 거북선 제작에 참여했던 나대용이 전한다.[주23] 이것이 임란 당시 거북선의 모양과 규모를 설명한 조선 측 기록의 전부다.

이웃 중국과 일본의 기록은 어떻게 되어 있을까? 먼저 중국에서는 명나라 해군 장수 화옥(華鈺)이 거북선의 돛에 대해 언급한 내용이 전한다. "조선의 거북선은 세우기도 눕히기도 마음대로 할 수 있다. 역풍 때에도 썰물 때에도 역시 갈 수 있다."[주24] 일본 측 기록으로는 앞서 언급했던 일본 패장 도노오카의 회고록《고려선전기高麗船戰記》에 "큰 배 중에 세 척이 장님배(거북선)이며, 철로 요해(要害)하여"[주25]라는 대목이 나온다.《고려선전기》의 내용은 단지 '철로 해를 입혔다'는 정도의 뜻풀이도 가능한데, 1831년에 와타나베는 그것을 철갑을 입힌 것으로 이해했다. 신채호는 이 내용을 과장된 것이라 하여 받아들이지 않았다.

위의 내용만 가지고 판단해보자. 거북선은 과연 철갑선일까 아닐까? 당신은 어떻게 생각하는가?

아군을 보호하고 적군을 원천봉쇄하라

이순신 사후 그를 국난 극복의 영웅, 왕조에 충성을 다한 충신으로 추대하는 움직임은 정조 때에 절정에 달했다. 정조는 왕권이 안정기에 접어든 정조 15년(1791) 이순신을 모신 사당에 조정의 관원을 보내 제사를 지내게 했고, 이듬해인 1792년에는 이순신의 자손을 병자호란 때 충신인 임경업의 자손과 함께 황단(皇壇; 명나라 멸망 후 조선에서 중화의 전통을 기렸던 단)의 망배례(望拜禮)에 참석토록 했다. 1793년에는 이순신을 영의정으로 추증(追贈)했으며, 1794년에는 정조가 직접 이순신의 신도비(神道碑; 종2품 이상의 벼슬아치의 묘소 근처 길가에 세운 비석)의 비문을 지었다. 하이라이트는 1795년에 정조의 명을 받들어 발간된《이충무공전서》였다.[주26]

　《이충무공전서》는 이순신의 일기·장계·행적과 그를 예찬하는 시문, 비명 등 여러 기록을 집대성한 30여만 자에 이르는 방대한 책으로 당시의 규장각 문신 윤행임(尹行恁·1762~1801)이 편찬을 책임졌다. 이 책에 임란 때 거북선의 구조를 추정할 수 있는 두 장의 그림과 그에 대한 설명이 딸려 있다. 책에서는 당시 통제영에 있던 거북선이 임란 때의 거북선에서 유래한 것이라 밝혔다. 다만 치수에 가감이 있었음을 인정했다. 이 기록 가운데 앞에서 언급한 부분, 즉 '장갑 장님 배'에 관한 부분을 제외하고 나머지 부분을 여기에 싣는다. 전반적인 내용을 살펴보자.(번호는 편의상 붙인 것이다)[주27]

《이충무공전서》에 실린 통제영 거북선의 구조

1) 밑바닥 판[底版]은 10쪽을 이어 붙였다. 그것의 길이는 64척8촌(20.2미터)이다. 머리 쪽 폭은 12척(3.7미터), 허리 쪽 폭은 14척 5촌(4.5미터), 꼬리 쪽 폭은 10척 6촌(3.3미터)이다.

2) 오른쪽과 왼쪽의 현판(舷版; 배의 외판, 즉 바깥판)은 각각 7쪽을 아래에서 위로 이어 붙였다. 높이는 7척 5촌(2.3미터)이다. 맨 아래 첫 번째 판자의 길이는 68척(21.2미터)이지만 차츰 길어져서 맨 위 7번째 판자에 이르러서는 113척(35.3미터)이 된다. 판자의 두께는 모두 4촌(12.4센티미터)씩이다.

3) 노판(艣版; 배의 전면부)은 배 앞쪽에 4쪽을 이어 붙였다. 높이는 4척(1.2미터)이다. 두 개의 판이 왼쪽, 오른쪽에 있는데, 현자(玄字) 구멍을 내어 각각에 박혈(礮穴; 돌노쇠구멍)을 두었다.

4) 주판(舳版; 배 뒤쪽 고물)에도 7쪽을 이어 붙였다. 높이는 7척 5촌(2.3미터)이다. 위의 폭은

14척 5촌(4.5미터)이고 아래쪽 폭은 10척 6촌(3.3미터)이다. 6번째 판 가운데에 구멍을 뚫고 둘레 1척 2촌(37센티미터)의 키를 꽂았다.

5)좌우 뱃전판(현판)에는 난간인 현란(舷欄; 뱃전 위의 난간)이 설치되어 있다. 난간 머리에 서까래가 세로로 가로질렀는데, 바로 뱃머리 앞에 닿게 된다. 마치 소나 말의 가슴에 멍에를 메인 것과 같은 모습이다.

6)난간을 따라 판자를 깔고 그 둘레에는 패(牌; 네모 방패)를 둘러 꽂았다. 방패 위에 또 난간(牌欄)을 만들었다. 현란에서 패의 난간에 이르는 높이는 4척 3촌(1.3미터)이다.

7)방패의 난간 좌우에는 각각 11쪽의 판자가 비늘처럼 서로 마주 덮고 있다.

8)배의 등에는 1척 5촌(47센티미터)의 틈을 내어 돛대를 세웠다 뉘었다 하는 데 편하게 했다.

9)뱃머리에는 거북머리(귀두)를 설치했다. 길이는 4척 3촌(1.3미터), 넓이는 3척(94센티미터)이다. 그 속에서 유황염초를 태워 벌어진 입으로 안개처럼 연기를 토하여 적을 혼미하게 한다.

10)좌우의 노는 각각 10개이다.

11)왼쪽과 오른 쪽 22개의 방패에는 각각 포혈(砲穴; 대포구멍)을 뚫었고, 12개의 문을 두었다.

12)거북머리 위에도 두 개의 대포구멍을 냈다. 그 아래에 두 개의 문을 냈다. 문 옆에는 각각

통제영 거북선.《이충무공전서》에서 임란 때의 거북선과 가장 비슷하다고 했다.

전라좌수영 거북선. 통제영 거북선과 제원이 비슷하지만 구조상 약간의 변형이 있다.

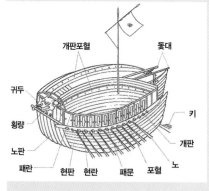

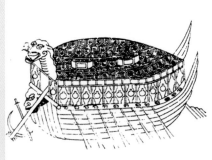

우리
수학의
수수께끼
2

대포구멍 한 개씩을 두었다.

13)왼쪽과 오른쪽의 덮개 판목 12개에도 각각 대포구멍을 뚫었으며 '귀(龜)'자가 적힌 기를 꽂았다.

14)왼쪽과 오른 쪽의 포판(鋪版; 갑판)에는 방이 각각 열두 칸이다. 그 가운데 두 칸에는 철물을 넣어두고, 세 칸에는 화포ㆍ활ㆍ화살ㆍ창ㆍ칼 등을 넣어두고, 나머지 열아홉 칸은 군사들의 휴식처로 쓴다.

15)왼쪽 갑판 위에 있는 방 한 칸은 선장이 거처하고, 오른쪽 갑판 위의 방 한 칸은 장교들이 거처한다.

16)군사들은 쉴 때는 갑판 아래에 있고 싸울 때는 갑판 위로 올라와 모든 대포구멍에 대포를 대놓고 쉴 새 없이 쟁여 쏜다.

이것으로 거북선의 전체 규격, 거북머리, 노의 수, 대포 구멍 수, 배안의 내부 구조, 배의 꼬리, 돛대의 위치 등을 알 수 있게 되었다. 통제영 거북선은 납작한 형태의 거북선이다. 판옥선의 갑판 주위를 빙 둘러 친 나무 담인 여장을 제거하고 갑판 위에 바로 거북 뚜껑을 덮은 형상이다.

위의 《이충무공전서》의 내용을 토대로 김재근이 통제영 거북선의 규모를 계산했는데, 배의 최대 길이가 35미터, 선체의 길이 27~30미터 사이, 폭 9미터, 전체의 높이 6미터, 선체의 높이 2.5미터 정도였다.[주28]

"거북선은 배의 길이와 너비의 비율이 약 8대 1이었고, 배의 너비와 높이와의 비율이 약 2대 1이었다. 거북선에는 꽁무니에 2개의 꼬리가 있었는데, 그 길이가 거북선 전체 길이의 절반 이상이나 될 만큼 길었다. 배가 좌우로 흔들리는 것을 조절하면서 배의 속도를 안정하게 더 빨리 낼 수 있는 구조였다."[주29]

노는 현란 부근에서 나왔다. 2.5미터 정도 높이에서 좌우 각각 10개의 노를 저었다. 또 이 설명을 보면 거북선의 대포 구멍은 배 양쪽 방패의 22개, 배 앞쪽 거북머리와 아래 합쳐서 4개, 배 위의 거북 등에 12개까지 전부 38개가 있었다. 여기서 상하좌우의 전방위 포격이 가능했음을 알 수 있다.

전라좌수영 거북선은 광주리를 엎어놓은 것 같은 모양을 하고 있다. 이 배는 판옥선의 나무 담인 여장(女墻)을 그대로 두고 거기에 뚜껑을 씌운 모습이다. 치수·길이·넓이 등은 통제영거북선과 거의 같았다. 거북머리 아래에 귀신의 머리를 새겼고, 덮개 위에 거북무늬를 새겨 넣었다. 대포구멍은 거북머리 아래에 두 개, 현판 좌우에 각각 하나, 뱃전 난간의 좌우에 각각 10개, 덮개 판목 좌우에 각각 6개씩 있었다. 노는 좌우에 각각 8개씩 있었다.

《이충무공전서》에서는 이 정도의 설명으로 충분하다고 생각한 듯하다. 이 책에 도판을 실은 이유는 "그동안 문자로만 표현되어왔던 거북선의 실제 모습과 구조를 보여주기 위해서"였다. 도면에 따라 똑같은 거북선을 제조해낼 수 있도록 상세한 설계도를 제시하려는 의도는 없었던 것이다. 구체적인 내용은 1급 군사 비밀에 속하기도 했고, 또 실제 제작 현장의 장인들은 도본 없이도 잘 알고 있었을 것이다. 정조와 《이충무공전서》의 편찬자는 오늘날 거북선의 구조 논쟁이 이처럼 격렬하리라는 것을 짐작이나 했을까.

2층인가, 3층인가

《이충무공전서》의 그림 또한 충분하지 않았기 때문에 배의 구조를 둘러싸고 학자들 사이에 큰 논쟁이 벌어졌다. 2층, 3층, 2.5층 논쟁이다. 먼저 언더우드가 생각한 2층 구조는 노꾼이 갑판 아래인 1층에 있고, 대포와 포수는 갑판 위에 있

268
수
학
의
배

었다는 것이다. 반면에 김재근이 생각한 2층 구조는 노꾼과 사수(射手), 포수가 모두 갑판 위에 있는 2층 구조이다. 남천우가 생각한 3층 구조는 거북선은 판옥선에 단지 지붕만 씌운 것이어서 2층에 노꾼과 사수가 있고, 3층에 포가 있는 구조다.

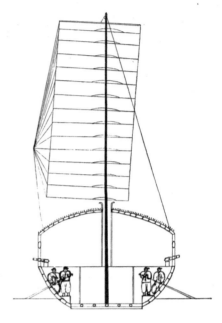
언더우드가 생각한 거북선의 단면.

《이충무공전서》에서는 "갑판에 12개 쪽에 방이 있고, 갑판 위에 선장과 장교들이 쓰는 방이 있으며, 병사들은 포를 쏠 때 갑판 위아래로 드나들었다"는 대목이 나올 뿐 노꾼에 대한 언급은 없다. 김재근은 저서 《우리 배의 역사》에서 2층과 3층 사이에 갑판이 존재한다면 3층에 사람이 들어가 활동하기에는 공간이 너무 낮다는 이유를 들어 거북선을 2층 구조로 보았다. 실제로 통제영 거북선 모형을 보면 둥근 등껍질 부분이 낮게 보인다. 또 3층 구조였다면 당연히 있어야 하는 또 하나의 갑판에 대한 기록이 《이충무공전서》에는 등장하지 않는다.

영조 때의 한 기록은 3층설을 지지한다.[주30] 균세사로 연해지방을 감찰하고 돌아온 박문수는 "이충무공의 기록을 상세히 조사한 결과 거북선의 복판 좌우에 6문의 포문이 있다"고 설명하면서 "임란당시 거북선은 주갑판에 노군과 전투원이

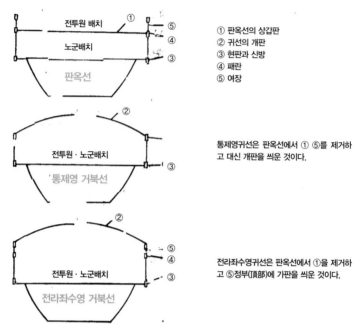

① 판옥선의 상갑판
② 귀선의 개판
③ 현판과 신방
④ 패란
⑤ 여장

전투원 배치 ①
노군배치
판옥선
⑤
④
③

통제영귀선은 판옥선에서 ① ⑤를 제거하고 대신 개판을 씌운 것이다.

② 전투원·노군배치
통제영 거북선
③

② 전투원·노군배치
전라좌수영 거북선
⑤
④
③

전라좌수영귀선은 판옥선에서 ①을 제거하고 ⑤정부(頂部)에 가판을 씌운 것이다.

김재근 박사가 생각한 거북선과 판옥선의 단면도.

위치하고 포수는 상갑판에 위치했다"고 주장했다.[주31] 박문수에 따르면, 거북선은 3층 구조로서 1층에는 수군의 침실과 군량 무기 창고로 이용되었고, 2층은 노꾼과 사수가, 3층은 포수가 위치해 전투 시 포와 활 그리고 기동을 자유자재로 할 수 있었던 군선이다.

마지막으로 2.5층 구조설은 3층설의 2층에 해당하는 것이 선체를 완전히 다 덮은 것이 아니라 전투원들이 딛고 서 있을 수 있는 발판이었다는 것이다. 정조 때는 이 모든 정보를 가지고 있었을 텐데 통제영, 전라좌수영 그림에는 그런 내용을 반영치 않았다.

2층, 3층의 진위 여부와 별도로 다음의 3차원 입체 복원도는 거북선의 규모와

3차원 입체 복원도 (김정진, 〈신화에서 역사로〉, 랜덤하우스코리아, 2005)

기능을 일목요연하게 보여준다는 점에서 참고할 만하다. 김정진은 실제 전투선의 공간 배치라는 사항을 염두에 두고 판옥선의 구조, 민화와 통제영·전라좌수영 거북선 등을 면밀히 검토한 후 3차원으로 재구성해냈다. 참고로 김정진은 거북선을 3층 구조로 보았다.

사료로 읽는 거북선의 활약상

해설에 앞서 다음 여섯 장면은 임란 당시 해전의 모습, 승리의 요인, 거북선의 활약상을 기록한 가장 대표적인 사료들이다.

<장면1> 1592년 6월 2일 당포

이번에야 돌격장이 그것을 타고 나왔습니다. 그래서 먼저 거북선에 명령하여 적선 속으로 뚫고 들어가 천·지·현·황 각 종류의 총을 쏘게 했더니 산 위와 언덕 밑과 배를 지키는 세 곳 왜적들도 철환을 빗발치듯 쏘아내는 데 간혹 우리나라 사람도 섞어서 쏘므로 신이 더욱 분하여 배를 급히 저어 앞서 나가 바로 그 배를 두들기자 여러 장수들이 한꺼번에 모여들어 철환(鐵丸)·장편전(長片箭), 피령전(皮翎箭), 화전(火箭), 천자총통(天字銃筒), 지자총통(地字銃筒) 등을 풍우같이 쏘아내며 저마다 힘을 다하매 소리가 천지를 흔드는데 중상하여 엎어지는 자 부축하며 끌고 달아나는 자가 얼마인지 모르겠으며 그래서 높은 언덕으로 물러가서 감히 앞으로 나올 생각을 못하는 것이었습니다.……

먼저 거북선으로 곧장 충각배 밑으로 치고 들어가 용의 입으로 현자(玄字) 철환을 쏘고 또 천자, 지자 철환과 대장군전(大將軍箭)을 쏘아 그 배를 깨뜨리고 뒤에 있는 여러 전선도 철환과 화살을 섞어서 퍼부으며…… 중위장(中衛將) 순천부사 권준(權俊)이 뚫고 들어가 왜장을 쏘아 맞추매 활시위에 응하여 거꾸로 떨어지자……

또 왜의 큰 배 20여 척이 작은 배를 많이 거느리고 거제도로부터 와서 닿았다고 탐망선이 보고하는데 지형이 협착하여 접전하기에 합당치 않으므로 바깥 바다로 끌어내어서 쳐부수려고 노를 재촉하여 바다로 나온 즉…… 우리 군대의 위엄을 보고서 총알을 우박 퍼붓듯 마구 쏘는데 여러 전선이 둘러서고 먼저 거북선으로 뚫고 들어가서 천자총통, 지자총통을 놓아 적의 큰 배를 꿰어 뚫게 하고 여러 전선들이 번갈아 드나들며 총통과 화살을 우레같이 쏘아대면서 한참동안 접전하여 우리의 위엄을 더욱 떨치었는데…… 우리 여러 전선들은 사방으로 둘러싸고 협격하기를 더욱 급히 하며 돌격장이 탄 거북선이 또 충각배 밑을 뚫고 들어가 총통을 치쏘아 그 배를 깨뜨리고 여러 전선이 또 화전(火箭)으로 그 비단과 장막과 돛을 쏘아 맞히니 맹렬한 불길이 일어나고 충각위에 앉았던 왜장이 화살에 맞아 떨어지니…… 그 배에 타고 있는 놈은 거의 백여 명이나 되며 우리 편 배에서 먼저 지, 현자 총통을 쏘는 한편 장편전, 철환, 질려포(蒺藜砲), 대발화(大發火) 등을 연달아 쏘고 던지매 왜적들이 어찌할 줄 모르고 도망가려 하므로……."

— 〈당포파왜병장唐浦破倭兵狀〉, 《이충무공전서》 권2, 장계1

*이은상 번역본 참조

<장면2> 1592년 7월 8일 한산도

7월 6일에 순신이 억기(이억기)와 노량에서 회합하였는데, 원균은 파선(破船) 7척을 수리하느라 먼저 와 정박하고 있었다. 적선 70여 척이 영등포(永登浦)에서 견내량(見乃梁)으로 옮겨 정박하였다는 것을 들었다. 8일에 수군이 바다 가운데 이르니, 왜적들이 아군이 강성한 것을 보고 노를 재촉하여 돌아가자 모든 군사가 추격하여 가보니, 적선 70여 척이 내양(內洋)에 벌여 진을 치고 있는데 지세(地勢)가 협착한 데다가 험악한 섬들도 많아 배를 운행하기가 어려웠다. 그래서 아군이 진격하기도 하고 퇴각하기도 하면서 그들을 유인하니, 왜적들이 과연 총출동하여 추격하기에 한산(閑山) 앞바다로 끌어냈다. 아군이 죽 벌려서 학익진(鶴翼陣)을 쳐 기(旗)를 휘두르고 북을 치며 떠들면서 일시에 나란히 진격하여, 크고 작은 총통(銃筒)들을 연속적으로 쏘아대어 먼저 적선 3척을 쳐부수니 왜적들이 사기가 꺾이어 조금 퇴각하니, 여러 장수와 군졸들이 환호성을 지르면서 발을 구르고 뛰었다. 예기(銳氣)를 이용하여 왜적들을 무찌르고 화살과 탄환을 번갈아 발사하여 적선 63척을 불살라버리니, 잔여 왜적 400여 명은 배를 버리고 육지로 올라가 달아났다.

— 《선조실록》, 선조 25년 6월 21일

<장면3> 1595년 3월 조정

수군[舟師]의 형편도 매우 염려됩니다. 전일 적선(賊船)이 화호(和好)를 핑계로 몰래 와서 엿보고 갔다는데, 왜적이 하루라도 복수할 생각을 잊지 못하는 것은 실로 이순신(李舜臣)의 장계 내용과 같습니다. 왜적이 수륙(水陸)으로 한꺼번에 나올 경우 수군이 막지 못한다면 일은 더욱 위태롭습니다. 대체로 왜적이 해전에 익숙하지 못한 것이 아니라, 다만 그들의 배가 멀리서 왔고 선제(船制)가 견고하고 장대(壯大)하지 못하여 그 위에 대포를 안치할 수 없어서 우리나라 배에 제압된 것입니다. 지금 왜적이 오랫동안 재목이 많은 거제(巨濟)에 있으니, 만일 우리나라의 선제를 따라 판옥선(板屋船)을 많이 만들어 포를 싣고 나온다면 대적하기 역시 어려울 것입니다. 이렇게 일이 급한 때에 수군이 전날보다 더 약하고, 순찰사 등은 또한 장래의 일을 깊이 생각하지 못하여, 제장은 전부 차사원(差使員)이 되었고, 군량도 많이 감소된데다, 불행히도 충청도의 배가 바다에 침몰하여 제때에 가기가 어려우니, 걱정되는 일이 한두 가지가 아닙니다. 그러니 이순신이 청한 제장을 금명간에 급속히 떠나보내고 또한 이러한 뜻을 이순신 등에게 밀유(密諭)하여 각오를 새롭게 하여 조치해서 차질이 없도록 하는 것이 합당하겠습니다.

— 《선조실록》, 선조 28년 3월 18일

<장면4> 1595년 10월 27일 조정

다만 이미 지나간 사적에 의거하여 말씀드리면 수전(水戰)은 자못 우리나라의 소장(所長, 장점)이요, 거북선의 제도는 더욱 승첩에 요긴한 것입니다. 그러므로 적이 꺼리는 바가 이 거북선에 있고 강사준의 보고도 그러하였습니다. 적병이 처음 부산에 당도할 적에 만일 좌우도(左右道)의 병선(兵船) 수백여 척으로 하여금 제때에 절영도(絕影島) 이남에서 막게 하였더라면 승리를 얻을 수 있었을 듯한데, 이를 실행하지 못하였기 때문에 적세가 뒤를 돌아보는 염려가 전혀 없어서 마음대로 창궐하였던 것입니다. 옛말에 '전의 일을 잊지 않는 것은 뒷일의 밝은 경계이다' 하였으니, 지금 이 겨울철을 당하여 급급히 배와 기계를 수리하고 수군의 형세를 많이 모아야 할 것입니다. 그리고 거북선이 부족하면 밤낮으로 더 만들어 대포·불랑기(佛狼機)·화전(火箭) 등을 많이 싣고 바닷길을 막아 끊는 계책을 하는 것이 곧 위급함을 구제하는 가장 좋은 계책입니다. 평상시 경상도에 선재(船材)가 생산되는 곳은 거제(巨濟)·옥포(玉浦)·지세포(知世浦) 등처가 있을 뿐인데, 적병이 몇 년 넘게 섬 안에 들어가 있으니 선재가 아직도 남아 있는지 여부를 모르겠습니다. 이 일을 도체찰사와 통제사에게 비밀히 통지하여 군기(軍機)를 노출하지 말고 유의하여 조처해서 완급(緩急)에 대비하도록 하는 것이 좋겠습니다.

— 《선조실록》, 선조 28년 10월 27일

<장면5> 1596년 12월 21일

신시(申時)에 상이 별전에 나아가 황신(黃愼. 1560-1617)을 인견하였다. 상이 이르기를 "그대는 나라의 일로 외국에 왕래하느라 노고가 많았다" 하니, 황신이 아뢰기를 "사신의 직책을 제대로 수행하지 못하여 왕명을 바로 전달하지 못하였으니 만 번 죽어 마땅합니다" 하였다. ······상이 이르기를 "저 왜적이 우리나라의 기계 중 선제(船制)·대포(大砲)·궁시(弓矢)와 같은 것들을 모두 배웠다고 하던가?" 하니, 황신이 아뢰기를 "궁시를 가져가지 않은 것은 아니나 불을 붙이는 것과 늦추고 당기는 데 요령을 얻기 어려워서 궁시에는 노력을 기울이지 않습니다. 배에 있어서는 왜인들도 일찍이 익혀온 것이지만 가볍고 빠른 것이 좋은 줄로만 알고, 완전하고 두꺼운 것이 믿음직하다는 것은 모르기 때문에 우리의 선제(船制)를 배울 줄 모릅니다. 대포는 없고 항상 조총을 쏘고 있었습니다" 하였다. 상이 이르기를 "그대가 출입할 때 모두 우리나라 배를 탔었는가?" 하니, 황신이 아뢰기를 "신의 처음 생각에는 왜선(倭船)이 필시 우리 배보다 우수하리라 여겼으므로 부산에서부터 일기도(一崎島)에 도착하기까지는 모두 왜선을 탔으나, 거기서부터 적관(赤關)까지는 우리 배를 타고 갔고 돌아올 때에도 우리 배를 탔습니다" 하였다. 상이 이르기를 "판옥선(板屋船)이던가?" 하니, 황신이 아뢰기를 "이순신(李舜臣)이 감독하여 만든 배로 왜선의 제도를 모방한 것입니다. 신이 일본에서 돌아올 때 곧바로 부산으로 건너려 하니, 여러 왜인들이 말하기를 '바람이 맞은편에서 부는 듯하니 반드시 곧장 부산에 도달할 수는 없을 것이다' 하였습니다. 다시 우리나라 사공에게 물어보니 모두 건널 수 있다고 하므로 왜인들이 굳이 만류하는 것도 듣지 않았습니다. 바다를 반쯤 건너자 왜인들이 기뻐하며 말하기를 '이제는 건널 수 있겠다' 하였습니다. 밤중에 이르러 부산에 정박하니, 부산 진영에 머물러 있던 왜인들이 보고서 놀라는 기색이었습니다" 하였다.

—《선조실록》, 선조 29년 12월 21일

<장면6> 1596년 11월 9일 조정

좌의정 겸 도원수 이항복(李恒福·1556~1618)과 영의정 이산해(李山海·1539~1609)를 인견하였다. ……상이 이르기를 "경이 들은 바에 의하면 남방의 방비에 대한 제반 일을 얼마나 조치했다고 하던가?" 하니, 항복이 아뢰기를 "조정에서 바다를 방어하는 것을 급선무로 삼고 있는데 전선(戰船)은 3도(道)를 합쳐 모두 80여 척이라고 하였습니다" 하였다. 상이 이르기를 "80여 척이 모두 판옥선(板屋船)인가?" 하니, 항복이 아뢰기를 "판옥선입니다. 소선(小船)은 정수(定數)가 없기 때문에 판옥선만 말하였습니다" 하였다. ……상이 이르기를, "사람들이 왜선(倭船)은 작은데 우리의 배는 크다고 한다. 저들이 우리처럼 큰 배를 만들어 대포를 싣고 오지는 않겠는가?" 하니, 항복이 아뢰기를 "황윤길(黃允吉) 등의 말을 들으니 우리의 배보다 큰 적선(賊船)이 매우 많다고 하였습니다. 그러나 임진년 이후 접전처(接戰處)에서는 큰 배를 못 보았는데 황신(黃愼)이 판옥선(板屋船)을 타고 바다를 건너갔을 적에 왜인들이 그 제도를 보고 좋아하였으나 느리고 무거운 것을 싫어하여 만들지 않았다고 합니다." 하고, 산해는 아뢰기를, "지난번 패전 때 우리의 배가 적에게 나포되어 간 것이 많고 포로로 잡혀 간 우리 백성 가운데 배를 조종할 줄 아는 사람 또한 많으니, 과연 상의 분부처럼 지극히 우려된다고 하겠습니다" 하고, 항복은 아뢰기를 "배를 부림에 있어 우리는 삼풍(三風)을 쓰는데 저들은 일풍(一風)을 쓸 뿐 횡풍(橫風)은 쓰지 않습니다" 하고, 산해는 아뢰기를 "지금은 필시 배웠을 것입니다" 하였다.

상이 이르기를 "장사(將士)들에게 힘써 싸울 마음이 있어야 한다. 그렇지 않으면 수군도 믿을 수가 없게 된다" 하니, 항복이 아뢰기를 "임진년의 경우에는 견고하고 치밀한 대선(大船)이 있어도 믿고 싸울 수가 없었는데 힘을 다하다가 패하였다는 말은 못 들었습니다. 배 안이 황란하여 한쪽이 비게 되면 저들이 우리 배로 뛰어 올라와 공격했기 때문에 아군이 매번 패했던 것입니다. 참으로 각기 힘을 내어 싸울 수만 있다면 배를 탔을 때는 육지와 달라서 승리할 수 있습니다" 하고, 산해는 아뢰기를 "적이 대거 침입하여 오면 막기가 어렵겠지만 대마도의 노략질하는 왜적이라면 제제할 수 있습니다. 다만 지금의 장수가 어떤지를 모르겠습니다" 하고, 항복은 아뢰기를 "군함이 다소 있기는 하지만 대패(大敗)한 뒤여서 모양을 갖추지 못하고 있는 실정입니다. 가장 안타까운 것은 인심이 임진년 때만 못한 것인데, 갈수록 더욱 심해지고 있습니다" 하였다.

— 《선조실록》, 선조 29년 10월 9일

〈장면1〉에서 거북선의 생생한 활약상을 엿볼 수 있다. 거북선은 적진 한가운데 뛰어들어 적의 기함을 공격해서 지휘체계를 마비시키거나, 적의 대형을 흔들어놓는 구실을 했다. 이처럼 거북선이 마음껏 적진을 누빌 수 있었던 까닭은 네 번째 장면에서 확인된다. 판옥선의 경우에는 배가 한쪽으로 쏠리는 사이에 다른 쪽으로 넘어 들어온 왜군에 의해 피해를 입는 일이 많았다. 반면에 거북선은 덮개를 씌우고, 거기에 송곳이나 칼을 설치함으로써 이런 단점을 완전히 극복했다. 게다가 용머리처럼 생긴 배 머리 부분도 적함 파괴에 유용했다. 〈장면2〉는 당시 조정에서 거북선을 승전의 주역으로 파악했음을 일러준다. 〈장면1〉에 보이는 거북선은 여러 척이 아니라 한 척이었던 것 같다. 〈장면4〉를 보면 거북선이 한 대가 아니라 그보다 많았으리라 추정된다. 임란 당시 거북선은 전라좌수영과 방답, 순천에 각각 한 척씩 총세 척이 있었지만 정유재란 발발 당시 철전량 해전(1597년 7월 16일)에서 모두 침몰했다고 한다. 그 후에 다시 건조했지만 선박 수는 많지 않았으리라 추정된다.

조선과 왜군의 선박 구조의 차이, 항해술의 차이가 승패를 결정짓는 주요 요인

당포전양승첩도. 임진왜란 종전 직후인 1604년 당포에 침입한 왜군을 물리치는 그림. 이를 통해 임진왜란 당시의 전투를 짐작해볼 수 있다. 국립광주박물관 소장

이었다. 〈장면3〉에서는 견고한 판옥선이 승리의 주역임을 말하고 있다. 거북선이 아니라 판옥선을 언급하고 있음에 주목하자. 〈장면5〉에서는 일본이 조선에 비해 선박제조술, 대포제작법, 불화살 사용법이 미흡했음을 말해준다. 설사 조선과 같은 수준이었다고 해도 일본은 빠른 배를 선호하기 때문에 조선처럼 두껍고 묵직한 배를 구태여 만들려 하지 않았다. 날렵한 일본의 배에는 묵직한 화포를 탑재하는 것도, 화포와 화약을 제대로 쓰기도 힘들었다. 그 밖에 〈장면6〉에서는 조선과 일

본의 돛을 쓰는 방식의 차이를 말하고 있다. 조선 수군은 세 가지 바람, 즉 순풍, 횡풍(橫風), 역풍을 이용한 반면에 왜군은 순풍 한 가지만 이용했다. 세 가지 바람을 이용했기 때문에 조선 배는 역풍 속에서도 항해를 계속할 수 있었다. 일본 사신으로 갔던 황신의 배는 일본인의 우려와 달리 역풍을 뚫고 부산으로 되돌아왔다.

무엇보다 해전의 승리에서 결정적인 구실을 한 것은 화약과 화포였다. 거북선은 눈에 띄지 않는 장소에서 대포 포격과 총 사격을 했다. 〈장면2〉는 화약과 화포의 위력을 실감나게 표현했다. 〈장면3〉에서는 판옥선이 왜선과 달리 견고하여 화포를 탑재할 수 있기 때문에 승리를 거둘 수 있었다고 했다. 〈장면4〉도 거북선을 비롯한 선박 제조와 함께 화약과 화포의 역할이 매우 중요했음을 말하고 있다.

우리에게 익숙한 학익진 이야기는 〈장면2〉에 등장한다. 여기서는 거북선 하나가 아니라 각종 배와 화기를 아우른 전술의 종합세트를 볼 수 있다. 적을 꾀어내는 병법, 학익진을 쳐서 적을 포위하는 진법, 포위된 적에 대한 대대적인 총포 사격 등이다. 사기가 오른 장수와 사졸의 환호성도 묘사되어 있고, 눈에 보이지 않지만 노꾼의 재빠른 움직임도 느껴진다. 이 모든 기술을 종합하고 병사를 독려하는 선봉장 이순신의 힘찬 호령도 들린다. 한마디로 말해 그는 지형과 해류에 관한 과학적 지식과, 선박과 화기에 대한 온갖 기술을 용병술 안에 녹여 낸 것이다.

임진왜란 때 일본 수군의 대표적 전투함이었던 안택선 모형. 일본 나고야성박물관 소장

이상에서 살핀 내용을 바탕으로 당시 조선 함대의 전투에서 거북선의 기여도를 수치로 표현한다면 거북선 10퍼센트, 판옥선 40퍼센트, 화약 무기 20퍼센

트, 이순신의 전술 20퍼센트, 기타 10퍼센트 정도가 되지 않을까? 돌격선인 거
북선으로 적장을 죽이고, 적진을 분쇄하며, 적에게 공포감을 심어주었다는 점에
서 실질적·심리적 효과가 컸다. 오랫동안 발전시켜온 넓고 묵직한 판옥선이 화
포의 탑재를 가능케 했다. 조선 수군은 선박 재료의 구입과 가공, 탑재할 화포
수와 그것을 부릴 수 있는 전투원과 노꾼, 배를 자유자재로 부릴 수 있는 항해
술, 배를 중심으로 한 해진(海陣)의 연습 등 모든 것을 거북선에 맞춰 세팅했다.
이런 거북선의 제반 특징은 판옥선과 다르지 않았다. 설사 일본군이 조선의 배
와 항해술에 관한 정보를 충실히 갖췄다 해도 그들은 자신의 장점, 즉 기동력과
신속성을 버려야 하는 심각한 선택을 할 수밖에 없었다. 《실록》에 보이는 여러
기록은 그들이 결코 자신의 장점을 버리려고 하지 않았음을 암시한다. 기술은
낱개가 아니라 오랫동안 축적된 집합체의 성격을 띠기 때문이다.

조선의 대포들. 국립중앙박물관 소장(왼쪽)

천자총통

지자총통

현자총통

황자총통

화차

거북선은 임진왜란이라는 대규모 전쟁에서 큰 구실을 했던 군선인 만큼 조선과 일본에서 후대에 회자되었다. 당연히 거북선의 생김새에도 관심이 많았고 오늘날까지 최소 10점 정도의 옛 거북선 그림이 전한다. 그중 1795년 정조 때 편찬된 《이충무공전서》에 실린 그림 2점이 당시에 남아 있던 통제영과 전라좌수영의 거북선을 기초로 그려졌다는 점에서 역사적으로 가장 신빙성 있는 것으로 간주된다. 다른 그림들은 출처와 그려진 시기가 분명치 않다.

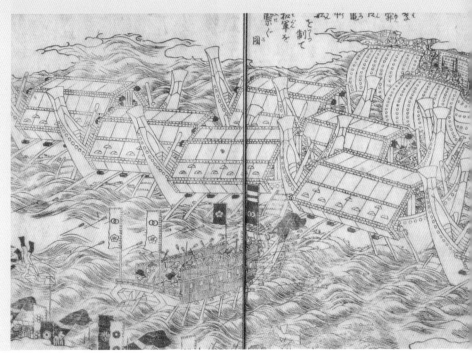

일본의 《회본태합기繪本太閤記》의 거북선

일본 《회본태합기繪本太閤記》의 거북선

일본에서는 전쟁 후 도요토미 히데요시의 일대기를 그림으로 그리고 해설한 책이 여럿 나와 일반 사람들에게 회자되었다. 그 가운데 《회본태합기繪本太閤記》에 거북선 그림이 보인다. "이순신이 거북선(龜甲船)을 만들어 일본군을 물리치다"라는 설명이 붙어 있다.

청백철화귀선문항아리

북화풍의 강한 필치로 거북선이 한 척 그려져 있는 청화백자항아리인데 용머리에서 황불 연기를 토해내고 있다. 거북선 연구자 박혜일은 이 그림의 귀갑이 철갑으로 보아, 그것이 회화적 전승으로서의 구전적 철갑전설의 성립과 그 명맥을 같이한다고 주장했다. 현재 해군 사관학교 박물관에 소장되어 있다. 1910년경 경상남도 고성에서 발굴된 것으

17세기 초반의 청백철화귀선문항아리. 입지름 10.8센티미터. 몸 지름 20.3센티미터. 밑지름 9.5센티미터. 높이 16.7센티미터. 해군사관학교 박물관 소장

로, 부봉미술관(富峰美術館) 관장 김형태(金炯泰)가 소장하다가 해군사관학교에 기증한 것이다. 황불연기를 토하고 있는 용머리의 묘사가 특이하고, 그 해학적 표현이 회상적인 감회를 전해주는 듯 흥겹다.

이순신 가문에서 나온 거북선 그림 2종

아래 그림 2점은 이순신 후손의 종가에서 전해져 내려온 것이다. 다른 거북선그림과 달리 거북선 등 위에 2개의 돛대가 달려 있고, 장대(지휘소)가 설치돼 있는 것이 특징이

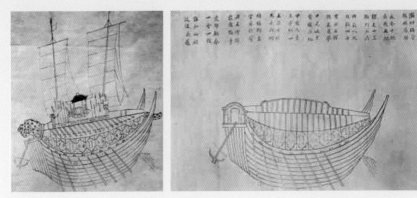

이순신 가문에서 나온 거북선 그림 2종. 국립진주박물관 소장

다. 거북선의 크기를 비롯해 구조(3층), 장대 설치 등에 관한 설명도 곁들여져 있다.

거북선해진도

거북선과 여러 종류의 전선(戰船)의 포진 상황을 나타낸 그림. 세로 120센티미터, 가로 40센티미터의 병풍식 10폭으로 되어 있다. 현재 해군사관학교 박물관에 소장되어 있

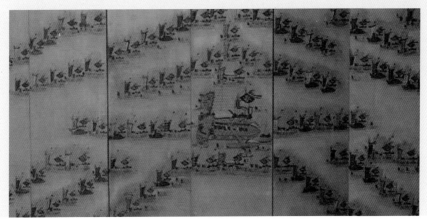

〈거북선해진도〉

283

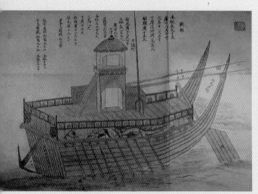

(각선도본)에 수록된 판옥선. 명종 때 개발된 전투함. 임진왜란 중 크게 활약했으며 후에 전선으로 발전했다.

민화(병풍) 속에 등장하는 거북선. 민화 특유의 재치와 과장 속에서도 둥그렇게 생긴 거북선의 겉모양이 잘 드러나 있다.

다. '帥(수)' 자 깃발을 단 좌선(座船)을 중심으로 하여 거북선 43척을 비롯한 여러 종류의 배가 그려져 있는데 배의 숫자는 548척이며, 첨자진(尖字陣)을 이루고 있다. 배의 배치상황을 설명한 부두기(附頭記)에는 그냥 '海陣圖(해진도)'라고만 쓰여 있으며, 15미터의 두루마리로 되어 있다. 이 그림을 언제 누가 그렸는지는 확실하지 않으며, 재일동포가 소장하다가 1985년 이순신(李舜臣) 탄일을 앞두고 해군에 기증했다. 조선시대, 특히 임진왜란 이후부터 조선 말기까지의 수군발전상과 거북선 연구에 귀중한 사료(史料)로 평가받고 있다.

2004년 미국 뉴욕에서 공개된 거북선

가로 176센티미터, 세로 240센티미터의 비단 천에 용의 머리와 거북의 몸체 형태를 지닌 군용선 4척의 모습이 담겨 있다. 보스턴에서 발견된 것으로, 일본풍의 그림 하며 《이충무공전서》에 언급되지 않은 여러 가지가 덧붙여져 있어 위작으로 의심받고 있다. 그림의 왼쪽 하단에는 한치윤(韓致奫, 1765~1814)이 순조연간(1801~1821)에 편찬한

미국공개 거북선. 개인 소장. 전쟁기념관 박재광 제공

뉴욕선원거북선. 뉴욕선원 박물관 소장

《해동역사》(권29)의 '거북선' 관련 내용이 실려 있다. 대체로 이순신의 조카 이완의 기술 관련 설명과 《이충무공전서》의 내용을 표현한 것으로 새로운 부분은 없다. 이런 내용으로부터 그림이 진짜라고 해도 최소한 19세기 이전의 것은 아님은 알 수 있다. 《이충무공전서》의 내용을 그대로 실으면서도, 장대(將臺)나 포의 위치 등 거기에 들어 있지 않은 많은 부분을 첨가해서 그렸다. 설사 그림이 진작이라 해도 그것이 상상의 표현인지, 아니면 이 시기에 개량된 거북선을 나타낸 것인지 여전히 논란거리이다.(그림의 전도와 거기에 실린 글에 대한 정보는 전쟁기념관의 박재광 학예연구관으로부터 얻었음을 밝힌다)

뉴욕선원의 거북선

뉴욕도 한복판인 25번가 선원교회연구소의 교회 박물관에 소장되어 있다. 거북선 연구자 김재근은 《거북선의 신화》(1978)에서 이 사진을 위작으로 보았다.

대 표 적 인 거 북 선 학 자

김재근(1920~1999) 한국 선박사 연구의 개척자. 1943년 경성제국대학 이공학부 기계공학과 제1회 졸업. 서울대학교 조선공학과에서 1985년 3월에 정년퇴임하기까지 37년간 현대 조선공학의 이론과 설계 분야의 교육과 연구에 힘썼다. 1970년대 중반부터 거북선 연구를 시작, 타계하기까지 조선시대의 각종 함선 연구에 몰두했다. 거북선을 비롯한 조선시대 군선의 선형, 구조, 뛰어난 기동성, 막강한 화력에 이르기까지의 군사적 우월성과 조선공학적 특성을 규명하고, 조선시대의 대일 통신사선(通信使船)의 구조와 특성을 밝혔다. 주요 저서로 《조선왕조군선연구》(1976), 《거북선의 신화》(1980), 《한국선박사연구》(출판부, 1984), 《거북선》(1992), 《한국의 배》(1994), 《속 한국선박사연구》(1994) 등이 있다.

주1 노영구, "역사 속의 이순신 인식", 〈역사비평〉 69, 2004년 겨울호, 350쪽

주2 유길준, 《서유견문》제14편 "개화의 등급", 일조각 영인본, 1971, 384쪽

주3 일본의 〈건축학잡지建築學雜誌〉 168호에 실린 "조선은 세계의 발명국"(396쪽)에 인용되어 있다. 최영희, "귀선고", 《사총》, 1958, 14~15쪽에 재인용

주4 《삶에서 신화까지-충무공 이순신》, 국립진주박물관, 2003, 142~143쪽

주5 일기자(一記者), "동아천지(東亞天地)를 호령하는 날의 조선해군", 〈별건곤〉 제12~13호

주6 G.A. Ballard, "The influence of the Sea on the Political History of Japan", New York: E.P. Dutton& CO. 1921, p.51

주7 '거북船', 〈삼천리〉 제10호, 1930년 11월.

주8 渡邊世祐, "朝鮮役と我が造船發達", 《史學雜誌》 1935, 46.5: 588, 597쪽. 전상운, 《한국과학기술사》, 정음사, 1976, 240쪽에 재인용

주9 안확의 글은 1931년 잡지 〈조선〉에 실렸다.

주10 H. H. Underwood, Korean Boats and Ships, 1934, the Literary Department Chosen Christian College Seoul, Korea, pp.75~84

주11 홍이섭, 《조선과학사》, 정음사, 1946, 227쪽

주12 渡邊世祐, "朝鮮役と我が造船發達", 《史學雜誌》1935, 46.5: 588, 597쪽. 전상운, 《한국과학기술사》(정음사, 1976) 240쪽에서 재인용

주13 박성래, 《한국인의 과학정신》, 평민사, 1993, 200쪽

주14 중앙, 《우리역사 과학기행》, 동아시아, 2006, 236~238쪽

주15 《김일성저작집》1권, 233쪽. 리용태, 《우리나라 중세과학기술사》(과학백과사전종합출판사, 1990) 176쪽에서 재인용

주16 리용태, 《우리나라 중세과학기술사》, 과학백과사전종합출판사, 1990, 177쪽

주17 "昔の船, 今の船", 文祥堂, 1940, 90쪽. 《조선기술발달사》4(리조전기편), 과학백과사전종합출판사, 1996, 107쪽

주18 The roof was certainly studded with spikes and knives, and though no contemporary text has been found which proves that it was always covered with metal plates, strong local traditions, dating back to the early 17th century, affirm this." Jeseph Neehdam, Science and Civilisation in China, vol.4 part 3 section 28-29, Cambridge university press, 1971, pp.683-684

주19 Jeseph Neehdam, Science and Civilisation in China, vol.4 part 3 section 28-29, Cambridge university press, 1971, p.684

주20 《李忠武公全書》卷之二 狀啓一 唐浦破倭兵狀 055_128c.(이하 《이충무공전서》는 모두 한국문집총간본임)

주21 《민족문화대백과사전》중 '거북선' 항목

주22 《李忠武公全書》卷首, 世譜, 年表 055_103a.

주23 《선조실록》, 선조 39년(1606) 12월 24일

주24 《李忠武公全書》卷首, 圖說 [龜船] 055_098a.

주25 川口長孺, 《征韓偉略》卷之二, 高麗船戰記, 水滿彰考館, 天保二年, 1831

주26 노영구, "역사 속의 이순신 인식", 〈역사비평〉69, 2004년 겨울호, 346~347쪽

주27 《민족문화대백과사전》 '거북선' 부분 번역 참조

주28 김재근, 《거북선》, 정우사, 1992, 243쪽. 척수로 표시된 것을 영조척(1척=31.25센티미터)으로 환산함

주29 리용태, 《우리나라 중세과학기술사》, 과학백과사전종합출판사, 1990, 178쪽

주30 1976년 남천우가 이 주장을 처음에 제기한 후 큰 호응을 얻지 못하다 최근에 장학근이 "노 젓는 공간과 전투 공간이 구분되지 않으면 돌격선이 제 기능을 할 수 없다"며 이 주장에 동조했다.(문중양, 《우리역사 과학기행》, 동아시아, 2006, 231쪽)

주31 《영조실록》 영조 27년 2월

측우기로 눈의 양도 쟀을까?

도대체 1441년 무렵
무슨 일이 어떻게 벌어졌기에
측우기 제작에 나서게 된 것일까?
실록을 보면 한 해 전인
1440년 3월에서 5월 사이에 대가뭄이 있었으며,
비가 안 와 통치자의 가슴은 타들어가고,
대책 마련에 부심하는 모습이 자세히 적혀 있다!

측우기는 비의 양을 재는 기구이다. 주철 또는 청동으로 만든 용기에 빗물이 고이면 눈금이 새겨진 주척이라는 자로 비의 양을 잰다. 그전 방식보다 개선된 부분은 용기가 딱딱해서 빗물이 흡수되지 않는다는 점이다. 전에는 땅에 스며든 빗물을 쟀다. 그러다 보니 땅의 상태에 따라 측정치가 달라졌다. 측우기는 주철을 써서 이런 문제점을 해소했다. 동일하게 제작된 측우기는 각 지방관아에도 보내졌다. 그 결과 전국적으로 우량을 보고하는 시스템이 갖춰졌다.

측우기의 과학성은 바로 자연 현상을 객관적인 수치로 나타내려고 했다는 데 있다. 이는 1592년 갈릴레오가 온도계를 만들어 온도를 수치로 표현하고, 1643년 토리첼리가 수은기압계를 만들어 기압을 수치로 표현하려고 했던 일과 비교된다. 조선에서 측우기가 제작된 것은 1441년으로 온도계나 수은기압계보다 200여 년 빠르다. 그러나 측우기는 단순히 빗물을 받는 용기인 데 반해 온도계나 기압계는 온도와 기압이라는 물리 현상에 관한 과학이론을 배경으로 하고 있다. 이 둘의 차이는 엄청난 것이다.

농경 국가에서 우량에 지속적인 관심을 가지는 것은 당연하다. 농사는 국가의 근본이었기 때문이다. 당연히 비의 양을 재는 행위는 측우기 제작 이전에도 있었다. 다만 빗물의 양만 잰 것은 아니었다. 그런데 측우기라는 기구까지 이용해 비의 양을 정확히 재야 했던 이유는 무엇인가? 더 나아가 왜 하필 그릇 형태의 용기를 만들어 겠을까?

동아시아 자연관에 따르면 천자나 군주는 하늘의 명을 받은 자이다. 그 하늘은 관념적 하늘이 아니다. 하늘에서 나타나는 이상 현상은 모두 길흉의 의미를 담고 있다. 천자나 군주는 하늘의 움직임을 보고 거기에 담긴 정치적인 뜻을 묻는다. 홍수는 중요한 하늘의 이상 현상 가운데 하나이기 때문에 천자 또는 왕은 얼마만큼 비가 왔는지 관심을 가져야 한다. 홍수의 규모를 "많은", "엄청나게 많은", "강이 넘치는" 등으로 표현할 수도 있지만, 그보다는 양을 수치로 표현하는 것이 더 엄밀하다. 동일한 그릇과 자로 비의 양을 잰다면 그 엄밀성은 더욱 빛을 발할 것이다. 세종 때 측우기의 가치는 '측정한다'는 생각을 처음 했다는 것이 아니라, 측정의 객관성을 높이고 표준화한 것에 있다. 농업을 걱정해서 그렇게 했다는 말은 맞다. 그렇다고 실제 농업에 크게 도움을 주었다는 것과는 다르다.

측우기가 세계 최초의 우량을 재는 기기였다는 말 뒤에 늘 등장하는 수식어가 "1639년 이탈리아의 카스텔리(Castelli)가 발명한 것보다 200년 정도 빠르다"는 것이다. 이 말은 한국의 측우기를 가장 먼저 연구했던 일본인 와다 유지(和田雄治)가 1917년에 발표한 한 보고서에 처음 등장했고, 그 후 측우기를 소개하는 단골 메뉴가 되었다. 그런데 한국 과학사의 원로인 전상운 선생은 다음과 같은 에피소드를 말한다. "이탈리아에 갔을 때, 그쪽 사람들에게 카스텔리가 최초로 우량계를 만들었다는 사실을 아느냐고 묻자 그들은 한결 같이 모른다고 했다. 심지어 카스텔리라는 과학자가 누구인지 몰랐다." 레오나르도 다빈치, 갈릴레오 등 너무나도 유명한 과학자 다수를 조상으로 두고 있는 후예들에게 카스텔리와 우량계라는 존재는 외울 만한 가치가 없는 정보였나 보다. 이런 에피소드는 세계 과학사에서 측우기에 어느 정도의 가치가 매겨질 수 있는지 곰곰이 생각해 보게 한다.

카이스트의 장영실 동상, 무엇이 문제인가?

한국 과학의 산실인 카이스트에는 장영실의 동상이 서 있다. 장영실은 한국의 전통과학을 상징하는 인물이다. 그래서 으뜸 과학기술인에게 주는 상으로 '장영실 과학상'이 있고, 과학영재를 기르는 고등학교로 '장영실과학고등학교'가 있다. 카이스트, 그것도 공부하는 장소인 도서관 앞에 그의 동상을 세운 까닭은 쉽게 짐작할 수 있다. 동상은 장영실이 측우기 옆에 서서 측정자를 들고 있는 모습을 하고 있다. 그런데 이 모습은 한 가지 치명적인 오류를 안고 있고, 또 한 가지 심각한 논란거리를 던진다.

어떻게 15세기 인물이 1770년에 제작된 측우기를 끼고 있을 수 있단 말인가! 치명적 오류란 장영실의 생존 연대와 동상에 새겨진 측우기의 제작연도가 일치하지 않다는 것이다. 동상의 측우기에는 "건륭 경인년(1770) 5월에 만들다(乾隆庚寅五月造)"라고 새겨져 있다. 장영실은 생몰 연대가 밝혀져 있지 않지만, 세종 때 인물이므로 15세기 무렵에 살았다. 우리는 측우기에 적힌 '건륭 경인년'을 언급하며 측우기가 청에서 만들어 보낸 것이라 주장하는 중국 학자들에 대해 중국 연호를 사용했던 우리나라의 역사를 모른다고 비난한다. 그런 만큼 많은 돈을 들여 여러 벌 만든 동상에 버젓이 드러난 우리의 무지는 더욱 낯이 뜨겁다. 오류를 발견한 전상운 교수는 동상을 철거하든지, 아니면 글자를 갈아 없애야 한다고 목청을 높였다. 그 결과 분당에 위치한 공학한림원 앞 동상의 글자는 지워졌다. 하지만 카이스트 동상은 부끄러운 줄 모르고 그대로 서 있다.

전상운 교수는 또한 측우기의 앞뒤가 바뀌었음을 지적한다. 측우기의 받침대는 사면체로 되어 있는데, 전면에는 단지 측우기라고만 적혀 있을 뿐 제작연도가 들어간 부분은 당연히 뒷면이다. 와다 유지가 프랑스 기상학회지에 논문을

제출할 때 썼던 측우기의 사진이 '건륭경인오월조 측우기'가 잘 보이는 면으로
되어 있기 때문에 이런 오해가 생겨난 것이다. 당시 와다 유지가 왜 '측우기'라
고 적힌 앞면이 아니라 뒷면의 사진을 찍어서 제출했는지는 불분명하지만, 아마
도 제작연대까지 드러나도록 한 것이 아닌가 여겨진다. 사소한 듯 보여도 이런
부분의 고증은 유물의 원래 의미를 정확히 이해해야 한다는 측면에서 매우 중요
하다.

카이스트 교정에 서 있는 장영실 동상. '건륭경인오월조'라는 글씨가 새겨져 있다.

우
리
수
학
의
과
수
수
께
끼
2

측우기는 일반적으로 "강우량을 측정해 농사에 도움을 주려고" 만든 것으로 알려져 있다. 더 나아가 전국에 배포된 측우기의 관측을 통해 월별 강수량을 예측하여 통계를 내어 활용했다는 견해가 있기도 하다. 《세종실록》(세종 23년 8월 18일자)에 측우기를 사용하여 각 지방에서 비를 측정했다는 기록이 있다. 오랫동안 모은 기록은 농사를 짓는 데 도움이 됐을 것이라고 추측한다. 서울대 국사학과의 이태진 교수는 비를 측정한 기록을 보고 농사가 잘 안 된 것이 분명한 지역에는 세금을 감면하는 등 농사 정책을 펴는 데 활용했을 것이라 보기도 한다. 이밖에 뒤에 살펴볼 박성래 교수의 견해처럼, 그것이 실제 농업과 관련 있다기보다는 왕정 이데올로기의 표현에 무게를 두는 설도 있다.

그중에서 우리는 먼저 이태진 교수의 설의 타당성을 따져보기로 했다. 이 교수가 농사 정책 관련설을 펴는 근거는 측우기 제작과 관련된 기록이 세금을 다루는 기록(세종 22년까지 48회 등장)과 비슷한 시기에 등장하며, 아래 기록처럼 측우기 제작을 촉구한 관청이 세금을 관장하는 '호조'였다는 것이다.

호조에서 아뢰기를 "각도 감사(監司)가 우량(雨量)을 전보(轉報)하도록 이미 성법(成法)이 있사오니, 토성(土性)의 조습(燥濕)이 같지 아니하고, 흙속으로 스며 든 천심(淺深)도 역시 알기 어렵사오니, 청하옵건대, 서운관(書雲觀)에 대(臺)를 짓고 쇠로 그릇을 부어 만들되, 길이는 2척이 되게 하고 직경은 8촌이 되게 하여, 대(臺) 뒤에 올려 놓고 비를 받아, 본관(本觀) 관원으로 하여금 천심(淺深)을 척량(尺量)하여 보고하게 하고, 또 마전교(馬前橋) 서쪽 수중(水中)에다 박석(薄石)을 놓고, 돌 위를 파고서 부석(趺石) 둘을 세워 가운데에 방목주(方木柱)를 세우고, 쇠갈구리[鐵鉤]로 부석을 고정시켜 척(尺)·촌(寸)·분수(分數)를 기둥 위에 새기고, 본조(本曹) 낭청(郞廳)이 우수(雨水)의 천심 분수(分數)를 살펴서 보고하게 하고, 또 한강변(漢江邊)의 암석(巖石) 위에 푯말[標]을 세우고 척·촌·분수를 새겨, 도승(渡丞)이 이것으로 물의 천심을 측량하여 본조(本曹)에 보고하여 아뢰게 하며, 또 외방(外方) 각 고을에도 경중(京中)의 주기례(鑄器例)에 의하여, 혹은 자기(磁器)를 사용하던가, 혹은 와기(瓦器)를 사용하여 관청 뜰 가운데에 놓고, 수령이 역시 물의 천심을 재어서 감사(監司)에게 보고하게 하고, 감사가 전문(傳聞)하게 하소서" 하니, 그대로 따랐다.

— 《조선왕조실록》 세종 23년 8월 18일

세종은 농산물에 세금을 부과하는 문제에 대해 고심 끝에 일방적인 정액세보다는 토지의 질의 등급, 농사의 작황을 반영하는 훨씬 공평한 제도를 마련했다. 우리가 알고 있는 토지를 여섯 등분으로 정한 전분6등법과 한 해의 농사작황을 아홉으로 나눈 연분9등법이다. 농사작황은 상의 상, 상의 중, 상의 하, 중의 상, 중의 중, 중의 하, 하의 상, 하의 중, 하의 하로 나누었는데, 필지가 아닌 군·현 단위로 책정되었다. 이런 공법을 시행하려면 정확하고 객관적인 기준과 데이터의 파악이 중요하며, 그런 점에서 정확성을 담보하는 측우기가 꼭 필요했을 수 있다.

그렇다면 다른 나라에서도 세금을 걷었을 텐데 왜 유독 조선에서만 측우기를 만들었을까? 아마도 그 시대에 지방행정망을 통해 전국의 강수량을 측정한다는 발상을 할 만한 국가조직을 가진 나라가 없었을 것이라 생각해볼 수 있다. 조선은 국토가 작은데 군현 수가 많고 그것이 고도로 중앙집권적인 형태를 띠고 있었다. 이렇게 많은 군현으로 이뤄진 국가가 유지되었다는 말은 그만큼 우리나라는

지방행정망이 발달해 있었고, 결과적으로 국가의 간섭과 통제가 강력했다는 것을 의미한다. 이것이 측우기를 전국적으로 보급하고 그 자세한 데이터를 중앙에 모을 수 있는 배경이 아닐까?

앞의 기록은 상당히 개연성이 있지만, 농사작황을 위해 측우기를 제작했다는 내용을 직접적으로 밝히고 있지는 않다. 결정적으로 우량이 농사작황에 가장 중요한 요인이었다고 해도, 그것이 상의 상에서 하의 하에 이르는 아홉 등급을 결정짓는 데 어떻게 얼마만큼 활용되었는지 일러주는 근거가 없다. 농사작황은 우량 등 여러 조건 9등으로 나누는 것보다는, 한 해의 평균 소출 내용으로 충분히 명확한 판단을 내릴 수 있다. 여기서 우량 정보는 전반적인 소출 결과를 이해하기 위한 참고자료로 활용될 수는 있을 것이다.

측우기를 만든 까닭2 – 왕권 유지를 위해?

조선시대는 사회 전반에 걸쳐 유교사상이 지배적이었고, 유교의 전통적인 자연관에 입각한 왕도정치가 조선왕조 왕권 확립의 기본 이념으로 채택되었다. 이것은 유교사상이 널리 퍼진 동북아시아 3개국에서 공통적으로 나타난 현상으로, 하늘에서 내린 왕권으로 종자부터 다르다는 인식을 널리 퍼뜨려 일반 국민들이 감히 반항하지 못하게 하는 데는 매우 편리했지만, 그만큼 문제도 많았다.

즉 가뭄이나 폭우, 천둥벼락, 혜성 같이 당시 하늘에서 내리는 '벌'이라고 여겨지던 것이 모두 왕권과 연결되었기 때문이다. 그래서 동북아시아의 나라들은 천문 관찰을 매우 중시했으며 천문을 국정에 폭넓게 반영했다. 역법을 알고 있어야 하늘의 뜻을 정확히 파악하고 국민을 다스릴 수 있다는 것이었다. 아래 태종 때의 한 기록에 그런 인식이 잘 드러나 있다.

경인년(1410) 여름에 가뭄이 들었다. 복사에게 명하여 비올 때를 점치게 하고 서운
관에 명하여 구름의 기운을 살피도록 하였다. 임금이 술을 들지 않고 밤을 새워 자
지도 않으며 친히 스스로를 살피고 성찰하며, 근신에게 말하기를 "산이 무너지고
물이 치솟는 것에 관해 점서에서는 모두 '허물이 임금에게 있다'고 하였으나, 나는
개의치 않는다. 홍수와 가뭄을 당할 때 마다 다만 백성들이 그 재앙을 당하는 것을
근심할 뿐이다"하고, 마침내 명하여 죄가 가벼운 죄수들을 석방하게 하였다.

— 《서운관지》 권3

이로부터 상당히 비과학적인 것이라는 것을 알면서도 조정에서는 체제의 원
초적 유지를 위해서 기우제 등을 지내야 했음을 알 수 있다. 그래야 백성과 신하
들의 불만이 가라앉았기 때문이다. 만약 백성들이 왕을 싫어하는 상황에서 가뭄
이나 폭우가 쏟아지면 반정이 일어나는 주요 구실이 될 수도 있다. 이렇게 하늘
이 요동칠 때는 하늘을 대변하는 왕의 책임을 추궁하는 근거가 됐던 것이다.

이런 상황에서 왕은 더 자세히 천문을 관측해 '하늘의 뜻'을 정확히 알고 기
록하는 것이 중요했다. 하늘과 이어진 사람이 하늘의 화를 불러일으키지 않는다
는 것을 백성들에게 보여주는 정치적인 의미가 있다. 측우기 역시 이런 정치적
도구의 하나였다. 이것은 한국과학사의 두 대가인 박성래 교수와 전상운 교수가
지지하는 설이기도 하다. 전상운 교수는 "측우기는 비가 오기를 빌고 기다리는
기우제의 한 의식을 치르는 것과 같은 뜻이 있다"는 제작 동기를 인정하면서도,
측우기를 이용한 전국적인 측정 체제를 마련했다는 점, 강우량의 집계 및 활용에
담긴 과학성을 중시했다.

위의 두 입장과 달리, 우리는 기우제 관련설을 더욱 강력히 주장하려고 한다. 우선 측우기 제작 동기가 직접적으로 드러나 있는 다음과 같은 실록의 기록을 보도록 하자.

근년 이래로 세자가 가뭄을 근심하여 비가 올 때마다 젖어 들어 간 푼수를 땅을 파고 보았다. 그러나 적확하게 비가 온 푼수를 알지 못하였으므로, 구리를 부어 그릇을 만들고는 궁중에 두어 빗물이 그릇에 괴인 푼수를 실험하였는데

— 세종 23년(1441) 4월 29일

이것이 측우기의 제작 동기가 담긴 유일한 기록이다. 내용을 보면 측우기 제작이 가뭄 때 "얼마만큼 비가 왔는지를 정확하게 알기 위한" 간절한 마음의 표현으로 이루어졌음을 짐작할 수 있다. 그런데 이 간단한 정보만으로는 그 맥락을 자세히 알 수 없다.

도대체 1441년 무렵 무슨 일이 어떻게 벌어졌기에 측우기 제작에 나서게 된 것일까? 실록을 보면 한 해 전인 1440년 3월에서 5월 사이에 대가뭄이 있었으며, 비가 안 와 통치자의 가슴은 타들어가고, 대책 마련에 부심하는 모습이 자세히 적혀 있다. 관련 기록을 날짜별로 살펴보자.

4.15 임금이 올해 가뭄의 징조가 있으니 비를 빌 방법을 강구할 것을 예조에게 명하다. 3월부터 이달까지 계속해서 가물고 햇볕이 쨍쨍하여 보리 알이 영글지 않고, 벼 파종할 시기를 놓칠 것 같다.

4.18 가뭄을 당하여 비를 빌고자 도랑을 수축하고 길을 깨끗이 하며, 감옥 일을 다시 살피고, 진휼에 힘쓰다.

4.22 가물기 때문에 금주령을 내려 하늘의 견책을 경계토록 하다.

　　죄수들의 원망이 가뭄의 원인이 되는 것이 아닐까 염려하여 죄수들을 사면하다.

4.22 북교에서 기우제를 지내다.

4.22 가뭄이 심하여 하늘의 견책에 응하여 임금이 밥상 반찬을 줄이다.

4.23 가뭄으로 공적, 사적으로 빚 받는 것을 연기하다.

4.24 가뭄으로 임금이 드실 술을 올리지 않도록 하다.

4.25 가뭄으로 공적, 사적으로 집짓는 것을 일체 중지하다.

　　가뭄으로 장(杖) 죄인 이하의 죄수를 방면토록 하다.

　　비를 빌기 위해 태일(太一) 초례(醮禮)를 행하다.

　　비를 빌기 위해 중과 무당을 모아 기우제를 행하다.

4.26 임금이 직접 사직에 기우제에 쓸 향과 축문을 전하다.

4.26 죄를 범했지만, 속(贖)을 바치게 된 자를 연기해 주다.

4.27 사직에서 비를 빌다.

4.28 임금께서 친히 풍우뇌우단(風雲雷雨壇)의 기우제에 쓸 향과 축문을 전하다.

　　가뭄으로 각 관청 관리의 점심을 줄이다.

4.29 풍운뇌우단이 삼각산, 한강, 남산 등에서 비를 빌다.

　　가뭄으로 시위패(侍衛牌)들의 역을 면해주는 방안을 논의하다.

5.1 가뭄으로 여항에 시장을 여는 것을 금지하다.

5.2 종묘에 기우제 지낼 향과 축문을 내리다.

5.4 단오제 및 기우제에 쓸 향과 축문을 전하다.

화룡(畵龍) 기우제를 행하다.

가뭄으로 문소전 이외의 각 궁궐의 진상을 금하게 하다.

5.5 기우제를 행하다. 동방 청룡 기우제를 행하다.

5.7 비가 조금 내리고, 개성부 등의 곳에서는 서리가 내리다.

5.8 남방 적룡 기우제를 행하다.

가뭄으로 정지하였던 음주를 신하들이 권하다. "어제의 비가 비록 흡족할 정
도는 아니지만 곡식이 소생할 정도는 되었으니 전하의 근심을 덜어주는 것이
었습니다. 원컨대 술을 올리는 것을 허락해주옵소서" 하였다.

5.9 중앙 황룡 기우제를 지내다.

5.10 소나기가 오다.

5.12 서방 백룡 기우제를 행하다.

5.13 큰 비가 내리다.

5.15 북방 흑룡 기우제를 행하다.

북교(北郊)에서 비를 빌다.

5.17 큰 비가 내리다.

1440년에는 3월 어느 무렵부터 5월 6일까지 전혀 비가 내리지 않다가 5월 7일
에 조금 내리고, 5월 10일 소나기가 오고, 5월 13일과 17일에 큰 비가 내렸음을
알 수 있다. 봄철은 보리를 수확하고 벼 파종을 하는 시기이기 때문에 어느 정도
비를 확보할 필요가 있다. 그런 시기에 두 달 정도 가뭄이 지속됐다는 것은 정말
큰 문제였다. 그러다 5월 중순 무렵 비가 와서 해갈되기에 이르렀다.

"와, 비가 온다! 얼마만큼 왔느냐"

계속해서 반찬을 줄이고, 술을 끊고, 죄수를 석방하는 등의 선정을 펼치고,

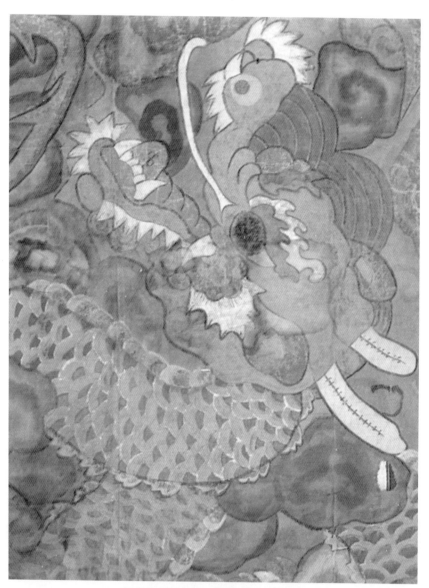

기우제 때의 청룡 (윤열수, 《용, 불멸의 신화》, 대원사, 1999)

우리의
수학과
수에의
끼
2

숨 가쁠 정도로 나날이 온갖 형태의 기우제를 지내던 왕이나 왕세자는 물론, 모든 백성의 초미의 관심사였을 것이다. 얼마만큼 왔는지 자를 들고 현장에 나선 왕세자의 모습이 눈에 선하다. 그는 오랜 가뭄 끝에 내린 반가운 비의 양을 재기 위해 땅을 파기도 했지만, 측정의 부정확성이 불만족스러워 철로 그릇을 만들어 비를 담는 장치를 고안해내지 않았을까.

하늘의 뜻을 담아내는 그릇

측우기는 임진왜란 이후 없어졌다가 영조, 정조 때 다시 부활했다. 정조 때의 한 기록인 〈측우기명測雨器銘〉에서 그 이유를 찾아보자.

금상(정조) 6년(1782) 여름에 큰 가뭄이 들어 제읍이 재변을 아뢰어 왔는데 경기지역이 더욱 극심하였다. 그러므로 기우제를 자주 올렸으나 영험의 감응이 두루 미치지 못하였다. 이에 우리 성상께서 자신을 책망하고 바른말을 구하며 몸소 기우제단에서 기도하였다. 산개(繖蓋; 양산)를 물리치고 곤면(袞冕; 거친 옷)으로 납시어 저녁에 한데 앉아 기도하다가 아침에 환궁하면서 종로거리에 이르러 사형수 이하 경범들을 모두 석방하였다. 이날 도성 사녀(士女)들 중에 간혹 감격하여 눈물을 흘리면서 하는 말이 "성상께서 백성을 위해 걱정해 주심이 이와 같은데 하늘이 어찌 비를 내리지 않겠는가. 비록 비가 내리지 않더라도 백성들의 즐거워하는 것이 비와 같다" 하더니, 오후 4시경도 못 되어 단비가 밤까지 퍼부어 1치 2푼(2.5센티미터)이나 되었다. 이것이 어찌 성상의 지성에 감동된 것이 아니겠는가. 그러나 우리 성상께서는 자신의 정성임을 자처하지 않고 오히려 미흡한 것을 걱정하며 지근거리의 신하에게 명하여 측우기를 이문원(摛文院) 뜰에 두고 다시 비가 얼마나 왔나 보게 하였다.

—이덕무, 측우기에 대한 명(銘)과 서문,《청장관전서》제5권

이 글에서 측우기가 "얼마만큼 비가 왔는지 임금이 직접 확인하기 위한 정성의 표현"임이 분명해진다. 그 정성은 기우제를 지내고, 쨍쨍 타는 날씨의 원인이 되는 원망스런 기운을 흩기 위한 선정의 표현으로도 나타나지만, 그 결과로서 내린 비의 양에 대한 '감격의 정도' 로도 나타날 수 있다. 정조는 고대하던 비가 내리자 감격하면서도 이에 만족하지 않고 측우기를 궁중 뜰 안에 설치하고 이후에 내린 비의 양을 즉각 확인하게 했다. 이 기록의 핵심은 비가 내리기 전의 고민과 비 내린 후의 기쁨이 측우기라는 기기에 응집되어 있다는 사실이다. 땅에 스민 빗물을 재는 것으로도 비를 내려준 하늘의 뜻을 읽어낼 수 있지만, 측우기 안의 빗물은 오차가 거의 없기 때문에 하늘의 응답 그 자체를 담아내는 것이다. 그 물은 농부의 손에서는 집안 농사를 살릴 물로 적셔 흐르는 동시에, 임금이나 대신에게는 백성에 대한 인정(仁政)의 발로로 출렁거리는 것이었다.

측우기가 세종 때 만들어지고, 영조와 정조 때 부활했다는 사실도 이런 인정과 연관해서 파악할 수 있다.

대구선화당측우대. 영조 46년(1770)에 제작. 기상청 소장

《조선왕조실록》에서 세종 이후 18세기에 이르기까지 측우기에 관한 기록은 거의 찾아볼 수 없다. 중종 때 "측우기의 물을 잰 것은 5푼이었다"(《중종실록》 1542년 5월 29일자)는 기록으로 보아 그때까지 측우기가 계속 이용되고 있었음을 알 수 있다. 그 후 230년 정도 지난 영조 46년(1770), 세종 때 제도를 부활시켰다는 기록이 처음으로 보인다.(《영조실록》 1770년 5월 1일자). 이후 정조 6년(1782) 측우기 제도를 본격적으로 정비했다는 기록들이 나타난다. 측우기 제작은 영조와 정조의 사후, 그들을 위해 지은 행장에 그들의 대표적인 치적으로 기록할 만큼 높은 것으로 평가받았다.

《조선왕조실록》에서 중종 이후 영조 대까지 측우기 관련 기록은 전무하다. 다만 수표에 관한 기록이 있을 뿐이다. 이런 사실은 이 시기에 측우기와 측우 제도가 없어졌거나 관심이 시들어졌음을 뜻한다. 영조와 정조가 그 제도를 회복하면서 특별히 내세운 것은 세종 임금 때의 성정(聖政)을 회복하겠다는 것이었다.

오랜 기간의 통계자료를 확보하다

측우기의 수치는 어떻게 활용됐을까? 이에 대한 기록은 정조 때 몇 가지를 제외하고 거의 남아 있지 않다. 측우기의 수치는 먼저 측우기에 담긴 양으로 기우제의 효과 여부와 지속 여부를 결정짓는 데 활용하고 있다. 다음 두 기록을 보면 측우기에 담긴 물의 양을 기우제를 지낸 결과의 지표로 삼고 있다. 1798년 5월 정조는 경건하게 기우제를 지낸 결과 3일 동안 "측우기의 수심이 몇 치(1치=1촌=2.1센티미터)를 넘었고, 지금 또 비가 많이 내릴 기미가 있다"고 하면서 비를 내린 신령께 보답하기 위해 보사제(報祀祭)를 지낼 것을 명하고 있다. 이듬해인 1799년 5

월에도 세 차례에 걸쳐 기우제를 지낸 감응이 있어 "측우기의 물 깊이가 이미 두 서너 치를 넘었으니 기우제를 지내는 일은 형세를 보아가며 지내고, 기우제를 지낸 제관들에게 전례에 따라 상을 주라"고 명했다.

18세기 수표. 세종대왕기념관 소장

이처럼 측우기에 담긴 물의 양으로 하늘의 뜻을 읽고, 계속 기우제를 지낼 것인지 여부를 결정하는 근거로 삼았기 때문에 모든 것이 정확해야 했다. 구체적으로 비가 내린 기간을 명확히 하고, 측우기에 담긴 물의 양을 정확히 재야 한다는 것을 뜻했다. 영조 46년(1770)에는 매일 두 차례(오전, 오후 6시) 측정토록 했지만, 보고가 일정치 않자 정조 15년(1791)에는 다시 측우기의 측정 시간을 세 차례로 나누어 아침 시간, 즉 파루부터 오시(午時) 초삼각(初三刻)까지, 낮은 오정(12시) 초각부터 인정(밤 10시경)까지, 밤 시간은 인정부터 다음날 이른 새벽 파루까지의 양을 보고하라고 명했다. 그리고 비가 왔을 때 강우 측정을 소홀히 하는 근무 태만이 없도록 엄벌 규정을 마련했다. 이를 소홀

히 했을 때 관상감의 전임직을 없애고, 담당 관리의 봉급을 깎고, 책임자를 관상
감에서 축출한다는 내용이 나온다.

측우기에서 측정한 양을 그때그때의 기우제뿐 아니라, 거시적인 통계자료로
활용한 점도 눈에 띈다. 비가 올 때마다 잰 양은 단자(單子)로 보고되었고, 그것은
계속 축적되어 일종의 통계자료 구실을 했다. 정조 23년(1799) 5월 22일자《정조
실록》에는 다음과 같은 내용이 적혀 있다.

> 신해년(1791) 이후로 내린 비의 많고 적음을 반드시 기록해두었는데 1년치를 통계
> 해 보았더니, 신해년에는 8자 5치 9푼(약 1.786미터)이었고 임자년(1792)에는 7자
> 1치 9푼(약 1.5미터)이었고 계축년(1793)에는 4자 4치 9푼(약 0.9미터)이었고 갑인
> 년(1794)에는 5자 8치(약 1.2미터)이었고 을묘년(1795)에는 4자 2치 2푼(약 0.9미
> 터)이었고 병진년(1796)에는 6자 8치 5푼(약 1.4미터)이었고 정사년(1797)에는 4자
> 5치 6푼(약 0.9미터)이었고 무오년(1798)에는 5자 5치 6푼(약 1.2미터)이었다. 지난
> 해와 올해의 이번 달을 가지고 계산해보면, 지난해 이달에는 측우기의 물깊이가
> 거의 1자(21센티미터) 남짓이나 되었는데 올해 이 달에는 내린 비가 겨우 2치(4.2
> 센티미터)이었다. 가을 추수가 어떨지는 미리 알 수 없지만 지금의 백성들의 실정
> 은 참으로 딱하다.

이것을 보면 정조는 측우기 제도를 재확립한 직후부터 연속해서 측우기로 잰
비의 양을 통계화해왔다. 그 전체 자료가 모아져 있기 때문에 1년 동안 내린 비의
총량뿐 아니라 월별 통계량을 알 수 있다. 그렇지만 이 통계치는 궁궐, 곧 서울
지역에 내린 비의 양으로, 지방까지 고려한 전국적인 통계치는 아니었다.

정조 이후 조선왕조가 멸망할 때까지 이와 같은 측우기 통계는 계속 이어졌

으며, 그 내용은 《조선왕조실록》을 비롯한 편년 역사서에 나와 있다. 와다 유지는 20세기 이전에 이렇게 오랜 기간 동안 지속적으로 강우량을 측정한 예는 세계사에서 찾아보기 힘들다며 조선의 측우 관측제도를 높이 평가했다.

통계를 냈다는 점에서 어떤 학자는 측우기가 농업 생산력 증대에 적극적으로 기여했다고 평가하기도 한다. 또 어떤 이는 통계를 고려해 가뭄 피해 지역의 세금 감면 등을 실시했다고도 말한다. 후자의 경우에는 위의 기록에 나온 것처럼 측우기 수치가 피해 지역에 대한 구제책 마련에 도움을 주었다고 말할 수 있다. 하지만 농사를 더 잘 짓는 데 통계치를 활용했다는 주장을 입증할 만한 직접적인 증거는 찾기 힘들다.

측우기는 전국에 몇 개 있었을까?

위에서 인용한 정조 때 기록에는 "지난해에는 호서의 가뭄이 가장 심했는데, 올해 이 달에는 호서 지방에 거의 2치(4.2센티미터) 넘게 비가 내렸으며 영남과 호남도 경기 고을보다 낫다"는 내용이 담겨 있다. 여기서 2치는 측우기의 수치가 틀림없다. 그것을 지난해와 비교하는 한편, 같은 해 다른 지역의 강우량과도 비교하고 있다. 영조 46년(1770)에 세종 때 있었던 측우제도를 부활시키면서 측우기를 만들어 창덕궁과 경희궁, 그리고 전국 8도 감영과 강화, 개성 등 양도(兩都)에도 측우기를 설치하도록 했다(《영조실록》 영조 46년 5월 1일자). 정조 17년(1793)에는 정조에게 특별한 의미가 있었던 수원부에도 측우기를 하사했다(7월 17일자). 그 밖에 《서운관지》(1818)에 따르면 관상감에도 두 개가 더 있었다.

그런데 "오늘 비가 내린 내용을 우선 감영에 있는 측우기의 수심이 얼마인지 아뢰고 각 고을에 내린 비에 대해서도 계속 알리도록 하라"(《정조실록》 1791년 4월

22일자)는 기록을 보면 측우제도가 각
감영과 양도에서 뿐 아니라 각 고을
에서도 시행되었음을 짐작할 수 있
다. 하지만 그곳에 설치된 강우측정
기기는 서울에 설치된 측우기와 달랐
다. 실제로 처음 측우기를 만들던
1441년 8월 18일자의 기록을 보면 "지
방의 각 관아에서는 서울 측우기 기
준에 따라 자기(磁器)나 와기(瓦器)를
써서 객사의 뜰에 놓아두고 수령이
물의 깊이를 재어서 감사에게 보고토

창덕궁 측우대. 궁중유물전시관 소장

록"했다는 내용이 나온다. 즉 측우기 대신에 그릇을 써서 강우량을 측정했다는
것이다.

이것으로 볼 때 번듯한 측우기는 서울의 궁궐에 있는 것 2개, 관상감의 2개,
각 감영에 있는 것 8개, 군사핵심요충지에 있는 것 2~3개 등 합쳐서 한 시기에 15
개 정도가 있었음을 알 수 있다. 현재 남아 있는 온전한 측우기는 헌종 3년(1837)
에 제작된 금영측우기 한 개뿐이다. 이것은 금영, 곧 충청감영인 공주에 있던 측
우기임을 알 수 있다. 금영측우기기는 1971년 일본 기상청에서 반환받아 현재 기
상청에 전시되어 있다. 그 밖에 측우기 용기 없이 받침대만 남아 있는 것이 관상
감 측우대(보물 843호), 창덕궁 측우대(보물 844호) 등을 비롯해 5개이다. 1917년
초 와다 유지가 보고한 바에 따르면, 1770년 영조 때 만들어진 측우대 3개를 비롯
해 여러 개가 더 남아 있었다. 우리가 사진으로 익히 봐온 "건륭 경인년 5월조"가
새겨진 측우기가 바로 1770년 영조 때 측우제도를 부활시키면서 만든 것이다.

홍수와 폭설도 쟀을까?

홍수 때는 어떻게 했을까? 측우기는 홍수 때 물의 양도 잴 수 있긴 하지만, 실제 피해와 관련해서 가뭄 때만큼 수심이 문제가 되는 것은 아니다. 대신에 다리가 물에 떠내려갔다든지, 많은 사람이 물에 휩쓸려 죽었다든지 하는 구체적인 피해 내역을 파악하는 일이 더 중요하다. 실제로 조선시대에는 큰 물의 양을 재는 청계천의 수표나 한강의 수위를 나타내는 푯말에 더 관심을 가졌다. 가뭄 때 내리는 단비의 혜택은 즉각 눈으로 확인할 수 있는 게 아니기 때문에 측우기 속의 비의 양에 촉각을 곤두세우고 거기에 많은 의미를 부여했다.

이와 달리 홍수 피해는 강과 하천의 범람이 즉각적으로 나타나는 것이기 때

금영측우기. 현존하는 조선시대 유일의 측우기다. 기상청 소장

문에 비의 양이 얼마인지 따지는 것은 상대적으로 무의미했다고 할 수 있다. 세종 23년(1441) 8월, 조정에서는 측우기 사용을 공식화하면서 동시에 청계천의 수표와 한강의 푯말을 정했는데, 이 둘은 홍수 보고용으로 봐도 무방할 것이다. 왜냐하면 비의 양이 푯말의 최대치를 넘기느냐가 최대관심사였기 때문이다. 이에 관한 구체적인 증거가 있다. 측우기를 다시 제작해 사용하던 1789년 《정조실록》의 기록을 보면 "수표교가 넘는 데 이르지 않고 장맛비가 온종일 내리는 데는 이르지 않았으나, 두 달에 걸쳐 장마가 계속되고 있으니 농사에 병이 생길 것이 우려된다"고 하면서 홍수의 지표로 수표를 들고 있다.

우리의 과학과 수학 이야기 2

이론상 측우기는 눈의 양도 잴 수 있다. 그 안에 내려 녹은 양이 지표가 될 수 있기 때문이다. 그렇지만 현재 남아 있는 조선 후기 《승정원일기》를 보면 겨울에 눈이 내린 경우에도 측우기 물의 양은 0으로 잡혀 있다. 이는 측우기의 용도가 객관적인 물의 양을 재는 것이 아니었음을 뜻한다. 측우기는 비의 양만을 재는 것이었으며, 그 가운데서도 가뭄과 관련하여 특별한 의미가 있었다고 할 수 있다.

왜 3단 구조일까?

대부분의 사람들은 측우기 하면 드럼통 모양, 즉 가운데에 '띠' 형태의 구조물이 달려 있는 하나의 원통을 떠올릴 것이다. 우리 역시 처음 측우기의 띠를 보면서 단순히 장식적인 역할만 떠올렸지 그 띠가 '분리될' 것이라곤 생각하지 못했다. 흔히 보는 측우기 사진이나 박물관 등에 전시돼 있는 측우기는 조립된 완성품이기 때문에 일체형 구조물로 간주하기 쉽다. 그러나 현존하는 실제 측우기는 3단 분리형 구조다. 전체를 조립했을 때 높이는 32센티미터(1자 5치), 원통 자체의 두께 0.6센티미터를 뺀 순 깊이가 31.4센티미터로 상단의 깊이 10.6센티미터, 중단의 깊이 10.5센티미터, 하단의 깊이 10.3센티미터이다. 안지름 14센티미터, 바깥지름은 15센티미터 정도이다. 전체 무게는 6.2킬로그램이며, 청동으로 만들어졌다. 1442년 세종 때 만들어진 측우기는 이보다 커서 전체 깊이가 2자(42센티미터), 지름이 8치(16.8센티미터)에 달했다. 또 측우기 구조도 3단이 아닌 하나로 된 통 구조였을 가능성이 높다. 재질은 청동이 아니라 아연과 철의 합금이었다.

왜 하필 3단일까? 《조선왕조실록》과 《서운관지》를 비롯해 그 어떤 사료에도

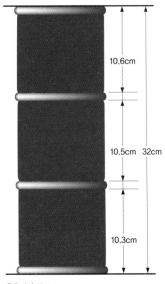

측우기의 구조.

이유를 밝히지 않았다. 다만 TV 프로그램 '역사 스페셜'에서는 측우기가 분리되는 이유를 "여름에 폭우가 내릴 때 물을 쉽게 버리기 위해서"라고 추측했다. 이는 '측정'이라는 측면과 별로 관계 없는 설명이다.

단을 나눔으로써 자를 쓰기 전에 즉각 측우기 내 물의 양을 가늠할 수 있었을 것이다. 그보다는 세종 때 측우기가 영조 때 개량된 데서 이유를 찾을 수 있을 것이다. 깊이를 42센티미터에서 31.4센티미터로 축소함으로써 한 나절(또는 하루의 3분의 1 정도) 측우기로 잴 수 있는 비의 총량을 10.6센티미터 정도 줄였다. 깊이를 줄인 만큼 개량 측우기가 용기에 담을 수 있는 시간당 강우 용량은 줄어들게 되나, 3단으로 나눔으로써 맨 밑, 또는 2단의 용기를 넘지 않을 경우 분리하면 자의 눈금 읽기가 한결 쉬워진다. 특히 가뭄 끝에 내린 몇 푼(1푼=0.21센티미터)에 지나지 않은 비의 양을 측정할 때는 단의 분리가 더욱 효과적이다. 측우기가 현대 실험실의 비커처럼 내벽에 눈금이 새겨져 있는 게 아니라, 자(주척)를 넣어 눈금을 읽어야 하기 때문이다. 또 마른 자를 넣어 젖은 부분을 확인할 수도 있겠지만, 비가 내리는 현장에서 자를 항상 마른 채로 유지한다거나 측우 용기만 빼낸 후 실내에서 눈금을 재는 것 또한 정확성을 떨어뜨리는 요인이 된다.

가장 먼저 만들어진 측우기(1441)는 깊이가 2자(42센티미터), 지름 8치(16.8 센티미터)로 너무 깊고 무거워서 다루기가 불편했기 때문에 이듬해(1442)부터는 크기를 약간 줄인 깊이 1자 5치(약 31.5센티미터), 지름 7치(14.7센티미터)로 바꿨다.

　기존에 우리는 '측우기를 발명한 사람은 당연히 장영실!' 이라고 마치 공식처럼 알고 있었다. 우리는 위 말의 전면적인 부정보다는 측우기를 제작한 사람이 장영실이 아닐 수도 있을 거라는 가설을 조심스럽게 펼쳐보고자 한다.

　그럼 먼저 어떻게 해서 장영실이 측우기의 발명가로 널리 알려지게 됐는지 살펴보자. 그것은 크게 두 가지로 정리할 수 있다. 조선시대의 발명은 구전으로 전해 내려오는 경우가 많고, 정확한 기록을 찾을 수 없어 논란이 있을 수 있다. 임진왜란이나 병자호란 등으로 많은 기록이 소실된 상태에서 임진왜란 때 제작된 아산 장씨 족보에는 장영실이 측우기를 창안했다는 기록이 있다.

　'측우기가 문종의 발명품' 이라는 근거는 《세종실록》(1441년 4월 29일자)의 "근년 이래로 세자가 가뭄을 근심하여, 비가 올 때마다 젖어 들어 간 푼수[分數]를 땅을 파고 보았었다. 그러나 적확하게 비가 온 푼수를 알지 못하였으므로, 구리를 부어 그릇을 만들고는 궁중(宮中)에 두어 빗물이 그릇에 괴인 푼수를 실험하였는데……"라는 기록으로 확인된다. 또한 측우기 제작과 관련하여 당대의 기록에서는 장영실의 이름을 찾아볼 수 없다. 전상운 교수를 비롯한 한국과학사 학자들은 이런 의문을 제기하면서 측우기 발명자로 세종의 아들인 문종을 내세웠다.

　발명에서 핵심적인 것은 '아이디어' 라는 점에서 볼 때 위의 기록에서 문종이 측우기의 발명에 핵심적 역할을 했다고 말할 수 있다. 그러나 단순히 '아이디어'를 제공했다는 이유로 발명의 근원을 문종으로 보는 것은 무리가 있지 않을까 생각해본다. 발명은 단순한 아이디어가 아니라 그것을 형상화하는 작업도 중요하기 때문이다.

　당시 기기 제작의 일인자였던 장영실이 제작을 담당했을 가능성은 여전히 크다. 당시 제작된 모든 기기에 제작자 이름을 명기한 것은 아닌데, 후대의 족보 기록이라도 측우기의 경우 제작자가 명기된 것이다. 측우기에 대한 오늘날과 같은 신화적인 평가가 없었던 조선시대에 편찬된 족보의 기록도 존중해야 할 사료임에는 틀림없다.

문중양 교수는 1442년 3월 무렵에 장영실이 '임금님 수레파손 사건'으로 의금부에서 국문을 당했다는 사실을 들어 장영실이 실제 제작에 참가하긴 힘들었을 것으로 보았다. 그러나 측우기 제작을 시작한 게 1441년 8월인데 당시 최고의 궁중과학자였던 장영실이 작업에 참가하지 않았다는 주장에는 비약이 느껴진다. 왜냐하면 문종의 언급이 1441년 4월에 있었고, 호조의 제작 언급이 그해 8월에 있었기 때문이다.

발명가라고 하면 발명품을 만든 사람을 말할까, 발명품의 아이디어를 낸 사람을 말할까? 아이디어를 낸 사람에게 단순 제작자보다 더 높은 점수를 줄 수밖에 없을 것이다. 하지만 측우기와 같은 계측기를 제작할 때에는 정교한 기술이 필요하다. 세종 대 온갖 천문기기, 악기 등을 제작하였고, 금속의 채굴과 제련, 가공과 제작에 능통했으며, 심지어 임금님의 수레까지 도맡아 제작했던 장영실이었기에 그가 측우기 제작의 총책임을 맡거나 실제 제작했을 가능성은 매우 크다. 또 하나 놓치지 말아야 할 것은 왕정시대에는 실제 아이디어의 창안자, 제작자와 상관없이 최종 결재자인 임금이나 세자, 고위대신에게 공을 돌리는 전통이 있었다는 사실이다.

현대의 기기 못지않은 정확성을 자랑하다

현존하는 측우기의 직경 15센티미터는 현재의 국제적인 측우기 표준 직경인

20센티미터와 5센티미터밖에 차이가 나지 않는다. 이것은 우연이 아닐 것이다. 어떤 규격의 표준을 만들려면 수 차례, 수십 차례의 논의가 이루어지기 마련이고, 당연히 옛날에도 그랬을 것이다. 세종 시대의 '꼼꼼한' 학자와 기술자들이 측우기 표준을 무턱대고 만들지는 않았을 것이다. 분명 어떤 논의가 오고 갔을 것이고 그 합의점에서 도출된 것이 현재 남아 있는 측우기의 크기일 것이다. 직경을 결정짓는 주요 변수는 우선 최고 강우량과 최소 강우량의 수치다. 용기가 넓으면 적은 양의 비를 측정할 때 부정확해지고, 반면에 용기가 너무 좁고 길면 비의 양을 골고루 받기가 어렵다. 이런 범위 내에서 직경을 결정한 결과 용기의 지름은 조선 세종 때 16.8센티미터, 영조 때에는 15센티미터가 되었다.

현대의 측우기기와 견주어볼 때, 몇 가지 측면에서 측우기의 오차는 피할 수 없다. 첫째, 측우기는 이용하는 자의 부피만큼 물의 수면이 높아져 오차가 발생한다. 이런 오차를 없애기 위해 현대의 측우기에서는 눈금이 표시된 기기를 이용한다. 둘째, 푼(1푼=0.21센티미터) 이하, 즉 2밀리미터 이하는 정확하게 잴 수 없

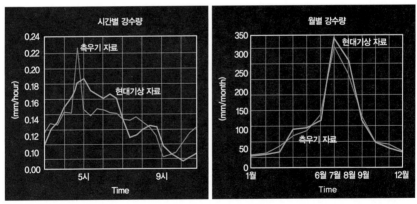

측우기의 정확성. 〈KBS〉 '역사스페셜', "제150회 유네스코지정 세계기록유산, 승정원일기에 들어 있는 역사의 보물" 편에서 추출. 과거 측우기를 통해 수집한 통계자료와 현대의 기상관측자료를 비교해보면 과거의 측우기가 상당히 정확하다는 것을 알 수 있다. 시간별 강수량의 평균값을 보면 최고점과 최저점의 시간대가 비슷하고, 월별 강수량의 평균값 그래프가 거의 일치한다.

강우량의 수집과 분석

음력연월	음력날짜	강우시간	강우종류	강우량
純祖元年正月	初九日(雨)	自辰時至入定 自入定至夜三更	灑雨下雨 灑雨下雨	一寸 一分 三分
純祖元年正月	十五日(雨)	自卯時至未定 夜五更 月暈	灑雨下雨	五分
純祖元年二月	初九日(雨)	夜一更二更	灑雨下雨	二分
純祖元年二月	二十九日(雨)	自辰時至申時	灑雨下雨	三分
純祖元年三月	十三日(雨)	自卯時至入定	灑雨下雨	一寸 八分
純祖元年三月	二十四日(雨)	自開來至入定	洒雨下雨	二寸 八分
純祖元年三月	二十八日(雨)	自卯時至申時	灑雨下雨	一分
純祖元年四月	初四日(雨)	自卯時至申時	洒雨下雨	三分
純祖元年四月	初六日(雨)	自午時至末時	洒雨下雨	五分
純祖元年四月	二十二(或晴或雨)	夜一更	洒雨下雨	一分
純祖元年五月	初十日(雨)	自末時至人定	灑雨下雨	三分
純祖元年五月	十一日(雨)	初十日夜四更至十一日開束 卯時辰時	洒雨下雨 洒雨下雨	二分 一分
純祖元年五月	十二日(雨)	酉時更二十日開束	洒雨下雨	一分
純祖元年五月	十七日(雨)	已時午時 自開束至辰時	洒雨下雨 洒雨下雨	二分 七分
純祖元年五月	十九日(雨)	自已時至戌時 夜自二更二十日開束	洒雨下雨 洒雨下雨	一寸 六分 二分
純祖元年五月	二十日(雨)	已時午時	洒雨下雨	二分
純祖元年五月	二十一日(雨)	未時申時	洒雨下雨	六分
純祖元年五月	二十三日(雨)	自申時至入定 自入定至二十四日開束	洒雨下雨 洒雨下雨	三寸 一分 五分
純祖元年五月	二十四日(雨)	自開來至已時	洒雨下雨	二分

〈승정원일기〉 발췌. 날짜, 내린 시간, 비의 종류(하우, 취우 등의 우량), 강우량이 자세하게 기록되어 있는 것을 볼 수 있다. 세종 때부터 지속적으로 측정되던 우량은 임진왜란 이후 주춤하다가 영조 때 부활하여 현재 170년 동안 기록된 측우 기록이 남아 있다.

다. 자로 인한 오차, 눈금 단위의 오차를 줄이기 위해 현대 측우기에서는 무게를 달아 높이를 환산하는 방법을 쓰기도 한다. 현대의 첨단 측우기들은 옛날의 금속 판이 아닌 플라스틱 재질로 만들어지며, 정교한 기계장치의 결합이 아닌 단순한 전기 센서로 비의 양을 측정한다. 현재는 대부분 자동화된 우량계를 사용하여 그 값이 디지털로 표시되기 때문에 읽기만 하면 된다. 이 방식은 직경 20센티미터의 우량계 아래에 0.1밀리미터 또는 0.5밀리미터의 일정한 양의 빗물이 내리면 쓰러지는 버킷의 움직임을 이용한다. 즉 버킷이 한 번 쓰러질 때마다 전기 카운터가 증가하는 방식이다. 이런 우량계를 전도형 자기우량계라고 한다.

최근에는 기상레이더를 사용하여 특정 지역의 강수량을 예측할 수 있지만, 비의 양을 직접 재지 않는 간접적인 방법이어서 측우기에 비해 정확성이 떨어진다. 그보다 과거에 전통적으로 사용하던 방법으로서 직경 20센티미터의 우량계에 빗물을 모아 물의 높이를 재는 이른바 저수형 우량계가 있다. 세종대왕이 발명한 측우기와 비슷한 원리인 것이다.

측우기는 빗물이 모아진 원통형 그릇 안에 자를 집어넣어 빗물의 깊이를 재었기 때문에 자의 부피만큼 빗물 높이가 늘어나는 단점이 있었

프랑스에서 1934년 그려진 것으로 강우량을 재는 모습을 묘사한 것이다. 관측자는 저장용기로부터 세워진 긴 튜브로 물을 흘려보내고 있다.

다. 하지만 우량계는 모아진 빗물을 실린더에 넣어 강수량을 측정하거나, 또는 무게를 높이로 환산하는 특수한 우설량계라는 저울에 올려놓고 재기도 한다. 그 외에 우량을 자동으로 기록하도록 고안된 사이폰식 자기우량계로 눈금을 읽고 관측하는 방식도 있다.

왜 개량해서 쓰지 않았을까?

서양 측우기의 역사를 보면, 유럽에서는 1639년 처음으로 로마에서 이탈리아의 카스텔리가 측우기를 만들어 강우량을 관측했다고 한다.(친구 갈릴레이에게 보낸 편지에서 이 사실을 확인할 수 있다) 우리나라에서 최초로 측우기를 연구한 일본인 와다 유지가 이 말을 처음 한 이래 '역사적 사실'이 되었다. 이어 프랑스 파리에서는 1658년부터, 영국에서는 1677년부터 관측했다. 이런 내용을 볼 때,

19세기 루이스 브레게가 고안한 토털라이저(totalizer) 측우기.

1441년부터 측우기 관측을 한 조선이 유럽보다 200년 이상 빠르다는 것은 맞다. 그러나 여기에 가볍게 지나칠 수 없는 측면이 있다. 유럽에서는 18세기 이후 측우기의 개량이 지속적으로 이루어졌다는 사실이다. 좀더 기계적이고 정밀하게 재려는 노력을 지속적으로 기울여왔으며 그것은 오늘날과 같은 첨단 측우기의 모태가 되었다. 이와 달리 조선에서는 세종 때 만든 측우기의 개량이 거의 이루어지

지 않았다. 영조 · 정조 때 약간 개량한 것이 전부다.

측우기의 제작과 발달에는 조선과 유럽의 자연관의 차이가 반영되어 있다. 조선의 측우기는 가뭄으로 표현되는 '하늘의 뜻'을 정확하게 읽기 위한 용도였다. 이 자연관에 따르면 임금이 정치를 잘못해서 백성이 고통을 입으면 하늘이 임금을 견책하는 것으로 이해했다. 따라서 가뭄이 들면 임금은 죄수방면, 조세감면 등의 사회 정책을 펼치고, 거친 옷 입기, 반찬 줄이기 등 사치를 억누르며 하늘에 재앙을 중지할 것을 호소했다. 조선에서는 이미 제작한 측우기만으로도 이런 자연관에 입각한 관측 목적을 충분히 달성할 수 있다고 믿었기 때문에 더 이상 개량의 필요성을 느끼지 않았다.

이와 달리 17세기 과학혁명이 진행되던 서양에서는 자연의 객관적인 물리량 측정의 일환으로서 비의 양을 측정하는 데 관심을 두었으며, 그렇기 때문에 더욱 정밀한 기기의 제작을 위한 후속작업이 꾸준히 이루어졌다.

측우기 관련 사료는 수심을 쟀다는 정조 대 이후의 단순한 측정 보고를 제외하고는 불과 10여 건밖에 남아 있지 않다. 그렇기는 해도 그중에는 측우기의 제작 동기, 측우기의 구조와 활용 등을 알 수 있는 정보가 들어 있다. 《조선왕조실록》에 실린 세종 때의 두 기록과 영조 때 측우제도 부활을 담은 기록, 그리고 측우기 제작의 직접적인 계기가 된 12차례의 기우제 절차를 성현(1439~1504)의 《용재총화》의 내용을 통해 알아보도록 한다. 이렇게 오랜 기간 기우제를 지내는 동안 비는 오게 마련이고 늦게 온 비일수록 소중할 수밖에. 그 소중함을 무엇으로 잴 것인가.

호조에서 아뢰기를, "우량을 측정하는 일에 대하여는 일찍이 벌써 명령을 받았사오나, 아직 다하지 못한 곳이 있으므로 다시 갖추어 조목별로 열기합니다.

1. 서울에서는 쇠를 주조하여 기구를 만들어 명칭을 측우기라 하니, 길이가 1자 5치이고 직경이 7치입니다. 주척(周尺)을 사용하여 서운관에 대(臺)를 만들어 측우기를 대 위에 두고 매양 비가 온 후에는 서운관의 관원이 친히 비가 내린 상황을 보고, 주척으로써 물의 깊고 얕은 것을 측량하여 비가 내린 것과, 비오고 갠 일시와, 물 깊이의 자·치·푼의 수를 상세히 써서 뒤따라 즉시 보고해 올리고 기록해둘 것이며,

1. 지방의 경우에는 쇠로써 주조한 측우기와 주척 매 1건을 각 도에 보내어, 각 고을로 하여금 한결같이 서울의 측우기 체제에 의거하여 혹은 자기(磁器)든지 혹은 와기(瓦器)든지 적당한 데에 따라 구워 만들고, 객사의 뜰 가운데에 대를 만들어 측우기를 대 위에 두도록 하며, 주척도 또한 위의 체제에 의거하여 혹은 대나무로 하든지 혹은

나무로 하든지 미리 먼저 만들어 두었다가, 매양 비가 온 후에는 수령이 친히 비가 내린 상황을 살펴보고는 주척으로써 물의 깊고 얕은 것을 측량하여 비가 내린 것과, 비오고 갠 일시와, 물 깊이의 자·치·푼의 수를 상세히 써서 뒤따라 보고해 올리고 기록해두어서, 후일의 참고에 전거로 삼게 하소서" 하니, 그대로 따랐다.

—세종 때 측우 제도의 실시, 《세종실록》 세종 23년(1441) 8월 18일자

세종조의 옛 제도를 모방하여 측우기를 만들어 창덕궁과 경희궁에 설치하라고 명하였다. 팔도와 양도(兩都; 강화부와 개성부)에도 모두 만들어 설치하여 비의 양의 다소를 살피도록 하고, 측우기의 치수가 얼마인가를 보고하여 올리도록 하였다. 이어 하교하기를, "이는 곧 옛날에 일풍 일우(一風一雨)를 살피라고 명하신 성상의 뜻의를 본뜬 것이니, 어찌 감히 소홀히 하겠는가? 듣건대, 《세종실록》에 측우기는 석대를 만들어 그 안에 설치하도록 했다. 금번 두 궁궐과 두 서운관에 모두 석대를 만들되 높이는 포백척(布帛尺)으로 1자요, 넓이는 8치이며, 석대 위에 둥그런 구멍을 만들어 측우기를 앉히는데, 구멍의 깊이는 1치이니, 경신년 때 새로 쓴 자를 기준으로 하라" 했다.
대체로 경신년의 새 자는 경신년에 삼척부(三陟府)에 있는 세종 때의 포백척을 취하여 《경국대전經國大典》을 참고해서 자[尺]의 규식(規式)을 새로이 만든 것이다.

—영조 때 측우기 제도의 부활, 영조 46년(1770) 5월 1일자

기우제를 지내는 절차는 먼저 서울의 다섯 지역인 오부(五部)로 하여금 개천을 수리하고 밭둑 길을 깨끗이 하게 한 다음 종묘사직에 제사를 지내고, 다음에 사대문에 제사를 지내며, 다음에 오방(五方) 용신(龍身)에 제사를 베푸나니 동쪽 교외에는 청룡, 남쪽 교외에는 적룡, 서쪽 교외에는 백룡, 북쪽 교외에는 흑룡이요, 중앙 종루 거리에는 황룡

을 만들어놓고, 관리에게 명하여 제사를 지내게 하되 3일 만에 끝낸다. 또 저자도(楮子島)에다 용제(龍祭)를 베풀어 도가자류(道家者流; 초제를 지냄)로 하여금 용왕경(龍王經)을 외우게 하고 또 호두(虎頭)를 박연(朴淵)과 양진(楊津) 등지에 던지며, 또 창덕궁 후원과 경회루·모화관 연못가 세 곳에 도마뱀을 물동이 속에 띄우고, 푸른 옷 입은 동자 수십 명이 버들가지로 동이를 두드리며 소라를 울리면서 크게 소리 지르기를, "도마뱀아, 도마뱀아, 구름을 일으키고 안개를 토하여 비를 퍼붓게 하면 너를 놓아 돌아가게 하리라." 하고, 헌관과 감찰이 관과 홀(笏)을 정제하고 서서 제를 지내되 3일 만에 끝낸다. 또 성내 모든 부락에 물병을 놓고 버들가지를 꽂아 향을 피우고 방방곡곡에 누각을 만들어서 여러 아이들이 모여 비를 부르며, 또 저자[市]를 남쪽 길로 옮기어 남문을 닫고 북문을 열며, 가뭄이 심하면 왕이 대궐을 피하고 반찬을 줄이고 북을 울리지 않으며 억울하게 갇힌 죄인을 심사하고 중외(中外)의 죄인에게 사(赦)를 내린다.

—성현, 《용재총화》 제7권

대표적인 측우기 학자

와다 유지(和田雄治 · 1859~1918) 첨성대와 측우기의 가치를 세상에 처음 알린 사람은 일본인 와다 유지이다. 1859년 일본 하급 무사의 집에서 태어나 1879년 도쿄제국대학 물리학과를 졸업하고 일본의 기상 분야에서 일했다. 그 후 1904년부터 1915년까지 한국의 기상 관측소장를 역임하면서 한국의 천문, 기상, 지진학사에 관한 논문을 발표했다. 1917년에 발표한 저서 《조선고대관측조사보고》는 측우기, 첨성대, 물시계, 성변(星變) 관측을 망라한 것이다. 그는 한국에서 최초로 본격적인 서양과학 지식을 바탕으로 해당 분야를 연구한 사람이다. 조선의 측우기가 세계 최초의 우량계기였고, 이탈리아의 카스텔리(Castelli) 것보다도 빠르다고 말한 사람도 그였다. 또한 조선후기 무려 140년간 상시적으로 우량 측정한 기록을 정리하고 분석한 후 그 기록은 세계적으로 유례가 없는 것이라고 치켜세운 것도 그였다. 대체로 와다 유지가 오늘날 측우기에 관한 학계의 설명과 일반인의 믿음의 기초를 세웠다고 해도 지나친 말이 아니다. 단, 한 가지 지적할 사항은 통감부, 조선총독부 시절 그는 일본의 조선침탈의 일환으로 이루어진 조사연구를 총괄하는 직책으로 한국에 와서 연구를 했으며, 그의 연구 결과물은 궁극적으로 식민 통치에 봉사하는 성격을 띠었다는 점이다.

임정혁(1955~) 현재 일본에서 한국과학사를 연구하는 대표하는 중견 학자. 최근(2005) 〈한국과학사학회지〉에 첨성대와 측우기를 연구했던 와다 유지의 업적에 관한 본격적인 논문을 내놓았다. 1978년 조선대학교 이학부 물리학과를 졸업하고, 1985년 도쿄 도립대학원에서 이학연구과 박사학위를 취득했다. 현재 도쿄에 있는 조선대학교의 교수로 재직 중이다. 1980년대 후반부터 한국과학사 연구에 관심을 두고 홍대용의 우주론과 수학에 관한 연구를 시작하여 홍대용의 《의산문답》을 일본에 번역 소개했다. 그 후 차츰 실학자의 우주론으로 관심의 영역을 확장했다. 임정혁은 남북한의 과학사 연구를 일본에 소개하는 과정에서 자연스럽게 남북 과학사학계의 학문적 만남을 성사시켰다. 북한학자의 대표적인 과학사 연구물을 일본어로 번역 소개하기도 했는데, 그중에는 리용태의 《우리나라 중세과학기술사》도 포함되어 있다. 그 밖에 남한 과학사학계의 대표적인 논문을 일본어로 번역한 것이 현재 출간을 기다리고 있다.